城镇人居环境改善与保障关键技术集成示范

主　编 杨建荣

副主编 葛曹燕 高月霞

中国建筑工业出版社

图书在版编目（CIP）数据

城镇人居环境改善与保障关键技术集成示范／杨建荣主编．
—北京：中国建筑工业出版社，2010.8
ISBN 978-7-112-12413-8

Ⅰ.①城… Ⅱ.①杨… Ⅲ.①城镇—居住环境—研究—中国②城镇—建筑工程—案例—汇编—中国 Ⅳ.①X21②TU

中国版本图书馆CIP数据核字（2010）第168903号

责任编辑：齐庆梅
责任设计：赵明霞
责任校对：姜小莲 赵 颖

城镇人居环境改善与保障关键技术集成示范
主 编 杨建荣
副主编 葛曹燕 高月霞
*
中国建筑工业出版社出版、发行（北京西郊百万庄）
各地新华书店、建筑书店经销
北京方舟正佳图文设计有限公司制版
北京中科印刷有限公司印刷
*
开本：787×1092毫米 1/16 印张：16 字数：400千字
2010年10月第一版 2010年10月第一次印刷
定价：68.00元
ISBN 978-7-112-12413-8
(19675)

编委会名单

各示范工程编写人员：

1 莘庄综合楼	张　颖	李　芳	叶剑军	秦未末
2 崇明陈家镇生态办公示范楼	安　宇	陈建萍	夏洪军	陆　一
3 深圳建科大楼	陈泽广	刘俊跃	吴珍珍	朱洪涛
4 中港城国际商贸城	邢希彬	李　伟	董利华	宋国台
5 上海世博会城市未来馆	葛曹燕	陈勤平	唐士芳	杨文君
6 沪上·生态家	张　颖	范宏武	沈　彪	秦未末
7 广州亚运城综合体育馆	吴培浩	周　荃	丁　可	余凯伦
8 绿地东岸涟城	高月霞	孙　桦	姚　璐	魏　琨
9 三湘四季花城	廖　琳	万　科	代建国	肖　强
10 宜浩家园	赵　鹏	陈　戈	潘　俊	王庭阳
11 绿建·北秀蓝湾住宅小区	任　涛	丁雪健	潘良龙	王胜存
12 重庆市化龙桥西大门住宅项目	李　楠	刘　红	刘　猛	唐鸣放
13 山东建筑大学新建校园	何文晶	管振忠	房　涛	杨秀艳
14 中关村环保科技示范园	杨墨池	柳仁萍	白　轲	李忠辉

前言

高品质的生态人居环境是21世纪全球可持续发展的重要内容。面对我国城镇化带来的每年约20亿平方米的建设量，在能源和资源消耗最低的基础上，满足人民对于人居环境安全、健康、舒适、高效和适宜的要求，成为我国建筑行业发展的必然选择。

“十一五”期间，为推动城镇人居环境的技术研发、产品应用并进行综合示范，科学技术部、住房和城乡建设部批准实施了一系列的国家科技支撑项目。“城镇人居环境改善与保障综合科技示范工程”即是这一系列项目中的重要课题，定位于通过气候、资源、功能、需求的适用性研究，将人居环境控制和改善相关的技术、产品进行合理集成并应用于多种类型的示范工程。

近五年来，课题组在上海市建筑科学研究院的主持下，联合了依柯尔绿色建筑研究中心（北京）有限公司、广东省建筑科学研究院、重庆大学、深圳市建筑科学研究院、山东建筑大学等单位，针对不同种类建筑工程的需求规律开展研究，根据工程所在地的气候和资源特点，初步形成了相对应的人居环境改善技术体系，并结合当前我国不同地域的建设热点，成功进行了集成示范。

人居环境改善是一项庞大且需持续的系统工程，其对自然科学、社会科学和工程技术的要求构成了对我们的极大挑战。为使示范工程所应用的集成技术更迅速、直接地同行业接触，特将研究成果集结成书，以飨读者。

本书根据技术体系应用对象的不同，共设置了四篇，分别围绕办公类、场馆类、住宅类、园区类示范工程的特点，通过总计十四个工程展开介绍。这些示范工程分布在华东、华北、华南和西南等多个地域，建筑规模从几千平方米到数十万平方米不等。每项示范工程对应的章节中，不仅详细介绍了项目的总体特点、技术目标和技术体系，也对技术体系的效果测评、经济性分析和应用推广价值进行阐述，全面展示了人居环境改善技术体系的针对性、应用性和推广性，以期提供切实的技术借鉴和引导，通过示范的放大效应，推动城镇建设中人居环境的可持续改进。

本书的架构兼顾了具体工程和技术体系，因此既可供建筑领域的开发业主、建筑设计师和工程技术人员借鉴，也为高等院校的师生、科研院所的研究人员提供了参考之资。

由于时间和水平所限，本书难免疏漏和不足，敬请读者批评和指正。

目 录

办公类示范工程

住宅类示范工程

园区类示范工程

办公类示范工程

1 莘庄综合楼

项目名称 /上海市建筑科学研究院莘庄综合楼

建筑类型 /办公建筑

建设地点 /上海市闵行区申富路568号

建筑面积 /1万m^2

开发单位 /上海市建筑科学研究院（集团）有限公司

技术支撑 /上海市建筑科学研究院（集团）有限公司

1.1 工程概况

上海市建筑科学研究院（以下简称上海建科院）莘庄综合楼项目位于上海市闵行区申富路568号，近中春路，是上海市建科院在莘庄科技园区的第四期开发项目，位于园区东南角。建成之后，将和基地内已建成的上海生态办公示范楼、生态住宅示范楼以及其余研发楼共同形成围合式的办公研发园区（图1-1），营造优美的群体空间环境和景观生态环境，实现"花园中工作和生活"的理想。

图1-1 上海市建科院莘庄科技园区全景

图1-2 莘庄综合楼

莘庄综合楼建筑面积为9992m^2，其中，地上部分主楼4573m^2，附楼2402m^2，地下部分3017m^2。本项目包括办公主楼和科研研究附楼以及地下车库及其配套用房。主楼地上7层、地下1层，包括一般办公和会议功能；附楼地上4层、地下1层，包括节能、声学等专业研究室；地下车库还包括配电房、水泵房等配套用房（图1-2）。

作为上海建科院在莘庄科技园区的区域总部，莘庄综合楼以经济实用为基本原则，在被动式生态节能设计的基础上，通过绿色建筑技术体系的整体策划和实施，提升项目的技术内涵，旨在将其打造成夏热冬冷地区的绿色办公示范工程，营造“健康、舒适、高效”的人性化办公环境，实现三星级绿色建筑的总体目标，成为继上海生态建筑示范楼之后，又一个立足上海、辐射全国的可持续发展建设的教育和宣传基地。

工程所在地上海，年平均气温15.5℃，极端最高气温38.9℃，极端最低气温-10.18℃。上海地区年平均降水量1100.7mm（每年集中在4～9月，占全年降水量的68%），年平均蒸发量1271.2mm，年平均相对湿度82%，年平均日照时数为2090h，年平均风速为3.3m/s。

从气候、地域、资源等特点分析，上海在建筑热工分区设计图上属于夏热冬冷地区，建筑物面临着夏季隔热和冬季保温的双重挑战；在太阳能资源分布上属于资源一般的Ⅲ类地区，具备太阳能利用的潜力，但需在经济技术合理的前提下采用；在水资源分布上，尽管降水充沛，但仍属于水质型缺水城市，应采用水资源高效利用措施。

1.2 项目特点及技术目标

莘庄综合楼是一座以建筑为主导、以高效为原则、以被动式策略为核心、合理运用成熟适宜的绿色技术的新一代绿色办公建筑。按国家三星级绿色建筑要求进行设计优化、施工控制和运营管理，旨在实

01
· 建筑自然通风
· 建筑本体遮阳
· 车库天然采光
· 空间优化利用
· 维护结构节能
· 立体绿化技术
生态设计

02
· 土壤源VRV空调系统
· 溶液除湿新风机组
· 太阳能热水系统
· 办公室个性化照明
· 能耗分项计算系统
系统节能

03
· 环境监测与发布
· IAQ控制和保障
· 反光吸声复合板
· 人工风环境调控
· 资源高效利用
· 远程视频会议
· 绿色行为导航
环境友好

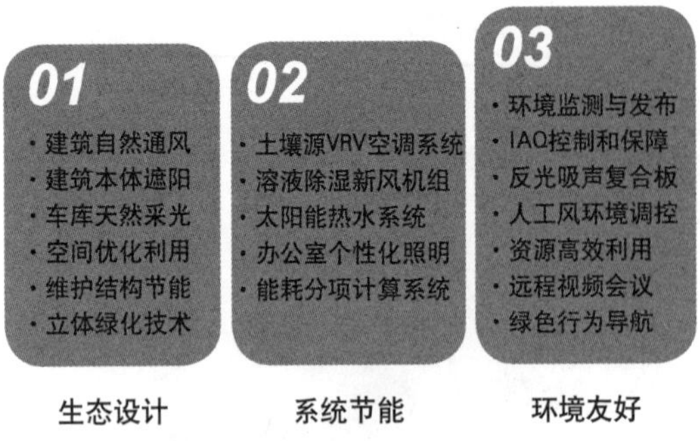

图1—3 莘庄综合楼技术体系

现全过程的绿色节能。在生态建筑设计的基础上，通过设备系统优化设计和高效的运行管理模式，提高建筑物的运行能效，控制单位建筑面积能耗比本地区同类建筑降低20%以上；通过环境营造、监测和控制技术，实现以人为本、健康高效的办公环境，保证室内环境达标率100%。

本项目建立了“生态设计”、“系统节能”和“环境友好”三大技术体系，如图1—3所示。

(1) 生态设计

莘庄综合楼坐落于城市郊区，周边建筑密度较低，为通过被动式建筑设计实现自然通风和天然采光创造了良好条件。主楼按南北朝向布置，平行于申富路，附楼沿基地东面河道布置。总体呈反L形，在园区东南角形成一道封闭屏障。本项目的投资建设主体上海市建筑科学研究院是由多个业务领域、经营方式、管理模式都不相同的专业所或子公司组成，各具特色，但都围绕着建筑工程这一领域，并且统一于集团的整体战略和文化。主附楼都是由一些大小不一的扁长“盒子”看似随意地叠放在一起，然而又围绕主附楼结合处无形的竖向轴，形成一种旋转上升的整体动势，以充分体现业主的企业文化。

设计中将绿色策略与建筑表现力相结合，重视与周边建筑、景观环境的协调及对环境的贡献，将“绿色设计”有机地融入建筑的使用功能与人文追求之中。

(2) 系统节能

莘庄综合楼以建筑运行节能为主要目标，为此，在空调系统、照明系统和用能管理系统等方面进行了优化设计。

根据使用性质的差异，建筑功能设计中便将办公区和实验区通过主楼和附楼的形式进行了分离，这也为空调系统的合理设计和高效运行创造了前提条件。空调系统设计中，主楼采用集中空调系统，附楼则根据实际需求安装分体式空调器，最大限度地降低了能源浪费。

在充分利用自然光提高室内照度的情况下，人工照明仅起到辅助性作用，因此各主要功能区均将照明功率密度值控制在了目标值，降低照明部分的能耗。

(3) 环境友好

通过集成应用人居环境领域的先进技术，营造高效、健康、舒适的人性化办公环境。

结合建筑形态特征，充分利用各层屋面和露台布置立体绿化，形成错落有致的空中花园，为员工带来视觉享受的同时也提高建筑物的热工性能。

主要办公区域设置环境监测系统，对室内主要污染物浓度实时监测、超标报警，并可通过屏幕进行数据发布，让员工随时掌握所处环境的信息。

1.3 人居环境控制与改善技术

1.3.1 建筑自遮阳

(1) 自遮阳设计和效果分析

上海处于亚热带，太阳运行轨迹和辐射特性，加上冬冷夏热的气温特点，使得建筑的夏季防晒和冬季阳光利用对室内环境舒适性和空调与采暖节能具有非常重要的意义。

建筑设计中重点考虑通过利用本体自遮挡实现夏季遮阳效果。主楼逐层向外旋转挑出的“盒子”，给南立面外窗的自遮阳提供了实现的可能性。根据设计方案，采用专业日照分析软件进行了建模，模拟上海地区太阳运行轨迹，并选取春分、夏至、秋分、冬至的典型时刻进行动态观察。典型日模拟结果如图1-4所示。

由图1-4可以看出，由于办公楼逐层进行悬挑叠加，上部的楼层对下部的楼层形成一定的自遮阳效果，在夏季6、7、8月份正午等太阳高度角较大的情况下，可以对办公大楼的南立面下部楼层部分立面形成一定的遮挡，减少直接日照；而在冬季太阳高度角较小的情况下则遮挡较少，阳光能直接进入室内而不影响室内得热。

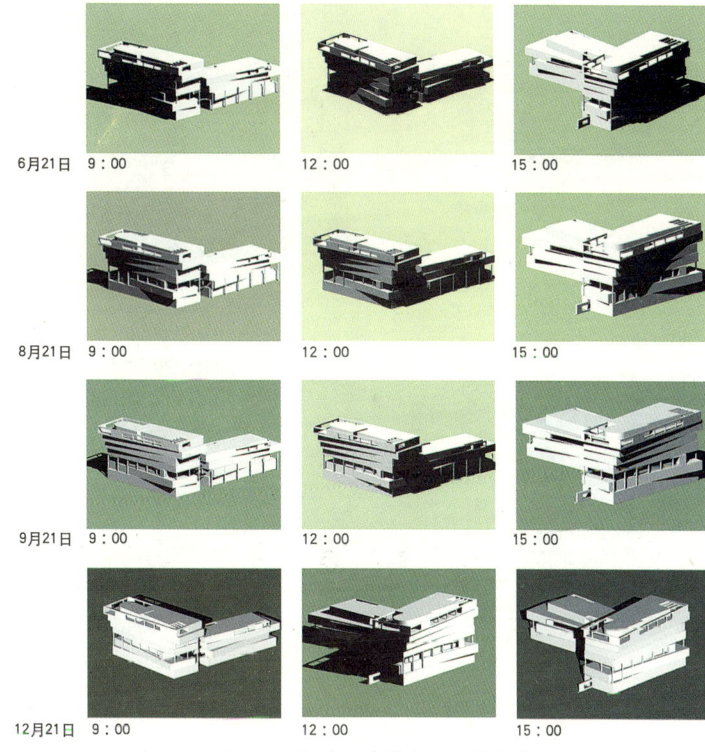

图1-4 典型日建筑自遮阳模拟结果

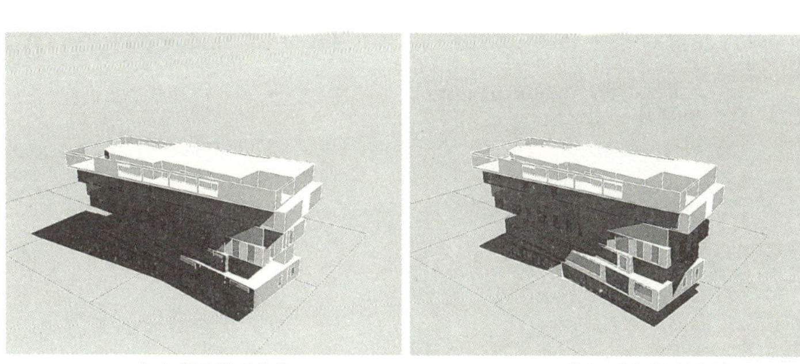
(a) 6月21日9点 (b) 6月21日11点

图1-5 东立面夏季典型日分析

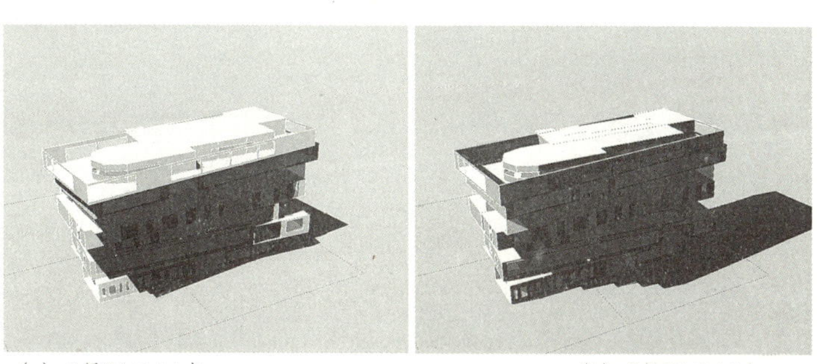
(a) 6月21日14点 (b) 6月21日16点

图1-6 西立面夏季典型日分析

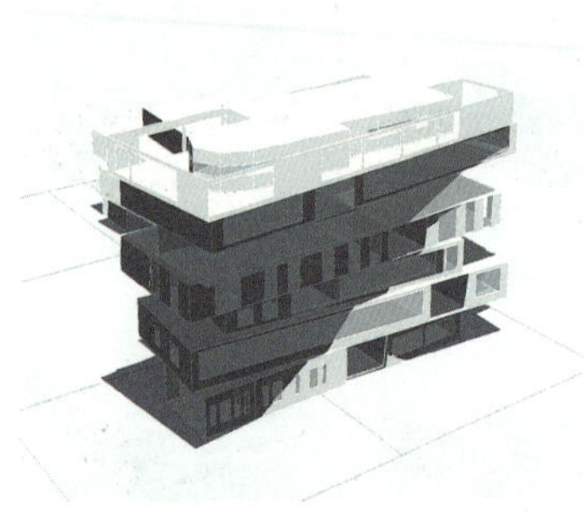
图1-7 南立面日照分析（7月21日12点）

图1-8 办公室内遮阳实景

(a) 钢结构网架

(b) 植物生长效果

图1-9 门厅攀缘植物遮阳

(2) 辅助遮阳建议

在典型日模拟基础上，增加模拟时刻，对办公楼各个立面的日照情况进行进一步的分析：

1) 夏季，办公楼的东西立面受到日晒比较明显。如图1-5所示，办公楼东立面二、四、六、七层在夏季上午有较长时间受到阳光直射。如图1-6所示，办公楼西立面的一、三、五、六、七层在夏季的下午有较为严重的日晒。因此，需要对东西立面采取适当的措施避免过量日照。

2) 南立面东部仍有一段时间不在建筑自遮挡范围之内，如图1-7所示。在夏季较为炎热的情况下，需要对这部分采取适当的遮阳。

根据模拟分析的结果，在建筑自遮阳设计的基础上，又采取了多种形式的遮阳进行辅助：

1) 办公楼采用双层窗中置可调节卷帘遮阳，见图1-8。

2) 南侧种植高大落叶乔木，利用树荫进行夏季遮阳。

3) 门厅幕墙部分，选用攀缘植物，有效阻挡夏季太阳得热，见图1-9。

1.3.2 天然采光

(1) 各层办公区采光设计

在建筑中利用自然光，具有人工照明所难以实现的优点：它可以使人们感受太阳和天空形成的微妙变化，减轻季节性情绪错乱和慢性疲劳；它也可以使建筑物富有光影变化，使空间变得更加趣味和人性化。除此以外，在建筑中合理采用自然光，使其与人工照明系统搭配得宜，可以减少人工照明的需要量，从而减少传统照明能耗，达到节能环保的效果。

莘庄综合楼的主楼和附楼均为条状体块，进深较小，为自然光的利用提供了有利条件。各层南向开窗面积较大，五层采用玻璃幕墙体系，经模拟分析，各楼层的天然采光情况良好，75%以上主要功能区域的采光系数都满足标准要求（详见第1.4.1）。

(2) 反光板应用分析

根据自然采光模拟分析的结果，部分楼层靠近窗户处可能产生眩光，采用反光板可以减少窗口处的眩光，并使室内光线分布更加均匀（图1-10）。反光板通常采用反射率较高的材料，其反射效果主要由吊顶材料的反射率、反光板宽度及高度、反射率等多种因素决定。为了充分发挥反光板的作用，采用

Radiance模拟软件，对吊顶材料、反光板的宽度、高度等进行了一系列比较分析，从而为反光板的具体实施提供相关建议。图1–11为Radiance模拟得出的室内工作面原始照度分布。

1）不同吊顶材料影响：根据吊顶使用不同的材料，比较室内工作平面（高0.8m处）照度的分布，如图1–12（*a*）所示。可看出，使用反光板时，若吊顶使用白色涂料，房间深处的照度较混凝土材质有所提升，房间内的照明均匀度有所提升。因此，建议顶面采用反射率较高的材料，如采用大白粉刷或者石膏吊顶等。

2）不同宽度的影响：对反光板选用不同宽度，如0.6、0.9、1.2m时，在全阴天条件下室内工作平面照度进行模拟分析，对比结果如图1–12（*b*）所示。反光板宽度为0.6～0.9m左右时改善效果最为明显。

3）不同高度的影响：对反光板的高度为2.1、2.4、2.7m时的室内工作平面（高0.8m处）照度分布进行模拟分析，得到的结果如图1–12（*c*）所示。反光板越低，其改善均匀度效果越明显。建议安装高度为2.1～2.4m左右。

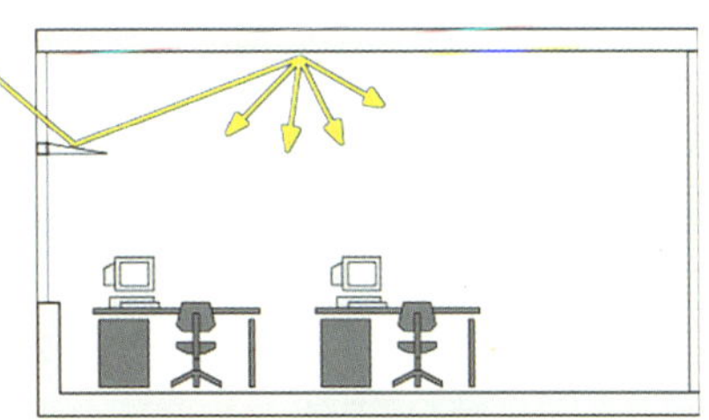

图1–10反光板原理图

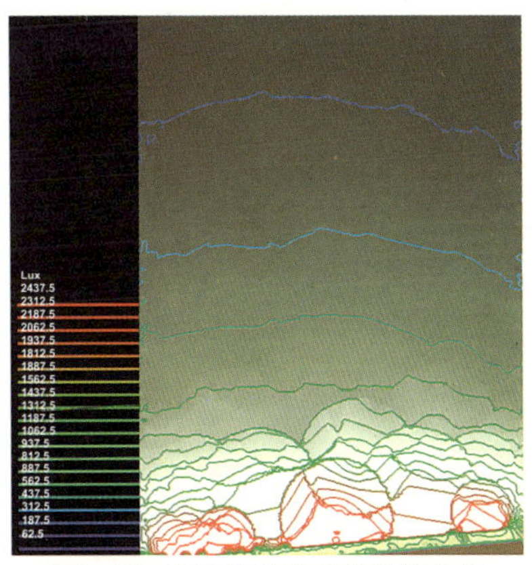

图1–11 反光板采光系数模拟结果

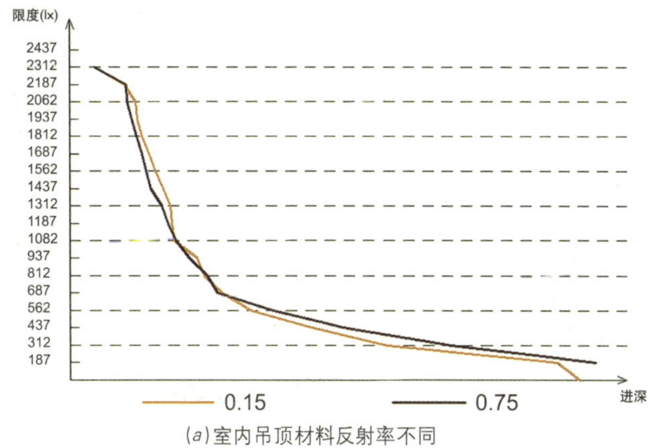

（*a*）室内吊顶材料反射率不同

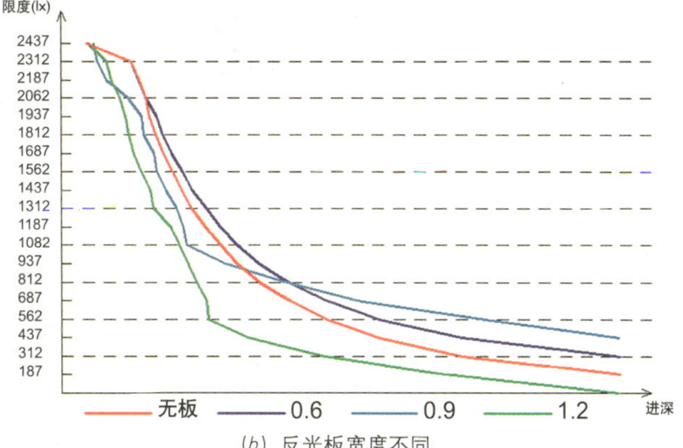

（*b*）反光板宽度不同

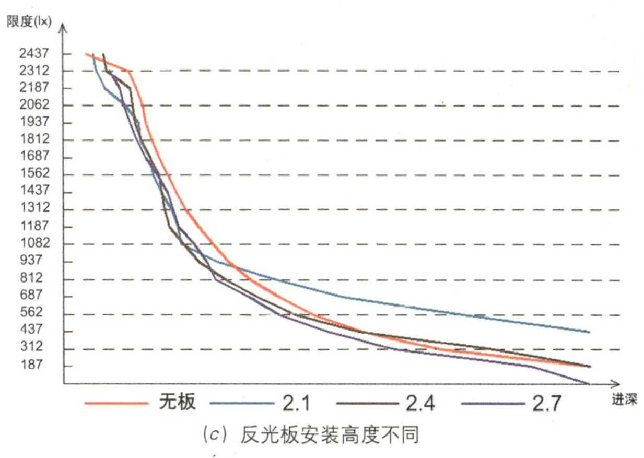

（*c*）反光板安装高度不同

图1–12 反光板不同参数对比模拟结果

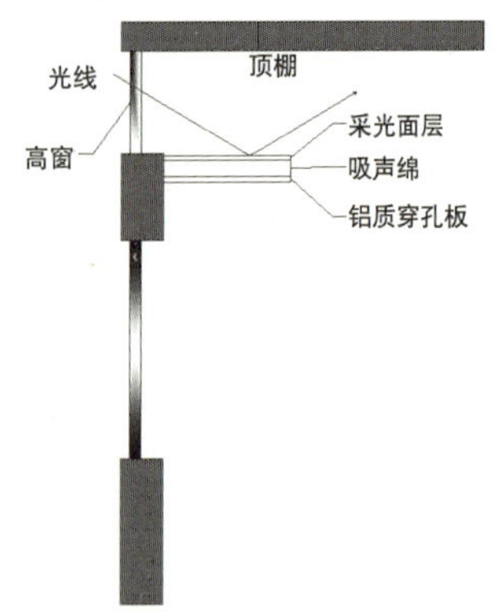

图1-13 反光吸声复合板构造说明

图1-14 反光吸声复合板安装实景

基于上述分析，选取五层北部会议室安装反光构件，降低临窗处的照度，提高室内进深较大处的采光，从而改善采光均匀度。反光板与吸声材料结合，形成吸声反光复合板，可同时改善会议室的声环境，构造方式如图1-13所示，安装实景见图1-14。

(3) 地下车库采光改善

地下室通常是建筑采光的薄弱环节，为了将自然光引入地下层，在地库顶部局部设计采光天窗和采光边庭，并在大楼的东侧、西侧及南侧都设计了下沉院落。

通过对地下车库天然采光情况的模拟分析，优化调整采光天窗和边庭的布局，从最初三个天窗调整为两个天窗，最终实现理想的效果。图1-15为采光天窗的外景和地下车库天然采光实景。

图1-15 地下车库采光天窗对室内采光的改善

图1-16 建筑北立面的特殊处理

1.3.3 自然通风

(1) 园区风环境改善

园区西南部、西部、北部已建成多栋低、高层建筑，东南部的综合楼建成后，将围合成一个矩形内向型空间。考虑到冬季寒冷的北风会沿着建筑的立面向下运动，在近地面形成强烈的漩涡，北立面采用了错落退台的设计，使入口区域的风环境相对保持稳定（图1-16）。

(2) 建筑自然通风

莘庄综合楼平面呈L形，南北进深较小，东、南、西、北向开窗设计合理，且室内主要功能区域为开放式办公区，通过迎风面和背风面的对开窗设计，可形成良好的穿堂风效果。南立面设置了错落分布的休憩露台

(图1－17、图1－18)，可作为各层新鲜空气的导入口。过渡季节利用一至七层的外门窗和露台从室外引入自然风，促进各楼层空气流动，达到改善室内空气环境的目的。主附楼之间、主楼和改造小楼之间具备可开启窗的连廊设计，均为室内利用自然通风创造了有利条件。

图1－17 建筑南立面露台效果图

1.3.4 围护结构节能体系

建筑围护结构热工性能指标除符合现行国家和地方公共建筑节能标准的规定之外，更需要通过提高性能参数来实现60%的节能目标，为此，提出外墙平均传热系数为0.7W/(m^2·K)、屋面平均传热系数为0.5W/(m^2·K)、外窗传热系数为2.5W/(m^2·K)、综合遮阳系数0.35的限制值，具体围护结构节能体系为：

图1－18 建筑南立面露台实景图

1) 外墙节能构造(从外到内)

隔热涂料+无机保温砂浆30mm+混凝土砌块200mm+XPS30mm+粉刷砂浆20mm

2) 屋面节能构造(从上到下)

种植介质100～300mm+过滤层+排水层+防水层+隔离层+1：3水泥砂浆找平层20mm+1：8水泥陶粒找坡最薄处30mm+XPS50mm+钢筋混凝土屋面板

3) 外窗

双层窗(从外到内)：普通铝合金单层窗+遮阳+空气层100mm+普通断热铝合金中空窗。其他窗：低辐射断热铝合金中空窗+内遮阳。

1.3.5 地源热泵VRV空调联合独立新风系统

室内负荷和新风负荷分开处理。室内冷热负荷由地源热泵VRV系统解决，将变制冷剂流量多联空调机组和室外地埋管系统相结合。每层为一个空调分区，设置一套VRV机组。室外侧采用地埋管冷却水系

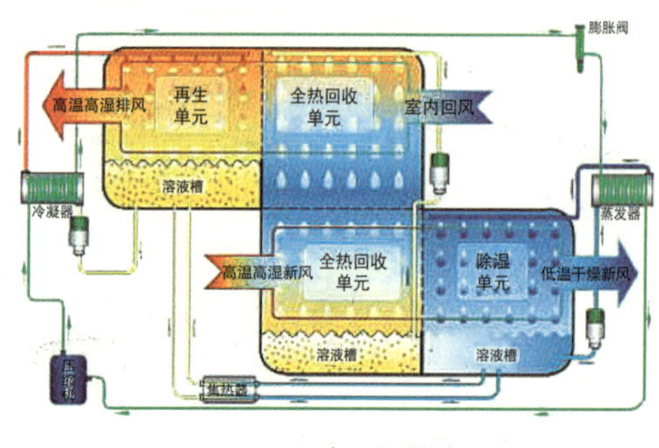

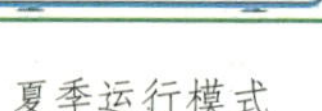
夏季运行模式

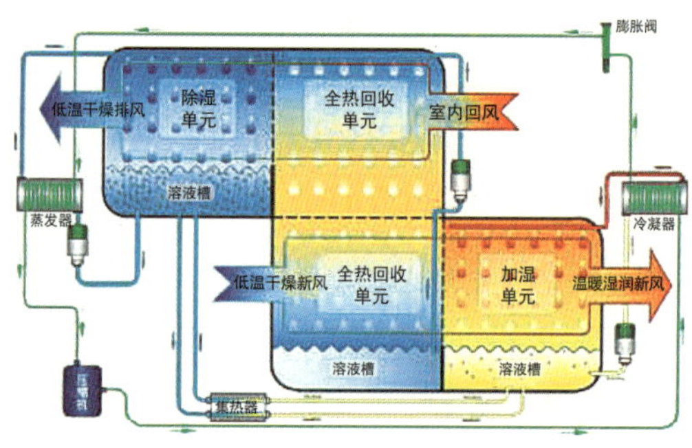

冬季运行模式

图1-19 热泵式溶液调湿新风机组工作原理

统，由分集水器连接循环泵送入各层VRV主机，冷却水系统采用二次泵系统。室内按办公空间的划分设置空调末端，末端机组采用冷媒直接蒸发式风机盘管。这种设计可将常规VRV机组的灵活性和地埋管换热的高效性相结合，调节灵活，部分负荷效率高，适合工作时间不同的各部门混合办公的特点，提高了整个设备系统的能效比。

新风处理采用溶液调湿全热回收型新风机组，相比于传统的转轮热回收，具备节能高效、形式灵活的特点，并且可避免新排风之间的交叉污染，由于自带冷热源，也可在过渡季单独运行。新风从室外引入，先与排风进行全热交换，再由新风机组处理后送入室内。新风机组位于一、四、七层空调机房内，分别供应地下一层和一层新风、二至四层新风、五至七层新风。热泵式溶液调湿新风机组工作原理如图1-19所示。

1.3.6 建筑一体化太阳能热水系统

太阳能热水系统为办公楼内200～300人提供日常洗手用水，供水规模为45℃热水1.2t/d。选用平板式集热器，集热面积16m^2，包括2m×1m的集热器8块。结合建筑功能，采用了雨篷一体化的安装方式，集热器布置在办公楼七层外挑式钢架上，夏季兼具遮阳效果（图1-20）。

图1-20 屋顶雨篷一体化的太阳能热水集热器布置效果图

太阳能集热系统在工作时段进行温差循环，设有高温高压保护以及冬季防冻保护，集热器、电控、泵阀工作站与水箱统一搁置于屋顶平面层。

在系统设计上，供水端由太阳能热水直供改为太阳能供水管道与即热式电热水器串联，太阳能集热水箱内不再加装电加热器。可最大限度节约电能使用，另外可保证热水及时流出，提高用水舒适性。

1.3.7　环境监测与发布系统

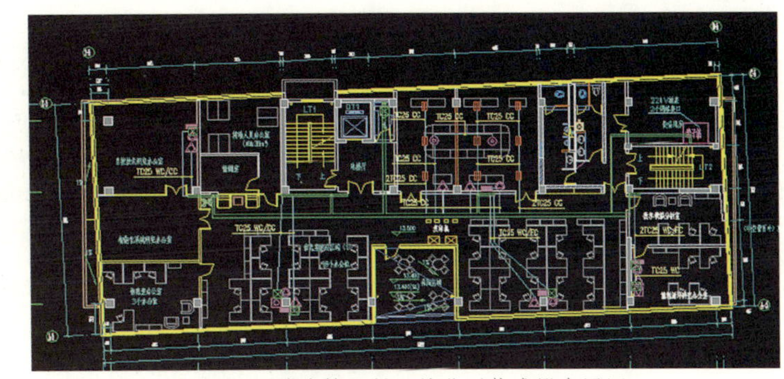
图1—21　综合楼五层环境监测传感器布置图

环境监测与发布系统的应用对象为办公楼，主要功能由四个部分构成：通过对室内环境参数的实时监测，全面了解室内环境状况；通过实施室内环境进程化管理策略，提升室内环境管理水平；对阶段性数据进行分析统计，评价室内环境的优劣；在展示平台上实现数据分析统计即评估报表的阶段发布。

选择五楼整个楼层和屋顶为监测对象，六楼部分区域为室内环境控制的试点区域，在相应的功能区域实施室内环境监测，监测的参数包括CO_2浓度、温湿度、照度、噪声、VOC等，并在特定位置布置人体红外感应器（图1—21）。集中信息发布的地点位于门厅的信息屏。

1.3.8　能耗分项计量系统

系统可实现对办公大楼公共部位用电的空调、照明、动力、厨房、机房等用能分项计量、远程监测、统计、分析、比较等功能。及时准确掌握整个建筑能耗的构成，发现用能规律，诊断用能问题，可以考核整幢建筑的能源管理水平。

1.3.9　立体绿化

本项目采用了立体绿化，主楼六层屋面、附楼四层屋面的可绿化区域均采用了佛甲草轻型种植屋面（图1—22），各层的休憩区域采用了移动绿化。这些绿化方式具有与地面绿化一样的美化环境、净化空气、降低噪声、减少环境污染、提高城市排蓄水功能和缓解热岛效应等作用。屋顶绿化面积占屋顶可绿化总面积的比例大于30%。

图1—22　屋顶绿化实景

综合楼主出入口结合钢结构网架设爬藤绿化，改善大厅的室内环境。附楼东西侧栽种高大落叶乔木，利用植物的生长特性实现季节性遮阳的效果。

绿化物种选择了适宜当地气候和土壤条件的乡土植物，且采用包含乔、灌木的复层绿化。此外，修建地下车库的过程中，在尽量保留现有中心花园景观的前提下，进行了部分再造（图1-23）。

图1-23 中心花园的保护和恢复

1.4 技术效果测试与评估

1.4.1 综合效果

通过“生态设计”、“系统节能”和“环境友好”三大技术体系的合理实施，项目实现了各项技术目标，于2009年获得了住房和城乡建设部绿色建筑设计评价标识三星级证书。

1.4.2 天然采光模拟评估

采光的衡量主要包括采光系数和采光质量。采光系数是指在全阴天时室内某一点的天然光照度与室外露天无遮挡处的水平面照度之比。采光系数值越大，采光效果越好。采光质量不仅取决于被识别对象的表面照度，而且还取决于投射在物体表面的光的方向性，识别对象与背景的亮度对比，视野内有无眩光等。本项目中，通过采用软件进行模拟分析，对室内采光环境进行了评估。

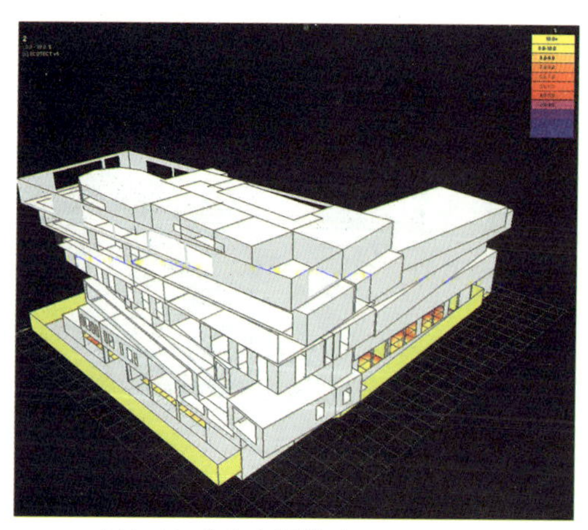

图1-24 采光分析模型

由于办公楼各层立面风格不一样，采光口数量和大小不一，因此每一层的采光情况均不一样，需要对每一层都单独进行采光模拟分析，采用ECOTECT V5.20软件进行建模，模型如图1-24所示，分析结果如图1-25所示。

对主、附楼各层的模拟分析结果进行统计，结果见表1-1。

由模拟结果可以看出，本项目中室内采光系数值满足规范要求值的主要功能区面积为3861.7m^2，而本项目的主要功能区域总面积为4929.3m^2，故满足规范要求值的面积占总面积的78.34%。

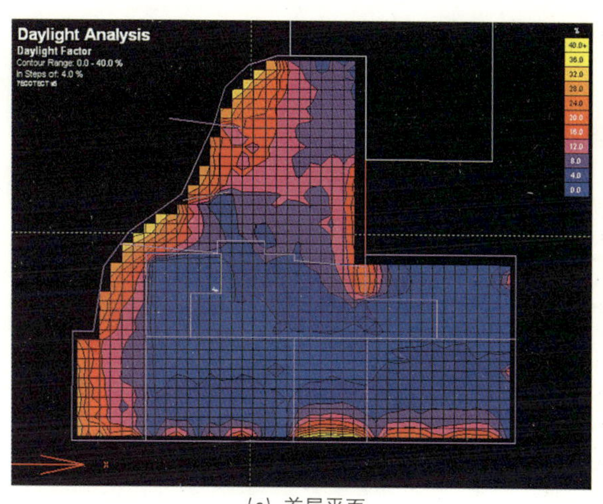

(a) 首层平面

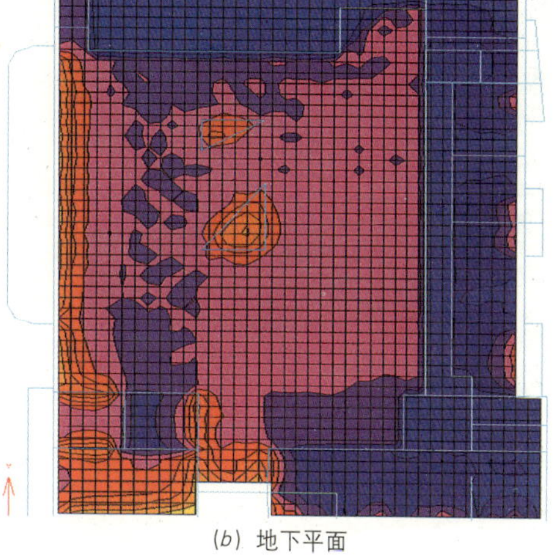

(b) 地下平面

图1－25 典型层室内采光模拟结果

通过对地下一层停车库的采光模拟，南侧活动室采光充足，采光系数能够满足房间内的正常采光需求；停车区内，两个天窗的自然采光效果非常显著，西侧的外窗也有效提供了自然采光照明，整个车库采光系数达到0.55的面积为总面积的51%，能够满足室内的正常采光需求。

各层采光系数百分比汇总表　　表1－1

楼层	满足采光要求面积(m^2)	总面积(m^2)	满足采光要求面积比例
一层	193.8	220.8	87.75%
二层	356.4	420.6	84.73%
三层	247.5	320.3	77.26%
四层	486.9	524.9	92.76%
五层	501.3	506.3	99.02%
六层	504.4	576.9	87.43%
七层	244.4	265.8	91.94%
附楼一层	189.1	446.9	42.31%
附楼二层	475.8	481.9	98.74%
附楼三层	257.8	533.7	48.31%
附楼四层	181.7	195.4	93.00%
地下室	222.7	435.8	51.10%
总计	3861.7	4929.3	78.34%

1.4.3 自然通风模拟评估

根据建筑功能定位及内部布局形式，对莘庄综合楼内部的自然通风效果进行计算评估，物理模型见图1－26。评估分别针对过渡季时期室内主要空间气流分布及换气次数等指标进行计算分析，以评价该建筑在建筑设计及构造设计上是否有利于改善室内自然通风效果，同时，根据室内风速分布、换气次数等模拟结果，结合现行相关规范予以评价。

春夏过渡季，莘庄综合楼东南向迎风侧为正压区，而背风侧处于负压区，两侧的风压有利于室内的自然通风。进风口主要集中在南立面和东立面通风口，自然风从各层门窗开口处流入，通过室内

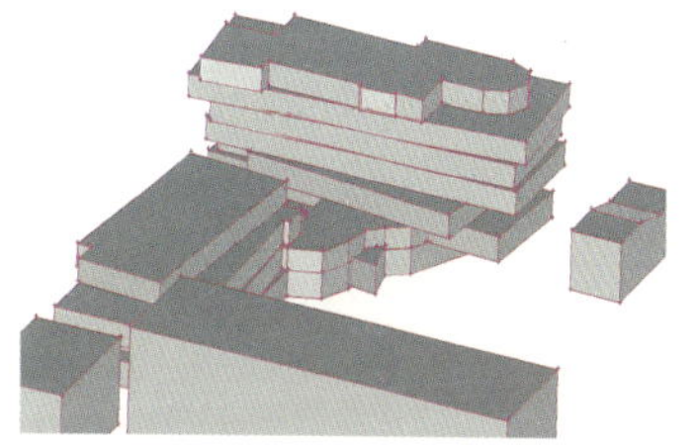

图1－26 建筑模型西北角

图1—27 室内1.5m高处风速矢量场分布（二层，春夏过渡季）

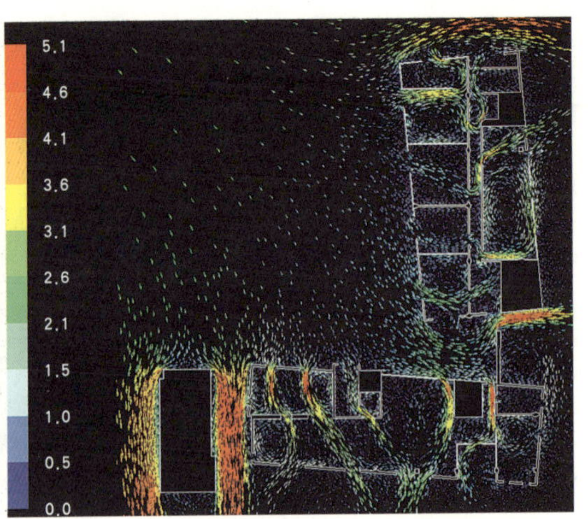

图1—28 室内1.5m高处风速矢量场分布（二层，秋冬过渡季）

流向北向及西向风口。首层东南角的花园引入室外新风，通过大厅从西北部的主出入口流出，空气流通效果良好，风速达到3.5m/s。其他楼层室内风速在0.1～2.4m/s之间，速度较低，且分布均匀。

秋冬过渡季，西北向迎风侧为正压区，而东南向则处于负压区，进风口主要位于主楼北向和附楼西向的外门窗，自然风穿过各层内部区域流向东立面和南立面的出风口。各楼层室内风速在0.1～3.3m/s之间，除进风口附近的内走廊风速较高之外，办公区风速较低，且分布较为均匀。

以二层为例，分析其在过渡季的室内自然通风效果（图1—27、图1—28）。可以看出，春夏和秋冬过渡季期间，室内风速在各个主要功能房间分布均匀，没有形成死角和滞流，通风效果较好，在东南风和西北风为主导风时，东南和西北向窗户都可以有效形成穿堂风。主附楼之间的连廊是穿堂风引风口：春季，打开东部窗口，关闭西部窗口；秋季打开西部窗口，关闭东部窗口，可同时增强附楼和主楼的通风效果。

通过模拟计算和分析可知，莘庄综合楼各层在风压作用下的自然通风效果良好，在最大开窗和开门的计算条件下，建筑内部通风顺畅，主要功能房间能形成良好的自然通风“穿堂风”效果。计算结果表明，各层室内换气次数在11.2次/h以上，大于室内主要功能区换气次数不低于2次/h的要求，符合现行国家标准对室内通风的要求。

1.4.4 建筑综合节能评估

采用DeST软件进行建筑能耗动态模拟分析，依据建设部颁布的《公共建筑节能设计标准》(GB50189—2005）作为基数进行节能效果分析。

(1) 围护结构热工参数

采用30mm 无机不燃保温材料外墙外保温、30mmXPS 保温板外墙内保温综合保温措施，地下室外墙（与土壤接触的墙）采用40mmXPS 保温板保温，地面采用30mmXPS 保温板保温，屋面采用50mmXPS 保温板保温，底面接触室外空气的架空楼板采用30mmXPS 保温板和30mm 无机不燃保温材料结合保温措施，外窗及玻璃幕墙为断热铝合金低辐射中空窗（K=2.5W/(m^2·K)、遮阳系数SC=0.35）。

(2) 相关参数设置

建筑室内温度、湿度、新风量、逐时人员在室率、照明使用时间、空调系统运行时间等均按《公共建筑节能设计标准》办公建筑规定确定，其中室内参数如表1–2所示。

全年动态模拟分析的计算模型如图1–29所示（部分楼层）。

空调系统采用COP分别为4.7和4.8的新风处理机组和水源热泵空调机组，照明功率设计取值为《建筑照明设计标准》（GB50034–2004）中的目标值时，其全年采暖空调与照明能耗约为《公共建筑节能设计标准》（GB50189–2005）中规定的参照建筑相应能耗的76.2%。

建筑室内参数设计表　　表1–2

房间名	温度(℃)		相对湿度(%)		新风量(m^3/(h·人))	人员密度(m^2/人)	设备负荷(W/m^2)
	夏	冬	夏	冬			
办公室	26	18	65	不控制	30	4	20
会议室	26	18	65	不控制	30	2.5	5
门厅	26	18	65	不控制	30	20	5

图1–29 能耗计算模型图（按房间功能简化）

1.4.5 溶液调湿新风系统全热回收综合分析

莘庄综合楼项目采用3台热泵式溶液调湿新风机组，总新风量17000m^3/h（1台HVF–05、2台HVF–06），系统综合分析如下。

(1) 系统运行模式分析

根据建筑使用功能及参照相关规范，设定室内设计参数如表1–3所示；根据《中国建筑热环境分析专用气象数据集》得到上海市全年室外逐时气象参数，进而得到上海市各月平均室外温度，见图1–30。

室内设计参数　　表1–3

室内参数	温度	相对湿度	含湿量	焓
	℃	%	g/kg干空气	kJ/kg
夏季	26.0	60.0	12.6	58.3
冬季	20.0	50.0	7.3	38.5

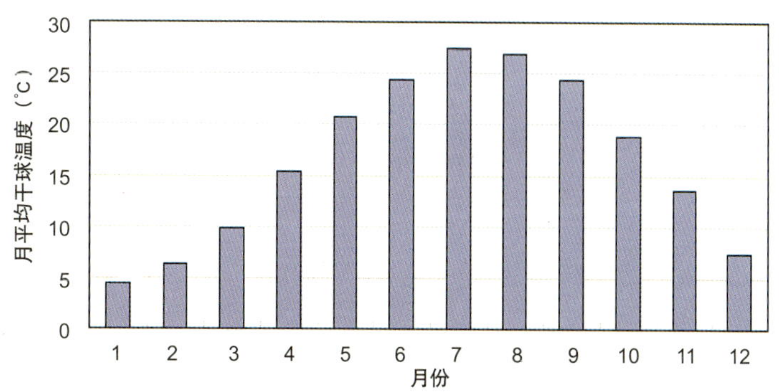

图1–30 上海市各月平均室外温度

依据室内设计参数及上海市各月平均室外温度分析：当月平

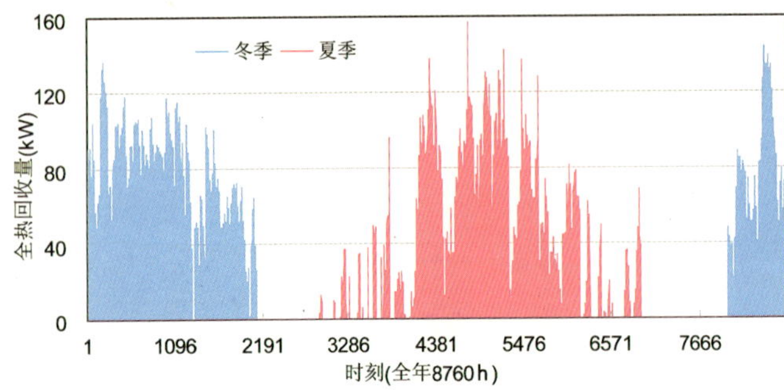

图1–31 热泵式溶液调湿新风机组全年逐时全热回收量
注：热泵式溶液调湿新风机组两级全热回收效率按65%计。

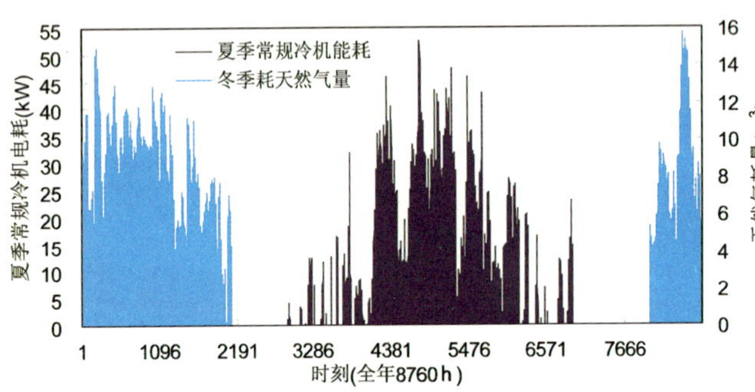

图1–32 无全热回收时系统能耗增加量
注：1. 常规冷机COP（含输配系统）按3.0计；
2. 天然气热值按36500kJ/m^3；
3. 燃气锅炉效率按90%计。

均室外温度高于18℃时，开启全热回收单元夏季模式，回收排风的冷量；当月平均室外温度低于10℃时，开启全热回收单元冬季模式，回收排风的热量。

每年的1、2、3、12月份开启全热回收单元冬季模式，5～10月份开启全热回收单元夏季模式，4和11月份不开启全热回收单元，机组仅运行通风模式。

(2) 系统综合效果分析

1）运行模式的能耗对比分析

设定机组全热回收运行模式如下：①机组工作时间为8：00～18：00；②5～10月份开启全热回收单元夏季模式，当室外空气焓值大于夏季室内设计参数焓值（58.3kJ/kg）时，开启全热回收段；③1、2、3、12月份开启全热回收单元冬季模式，当室外空气焓值小于冬季室内设计参数焓值（38.5kJ/kg）时，开启全热回收段。

根据已知的新风量以及室内外气象参数，计算得到全年逐时的全热回收量，如图1–31所示。若系统无全热回收，则需消耗冷机及输配系统的能耗（夏季）或天然气量（冬季）来处理此部分负荷。而开启全热回收单元仅需消耗溶液泵功耗以及因全热回收单元而使风机阻力增加的风机能耗，可以节省可观的系统运行费用，系统增加的能耗如图1–32所示（夏季冷机耗电，冬季耗燃气）。

2）综合经济性对比分析

通过以上分析得到全热回收单元的经济性比较如表1–4所示。从表中可以看出，全热回收单元每年可节省系统运行费用4.8万元。

全热回收单元经济性比较 **表1–4**

项目	单位	无全热回收		溶液全热回收单元	
耗能设备	—	冷水机组	燃气锅炉	溶液泵	风机
全年耗电量	kWh	22312	—	2297	2927
全年耗天然气量	m^3	—	9973	—	—
运行费用	元	53216		4753	
运行费用节省	元	—		48463	

注：1. 电价按0.91元/kWh计，天然气按3.3元/m^3计。
2. 送风机与排风机阻力增加均按100Pa计算，风机效率按照70%计算。

1.5 经济性分析

莘庄综合楼项目采用多种人居环境技术手段改善建筑室内外的风、光、热、声等环境品质，取得了较显著的环境效益。项目注重被动式设计手法的应用，其中建筑自遮阳、天然采光、自然通风等技术措施结合建筑一体化设计实现，几乎不增加技术增量成本。

主动式人居环境改善技术主要包括：屋顶绿化、太阳能热水、围护结构性能优化、地源热泵空调及智能化系统。其中部分技术的引入兼顾多重人居效应的改善，如建筑南立面设计应用的“双层外窗＋中置可调遮阳”系统较普通外窗初投资增量较小，但在隔声、保温和通风方面具有如下显著优势：

1）隔声性能：莘庄综合楼紧邻申富路，室外交通噪声较高，南立面双层外窗之间设100mm的空气间层，综合隔声性能STC可达50dB，较常规双层中空玻璃外窗的隔声性能提高近10dB；

2）热学性能：冬季内外层窗户同时密闭，中部形成蓄热空气腔体；夏季的时候，外层窗户打开，中置遮阳部件类似外遮阳，可有效反射热辐射；

3）通风隔声性能：过渡季节的时候，内外窗交错开启，可在自然通风的同时一定程度阻隔室外噪声，兼具通风隔声性能。

本书选取较具典型性的空调系统设计方案进行经济性分析，采用常规空气源热泵系统作为比较基准。

(1) 年运行费用计算

本项目地源热泵水冷多联机按照样本参数进行估算；空气源热泵机组制冷工况冷冻水的出水温度按7℃计，制热工况热水出水温度按45℃计。对于空气源热泵，根据同制冷量厂家样本提供的机组变工况性能曲线以及上海市气象资料，取机组运行*COP*值。

上海地区夏季供冷按照150天考虑，冬季采暖按90天考虑，运行模式按照日运行8h，电价按照上海一般照明用电均价0.888元/kWh计算。

据此估算，系统每年比空气源热泵节省运行费用约23.6%，节约的电能和CO_2减排效益显著。

(2) 初投资估算

地源热泵多联机系统初投资211.75万元，包括打井及附件、水源多联机组8台、冷却塔、循环泵、冷却塔水泵、新风机组、室内末端等设备及系统施工费用。如采用空气源热泵系统，则预计初投资180万元（以常用空气源热泵空调系统造价450元/m^2计）。因此，比较传统空气源热泵系统，本项目地源热泵多联机系统的增量投资回收期为8.3年。

1.6 应用推广价值

莘庄综合楼以被动式节能设计为出发点，从绿色建筑的视角制定了经济适用的技术体系。

在生态设计方面，根据上海本地的气候、资源特点，采用了本体遮阳、天然采光、自然通风、立体绿化四大策略。其中，通过建筑本体叠合设计实现了夏季自遮阳，避免了采用外遮阳所带来的投资增量和后续维护问题；通过合理的进深控制和天窗边庭采光，改善办公区和地下室的采光效果；结合各楼层休憩露台，为自然通风打通了流通风道，强化穿堂风效果；错落分布的屋顶绿化以及门厅爬藤绿化，在改善视觉环境的同时，也提高了建筑物的节能效果。

在设备系统方面，体现高效、灵活、便捷的特点，适应分部门办公的特性。地源热泵VRV空调系统结合溶液调湿新风系统，适应本地气候特点，运行能效高，末端可控性强；能耗分项计量系统，既可实现根据部门的楼层计量，又可实现分用途计量，将收费系统和能耗诊断系统相结合；环境监测和发布系统，则可保证员工时刻处在安全、舒适的环境之中，提升工作效率。

2 崇明陈家镇生态办公示范楼

项目名称 /崇明陈家镇生态办公示范楼

建筑类型 /办公建筑

建设地点 /上海市崇明县陈家镇

建筑面积 /0.5万m^2

开发单位 /上海陈家镇建设发展有限公司

技术支撑 /上海市建筑科学研究院（集团）有限公司

2.1 工程概况

崇明岛地处长江入海口，是全世界最大的河口冲积岛，也是中国仅次于台湾岛、海南岛的第三大岛屿，有“长江门户、东海瀛洲”之称。全岛面积1267km^2，东西长80km，南北宽13～18km。崇明岛地处北亚热带，气候温和湿润，四季分明，夏季湿热，盛行东南风，冬季干冷，盛行偏北风，属典型的季风气候。崇明岛年平均气温为15.3℃，最高年为16.2℃，最低年为14.6℃。月平均气温以1月的2.8℃为最低，以7月的27.5℃为最高。日极端最低气温为－10.5℃，日极端最高气温为37.3℃。崇明岛11月至2月多北风和西北风，3月至8月盛行东南风，9月、10月常吹北风和东北风。

崇明是上海21世纪重要的可持续发展战略空间，将建设成为世界级的现代化生态岛，根据崇明岛总体规划方案，到2020年崇明基本建设成为世界级的生态岛区和最优美的“海上花园”，成为国内领先、国际一流的人类生态环境与生态活动示范岛区。

陈家镇位于崇明东端长江入海口，是上海长江隧桥工程入岛登陆点，东依闻名中外的东滩湿地，面向上海浦东高科技开发区，独立的地理位置造就了优越的生态环境和瞩目的战略空间（图2–1）。陈家镇作为崇明岛近期开发建设的重点地区之一，立足于建设上海生态示范城镇的目标，全面贯彻体现国际先进水平的生态城镇规划理念，将重点建设一个体现国际先进理念和水准的“国际生态实验社区”，同2010年上海世博会相呼应。

图2–1 陈家镇区位图

本项目位于上海市崇明县陈家镇，占地面积8502.6m^2，建筑面积5117m^2。本工程主体结构为3层，为钢筋混凝土框架结构。建筑单体由三个体块组成，中间体块为入口门厅和共享休息区以

图2-2 崇明陈家镇生态办公示范建筑南立面

图2-3 崇明陈家镇生态办公示范建筑北立面

及交通空间，接近正南北方向；左右两侧的体块主要为办公功能，与基地朝向一致，同时东西两端为设备等辅助用房（图2－2、图2－3）。

2.2 项目特点及技术目标

结合崇明生态岛的建设定位，综合应用了目前国内外先进的人居环境控制和改善关键技术，研究建立了自然和谐舒适环境技术、气候适应型建筑节能技术、复合型空气调节技术、太阳能和风能协同利用技术、自适应环境调控技术和资源高效循环利用技术的关键技术集成体系，并在5100 m^2的生态办公示范建筑中实现关键技术与建筑的一体化集成应用，实现项目的建筑综合节能75%，可再生能源利用率占建筑使用能耗的50%，再生资源利用率大于60%，舒适高效的室内环境质量的整体技术目标，将该示范建筑打造成为一个生态人文并重的低能耗、低排放、与自然“零”距离的生态办公楼，形成“超低能耗、超低排放、自然通风、地热利用、风光互补、智能调控、资源循环、舒适环境”的八大技术亮点。在示范工程的基础上，将总结能源、材料、资源和技术经济性等全生命周期涵盖的要素，建立体现崇明当地资源特点、产业优势、设计和管理模式在内的适宜推广应用的人居环境控制和改善关键技术体系，在崇明生态人居建设项目中加以推广应用。

在建筑本体中融入诸多生态设计元素，在建筑的外观造型上将通风塔、导风墙、遮阳百叶、太阳能屋面板等建筑元素结合起来，同时采用丰富的色彩和局部不规则的建筑形态，在使用功能的布置上，充分考虑了展示、休息以及各级办公空间的合理安排，并结合通风空间的设计，在建筑各层中插入了各种错落有致的共享空间，不但丰富了建筑的室内效果，还获得了最大程度的通风、采光等功能。

2.3 人居环境控制与改善技术

2.3.1 自然通风技术

自然通风可以提高室内的热舒适水平，同时有利于建筑节能。根据上海市环境质量监测数据显示，崇明的大气环境质量明显优于上海市市区，这为利用室外自然通风创造了良好的条件，相比上海市区而言，夏季最高温度比市区低2～3℃，因此可在夏季利用夜间通风为建筑降温。基于以上分析，本项目通过模拟优化分析后采用自然通风塔和导风墙等措施提高建筑的自然通风效果，同时结合智能控制系统对通风塔的百叶进行智能控制，从而提高室内的通风效果。

图2-4 自然通风塔

图2-5 导风墙

为了加强热压作用引起的自然通风，及时将室内的废气排出，针对陈家镇办公楼总高低，外形简洁的特点，在屋顶上增设了具有竖向“烟囱效应”的通风塔（图2-4），增加自然通风效果；由于建筑本体内部空间分成东西两部分，彼此相对独立，因此，通风塔在东西两个区域分别设立两个通风塔，每个通风塔的有效通风面积为25m^2。通风塔高出屋面6.3m，塔上四周安装通风百叶，作为室内外空气交互的开口；百叶底端高出屋面2.7m，高度1.8m，通风百叶可根据室外气象条件和室内运行模式，调节开口。二楼的空间通过设置在三楼通风塔下方的公共休息平台与通风塔连接，增加了通透性和自然通风效果。

图2-6 通风井百叶

图2-7 室内通风百叶

由于崇明陈家镇办公楼面向西南，而过渡季节盛行的主导风向为东南风，两者存在一定的角度偏差，不利于自然通风的导入。因此，在建筑四周设置一些看似随意的墙体，其实却具有导流作用，改变室外主导风向，更好地将自然风引入室内，达到提高室内热环境和空气质量的效果。图2-5中建筑四周的各种弧形、三角形和矩形就是可以起到引导新风进入室内的导风墙，图2-5为导风墙实景照片。

为了能充分发挥通风塔的拔风效果，增加建筑室内各区域的流通性、通透性，室内各水平区域和垂直区域之间增加了可控的通风井与通风百叶的设计。图2-6为连通一层和二层办公区域的通风井实景，图2-7为三层连通个人办公区域与走道的通风百叶实景。这些百叶装置都可以通过人工控制其开关，达到过渡季节的通透以及空调季节的相对封闭。

图2-8 个性化送风末端实景照片

2.3.2 个性化送风系统

个性化送风是将风口放置在人员工作区附近，使用者可以对其进行自由的调节，提高了人员吸入空气的质量，既改善了局部热环境，又提高了室内空气的平均温度，使室内的冷负荷减小，从而实现节能，体现了"按需求提供"的理念。本项目个性化送风的设计按照对技术效果与外观效果的综合需求，提出了个性化送风与室内装饰装修一体化的设计思路，除出风参数的技术要求设计以外，更多的考虑了个性化风口设计与茶几的有机结合，避免了传统个性化送风外观与应用场所（会客厅）不协调的问题。个性化送风的优点在于：第一，新风直接送入呼吸区，并且风量（风速）按个人喜好随意调节，真正可以做到室内人员100%的空气质量满意率；第二，在同样房间中，为满足室内新风需求，较传统的混风方式所需要的新风量要小，因此处理新风的负荷也小，可以达到节能的效果。

个性化送风设置在三层的贵宾接待室，贵宾室内各贵宾席两侧设有个性化风口，总共16个风口，风口以接待室茶几形式表现，使个性化送风与室内装饰装修一体化，避免了个性化末端外观不佳的缺陷。新风从铺设在地板四周的新风管道中通过，经由暗藏的摆放在沙发（贵宾席）两侧的茶几背面的孔洞进入茶几腔体，再通过茶几桌沿的向上开口的矩形风口通向靠近贵宾席周围的人员呼吸区，达到新风直接享用的个性化送风的目的。图2-8为个性化送风实景照片。

对个性化通风的通风性能进行测试分析后，结果表明个性化通风房间中10个人体呼吸区域的局部通风效率大于通常情况下的置换通风的通风效率，远大于传统混合通风的通风效率，表明个性化送风系统可显著提高人员的舒适性和室内空气质量的提升。

2.3.3 气候适应性建筑节能技术

(1) 围护结构节能设计

上海处于北纬31°10′，东经121°26′，平均海拔5m，在建筑热工气候分区中属于夏热冬冷地区。上海冬季最低温度可达-5℃以下，夏季最高温度则超过37℃以上。参照气象学上的气候区分法，上海市处于冬季的时间为11～3月，6～9月间处于夏季，因此，在上海开展建筑节能，既要考虑建筑物的夏季防热，又要考虑冬季防寒。另据资料统计显示，近10年比前30年气温有升高的趋势，如1951～1980年30年间日平均温度<5℃的为54天，现为31.8天。夏季极端最高温度原为38.9℃，现为39.4℃，平均气温>26.5℃达54.7天。这也说明在建筑节能设计的过程中，应重点关注夏季隔热的要求。

本项目的围护结构节能设计策略主要是根据该办公示范楼的综合节能目标，对办公楼的外墙、屋面、窗墙比、外窗和外遮阳进行综合的节能计算分析，图2-9～图2-11显示窗墙比、外墙和外窗的传热系数的改变对建筑累计总负荷的影响。并同时考虑经济成本的因素，从而得出最优化的围护结构节能措施，而不是追求单一指标如外墙或外窗的传热系数做到最低。通过建筑综合节能评估分析，选取了适宜的外墙、屋面等的传热系数，并对南向的窗墙比进行控制。

通过模拟分析后确定的围护结构节能具体的方案，包括建筑外墙平均传热系数为0.7W/(m^2·K)，采用50mmEPS外保温，混凝土空心砌块作填充墙，建筑屋面平均传热系数为0.5W/(m^2·K)，采用50mmXPS外保温，1：8水泥陶粒找坡，建筑南、东、西外窗采用双银低辐射中空玻璃与隔热型铝型材，综合传热系数为2.5W/(m^2·K)，玻璃遮阳系数为0.5，可见光投射比为0.45；北向采用中空充氩气隔热型铝型材，综合传热系数为3.2W/(m^2·K)，玻璃遮阳系数为0.76。

可调节的外遮阳系统是类似崇明这样夏热冬冷地区建筑围护结构节能最有力的措施之一。综合考虑节能和自然采光等需求，建筑南北立面设置横向金属遮阳百叶体系，其中南面采用电动控制(图2–12)，北面采用手动控制，东西设固定金属遮阳百叶。

(2) 建筑综合节能评估

采用清华大学开发的DeST软件进行建筑能耗动态模拟分析，依据建设部颁布的《公共建筑节能设计标准》（GB50189–2005）作为基数进行节能效果分析。图2–13为建筑模型图。

通过模拟分析计算，参照建筑采暖空调照明全年耗电量为53.61kWh/m^2，设计建筑采暖空调照明全年耗电量为43.05kWh/m^2，考虑设备耗电量17.30kWh/m^2（根据《公共建筑节能设计标准》测算），考虑可再生能源全年可发电29.16kWh/m^2，则本项目建筑全年实际耗电量为31.19kWh/m^2，建筑综合节能率达到75%。

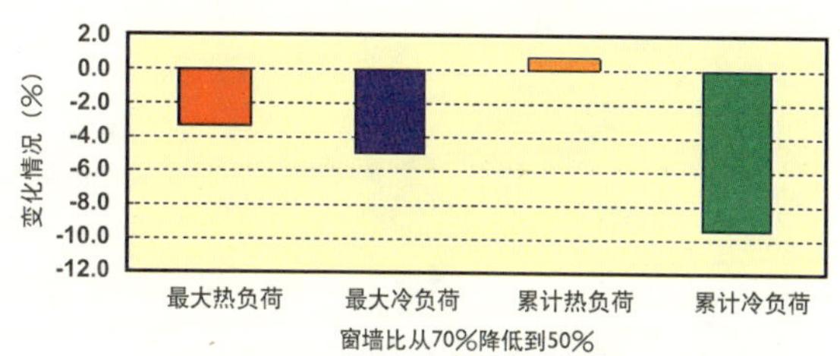

图2–9 窗墙比变化对建筑负荷的影响

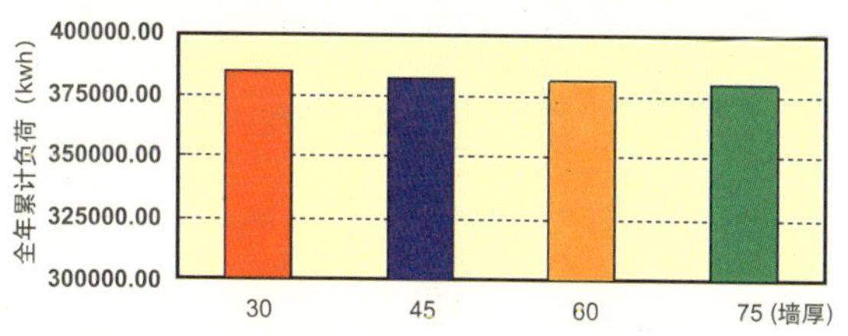

图2–10 外墙传热系数对建筑全年总负荷的影响

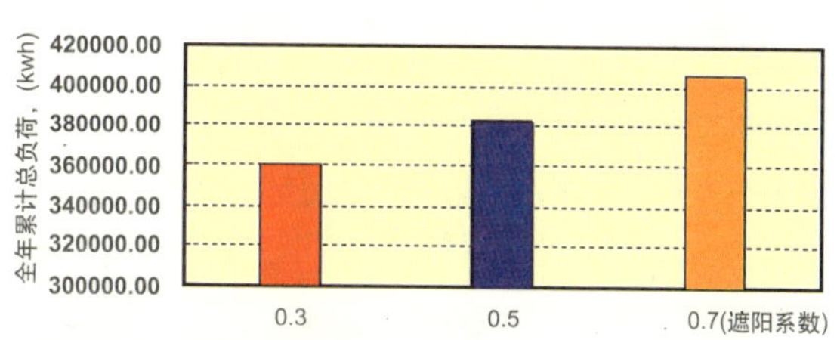

图2–11 外窗遮阳系数对建筑全年总负荷的影响

图2–12 南立面水平活动遮阳

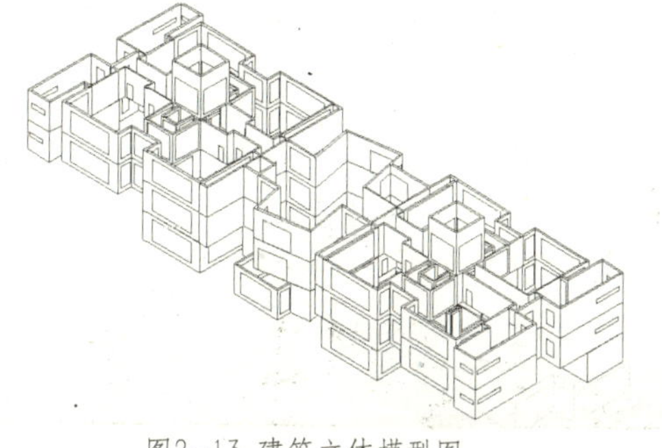

图2–13 建筑立体模型图

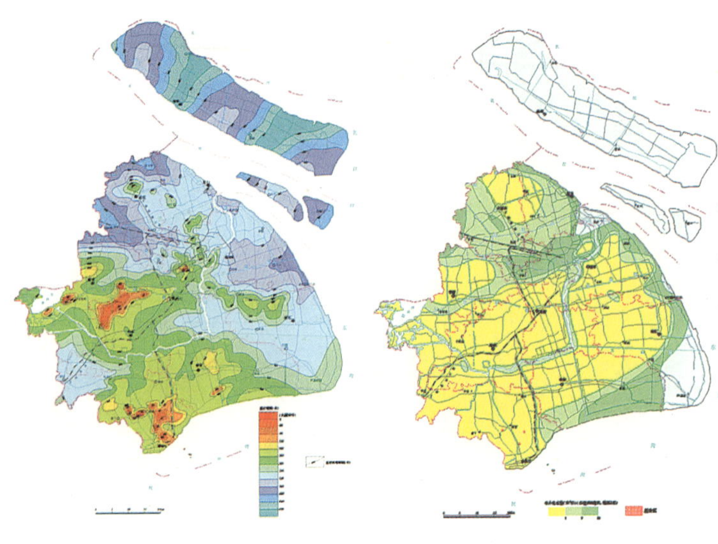
图2-14 上海地区基岩埋藏深度图　　图2-15 潜水含水层富水性图

2.3.4 复合型空气调节技术

长江流域大部分地区的浅层土是软土，属于第四纪沉积层，且土壤潮湿，地下水位高，具有地表水与土壤源各种丰富可利用资源条件。崇明岛东南陈家镇区域，有着优越的地理条件和独特的气候环境。由图2-14可以看出，该部分地区绝大部分基岩埋藏深度在100m深度以下，因此基岩条件基本没有限制，适合土壤源热泵的使用。

第一承压含水层（-60～-4m）的导水系数（图2-15）主要用来考察埋深在60m以上的垂直埋管土壤源热泵系统的区域应用性。从该图可以看出，本项目区域具有相比上海其他区域具有更加优越的地下水渗透性能，有利于向地下排放的冷热量以更快的速度迁移，从而有利于土壤源热泵的运行性能。

冷热源采用土壤源辅助地表水源调峰的方式——通过对从土壤或地表水需要的换热量的全年累计计算，比较夏季的累计排热量和冬季累计取热量，选取较小的换热量（不采用生活热水情况下，上海一般为冬季取热量较小）来设计土壤源地埋管的数量，对冬夏不平衡的峰值部分，采用地表水源作为调峰部分，即按照冬夏季取热和放热量的差值进行盘管设计。这样既保证地埋管冬夏平衡能够长期稳定连续运行，节省初投资，且结合本工程特点（地表水较浅，适合夏季放热，若冬季则效率很低），使得系统合理经济运行，且保护土壤全年冷热平衡和地表水水温等生态状况。

图2-16　三楼采用毛细管辐射吊顶的房间

考虑地区气候、工程示范特点，为保证系统运行稳定可靠，除三楼东区作为示范展示区采用辐射末端外，均采用风机盘管加新风系统。三楼东区展示区为地板夹层，系统设计为：1）毛细管辐射末端+独立除湿新风系统（三楼董事长及总经理办公室）：采用辐射板加独立除湿新风，其中辐射板承担除新风负荷外的建筑负荷，新风承担所有室内湿负荷；新风送风方式采用经地板侧墙送风。2）风机盘管＋个性化送新风（三楼展示会议室）；新风送风方式采用在会议桌中布置数个个性化风口，各个性化风口采用末端个性化调节，风机盘管采用侧墙送风。

毛细管辐射系统直接采用特制砂浆粘贴在顶棚上的毛细管系列来供冷及供暖（图2-16）。毛细管承担除新风负荷外的室内建筑总负荷。根据本建筑功能，每人新风量按30m^3/h，按室内人数计算总新风量。采用全热回收装置，采用热回收可以降低除湿新风机制冷容量，降低处理新风的能耗。经过除湿设备处理后的新风从机房经管道走廊，走廊开设送风口，风管走地板夹层，送进各房间。每个房间设置墙侧送风。各房间与走廊之间设一个消声回风口，走廊楼梯设集中回风口，引进新风机房，进入全热交换器进行热交换后排到室外。

2.3.5 太阳能光电和风电利用

(1) 太阳能与风能资源匹配分析

1）太阳能资源特点。上海位于北纬31°10′，东经121°26′，崇明位于上海市的最东边，长江入海口处。该地区是上海地区太阳能资源最丰富的区域。根据宝山气象站的太阳辐射观察数据，以及上海气象局有关上海地区典型气象年的太阳辐射资源积累情况来看，该地区太阳能资源比较丰富，年总辐照量可达4580MJ/(m^2·a)，年总辐照时间1930h。从全年的分布来看，夏季辐照量偏高，5～9月的辐照量占全年总辐照量的50%以上（图2-17），但由于梅雨时期的影响，6月份的辐照量低于相邻其他月份。冬季最少，仅占年总量的16%左右，春秋季接近相等，太阳总辐射量的分布与日照时数的分布基本相似。

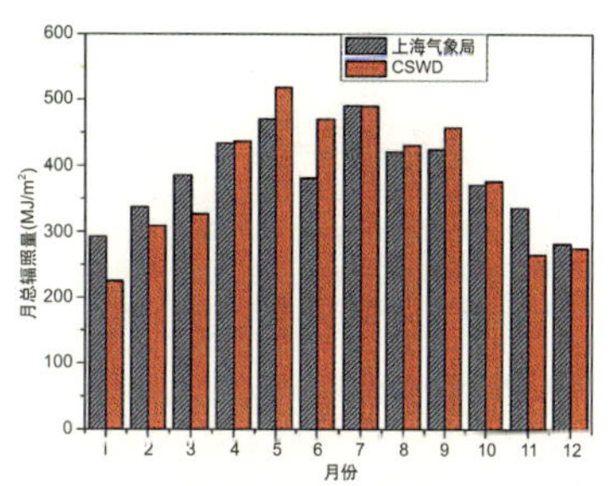

图2-17 上海地区月典型年太阳辐射资源分布

注：CSWD指参考文献［59］中的数据。

而从太阳辐射的时间周期来看，太阳辐射每天的有效时间常集中在白天的8小时左右，而且辐射随时间的变化幅度比较大。由此，产生的光伏发电功率变化也比较剧烈。综上所述，太阳能资源呈现出如下特点：

①太阳总辐照量丰富，利用价值可观，年总辐照量可达4580MJ/m^2；

②太阳辐照量的季节差异比较明显，夏季辐照量较高，冬季较差，但夏季有梅雨时期影响；

③太阳辐射功率变化较大，为间歇性时间规律，即只在白天存在，且中午偏高，向早晚递减。

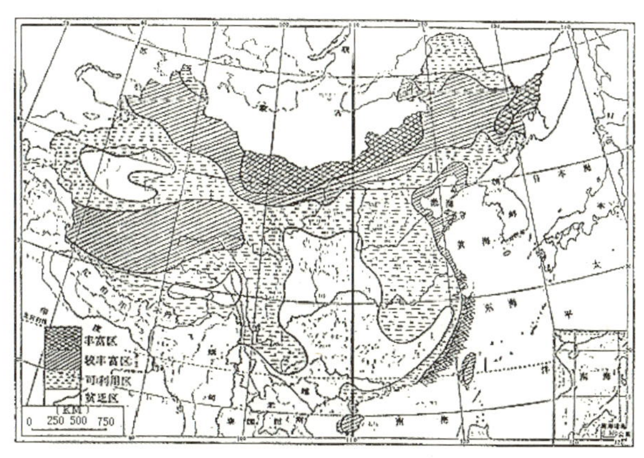

图2-18 中国风能分布图

2) 风能资源特点。上海地处中国风能分布图的可利用区（图2-18）。据近十年的资料统计，上海市10m高空全年风速分布情况如

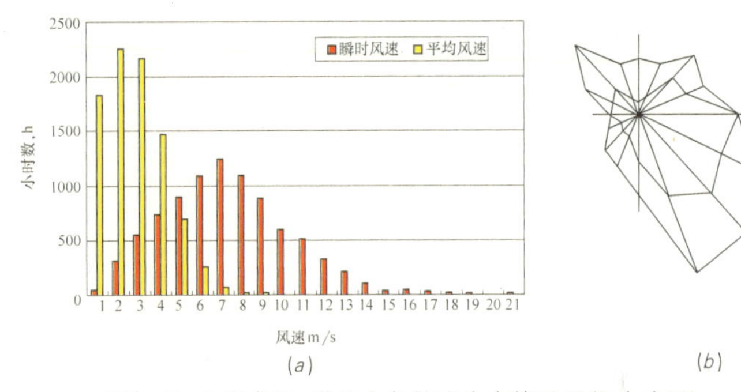

图2-19 上海市10m高空全年风速分布情况及风玫瑰图

图2-19所示，年均风速3.1m/s。但是，崇明沿海地区50m高处的平均风速可达每秒6.7m，年有效风力累计时间7300h以上，风能资源比较丰富。

上海属于北亚热带季风气候，夏季盛行偏南风（最多东南风和东风），风向频率为53%；冬季盛行偏北风（最多西北风和北风），风向频率为54%；春季多为东到东南风，秋季多为东到东北风，全年风玫瑰如图2-19所示。

根据临近气象站1975～2004年风速数据统计，其多年平均风速为3.2m/s，多年月平均风速见图2-20。从图中可以看出，上海市全年平均风速变化比较平稳，大风月为3、4月份，小风月为10月份。

根据分析，崇明地区风能资源呈现如下特点：

①风能总资源比较丰富，年有效风力累计时间可达7300h以上；

②风能的季节虽有差异，但不像太阳能资源那样明显，变化幅度不大；

③风力瞬时功率变化幅度较大，且时间不可预测性比较大。

(2) 太阳能与风能的资源匹配

从太阳能与风能的资源总量来说，相对于上海其他地区，崇明的资源最为丰富。从太阳能与风能的时间特性来看，太阳能在夏季的资源较为丰富，冬季较差，风能则在一年四季的变化幅度不大，风能对太阳能的互补意义强。并且白天太阳光照强，风力相对较小，晚上光照弱，但由于海洋性气候以及地表温差的影响，风力较大，从而使太阳能与风能在时间上的互补性非常好，而且对于独立电源系统的适用性更强。

从崇明办公示范楼的负荷需求来看，夏季的太阳能资源丰富与用电负荷的需求匹配性较好，而风能的利用则弥补了太阳能在夜间无法提供电能的缺陷，保证并匹配了用电负荷的需求。

从图2-21可看出，当春夏季太阳能资源较丰富时，风能资源相对处于一个谷底时期，而当秋冬季太

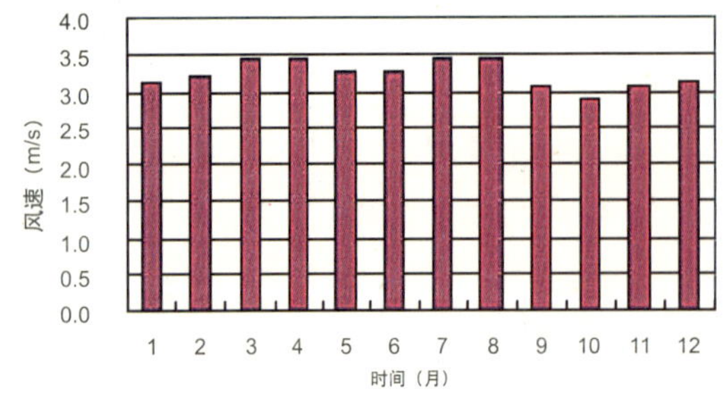

图2-20 临近气象站多年月平均风速直方图

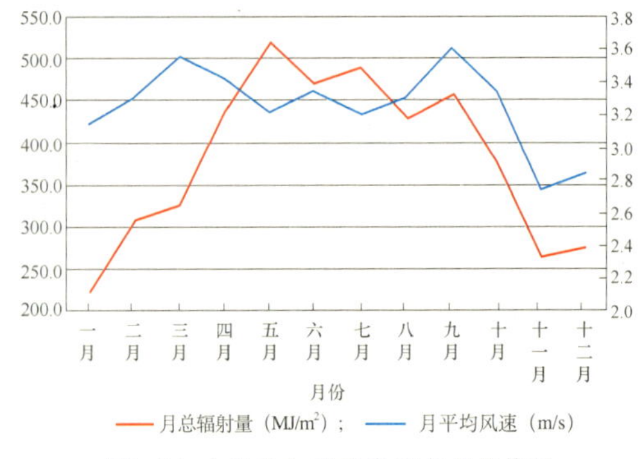

图2-21 太阳能与风能资源变化趋势图

阳能资源较贫乏时，风能资源则较春夏季时要高。由此形成一个资源互补的关系。相对于太阳辐照量随季节变化的高低变化趋势，风能资源的变化趋势较平缓。

根据资料显示，上海沿江、沿海地带有丰富的风能资源，50m高度年平均风速为6.7～7.1m/s，年有效风力累计时间7300h以上，1年中至少83%的风时可供利用。

由于崇明的供电条件限制，时常会有停止供电的情况发生。因此在本项目中，将光伏发电系统以并网形式接入电网，以供应建筑日常用电需求，减少建筑物的常规市电消耗。将风力发电系统接入蓄电池，平时将风能所转化的电能储存在蓄电池中，在建筑物停电时，供应大楼东侧的照明系统，在停电时保持该处的正常工作环境。

图2–22 光伏组件

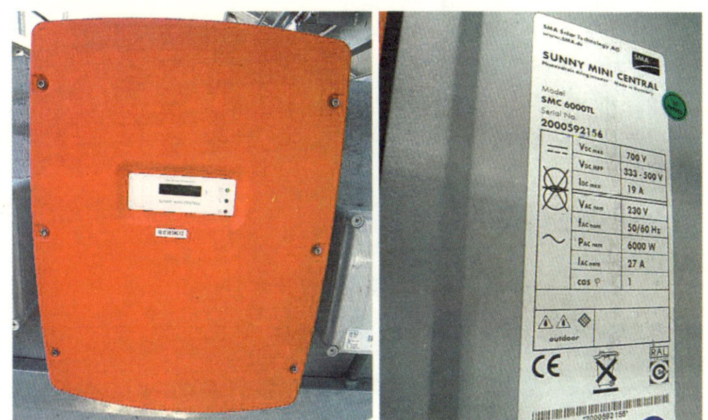

图2–23 逆变器实物

本项目设计太阳能光伏发电系统75kW，且为并网式发电系统。系统包括太阳能光电板、钢结构支架、逆变控制器、交直流配电系统、连接电缆、监控及通信系统、交直流配电系统等。

1）光伏组件（图2-22）

从建筑布局美观角度进行分组布置，兼顾考虑电池组件串、并联输出电缆连接的便利考虑。在屋面布置75kW光伏组件，约占屋顶平面面积600～700m²。设置钢三角桁架（与水平面呈20°倾角，方向角为南偏东25°）固定光电板，各排光电板之间预留检修通道。

楼顶方阵分别置于左右二座楼上，各150片组件，共计300片组件，全部采用多晶硅组件，组件型号为STP250–24/Vb，最大功率为250Wp。方阵支路为2串12并和2串13并。

2）逆变器（图2-23）

共使用12台SMC6000TL型逆变器，最大直流输入功率6200W，最大交流功率6000W，防护等级为IP65。从交流开关柜接入并网点。

3）电网保护

系统的电路设计满足《光伏系统并网技术要求》(GB/T19939–2005）。系统的输出有较低的谐波和电流畸变，总谐波电流小于功率调节器输出的15%。

对电网设置了短路保护，当电网短路时，逆变器的过电流不大于额定电流的1.5倍，并在0.2s内将光伏系

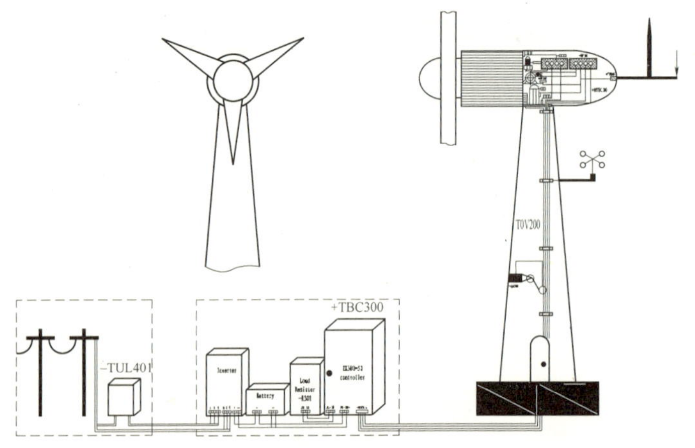

图2-24 风力发电系统原理图

图2-25 风力发电系统

统与电网断开。当电网失压时，防孤岛效应保护将在两秒内完成，将光伏系统与电网断开。系统具有电压自动检测及并网切断控制功能。在电网接口处的电压超出规定的范围时，系统将停止向电网送电。

(3) 风力发电系统

该项目采用离网型风力发电系统，风机采用水平轴式风机。设计容量50kW，配备标准的2V/1000Ah的铅酸蓄电池480节，50kVA逆变器一台，泄荷电阻柜一台。原理图见图2-24。

本系统为50kW离网型风力发电系统（图2-25），并带有市电自动切换功能。当风速不大并且蓄电池馈电时，离网逆变器会自动切换到市电。

2.3.6 资源高效循环利用技术

(1) 系统概况

在项目中采用了生态排水系统，其基本原理是以负压为驱动力来进行污水的抽吸与输送。由三个基本单元构成：污水收集与负压阀单元、管道和负压站。污水通过开启负压阀被抽吸到负压管道中，负压站则通过负压泵在负压罐中产生并维持所设定的负压，罐内收集的污水最后经污水泵排出。

传统的污水排放模式从理念上把水作为废弃物的载体，耗水量大。而污水的大水量、长距离输送造成末端集中处理模式的巨大费用。污染物的降解和浓缩分离是污水处理中两大基本过程，但传统的排水模式是将污染物和营养盐先进行上百倍的稀释，然后再消耗大量能量来分离。富含营养盐的污泥的去除仍是污水处理中的一大难题。

生态排水系统的出现有效地解决了排水的经济性和环保要求。采用源分离技术可以实现最大程度的节水，并利用负压节水厕具与负压排水联用实现污水源头控制，污水输送和污水零排放。

生态排水系统的负压冲厕实现冲厕耗水仅0.3～1.2L（节水90%以上），同时单独收集输送高浓人粪尿。由于大部分的污染物和营养盐存在于粪尿当中，粪尿分离后污水中的污染物和营养盐的去除总量已经达到现代污水处理厂的去除率水平。通过自然或人工的处理，杂排水达到深度处理的效果，与雨水一起构成地表水，明渠输送作为景观水利用，实现资源化。

图2-26 生态排水系统设备

(2) 原理和组成

生态排水系统主要包括源分离的卫生器具、负压管道和储存罐。生态排水系统的基本原理是以负压为驱动力来进行污水的抽吸与输送。通常负压排水系统工作压力为-55～-65kPa，以负压与常压的压力差为动力源来克服液体经过用户终端的截止阀以及从用户终端到负压站之间管道的阻力。

生态排水系统由三个基本单元构成：污水收集与负压阀单元、管道和负压站。污水产生源可以是污水收集槽，也可以是便器等器具，污水通过开启负压阀被抽吸到负压管道中。负压站则通过负压泵在负压罐中产生并维持所设定的负压，罐内收集的污水最后经污水泵排出。 生态排水系统设备见图2-26。

通常所说的生态排水并不对污水进行源分离。不同的污水靠重力汇集到收集槽，当液位达到所设定的上限时，负压阀被开启，污水进入负压管道。

负压排水应用于污水的源分离时，高浓度废水在不与其他低污染负荷的废水混合之前通过负压系统被收集和输运。典型的应用是通过负压便器将生活污水中主要的污染物和营养盐来源——粪尿通过负压便器单独收集，同时利用负压的抽吸力达到便器的高效节水。污染负荷低的杂排水可通过重力流或单独的负压管道收集，然后就近处理，作为地表景观水或绿化用水来资源化。

(3) 本项目系统应用形式

由于本项目位于崇明县陈家镇，项目所在区域无污水管道，需要对建筑中的污水进行集中处置后排放，这是该系统能在该建筑中应用的先决条件。同时项目周边是农田，这为后期系统应用处置后的粪尿提供了便利，这是该系统能在建筑中示范应用的优势。

本项目技术应用的目标是实现粪尿与其他废水（杂排水）分离。不再需要常规的化粪池。尿液采用车运或管道输运送到田边，熟化、农用。粪便采用车运或管道输运集中厌氧发酵，残余物（粪渣）等农用。杂排水采用负压集中收集。

2.4 技术效果测试与评估

2.4.1 自然通风的测试评估

自然通风的测试评价是对陈家镇生态办公楼的自然通风效果及窗户、通风塔等建筑构件对自然通风的影

图2-27 自然通风测试设备

响效果进行分析，运用示踪气体法来测量各种不同状况下的室内新风量，通过浓度衰减法测得各设定工况下的室内新风量，通过示踪气体浓度的衰减程度进一步对其进行分析从而评价陈家镇生态办公楼的自然通风效果及通风构件的影响。

依据国家标准《公共场所室内新风量测定方法示踪气体法》，测试所用仪器为丹麦innova1312和1303分光谱气体监测仪器，仪器及记录设备如图2-27所示。

为了能有效测试整个建筑的通风状况和测试的简便性与代表性，选择在三楼进行测试，同时主要侧重于建筑东边的办公楼、休闲区域及主要通风口等，其中测点布局如图2-28所示，包括休闲室、办公室及通风塔出口等典型点。

在自然通风设计时，考虑了休闲区域的穿堂风作用和二楼办公室与通风塔的热压自然通风作用等，为了能说明这些因素对自然通风的影响，分别在三楼顶部通风塔布置了两个点对其示踪气体进行了监测，建筑二楼东部的南部办公室和北部办公室各布置了一个点对其进行监测，同时在休闲区域布置了两个点对其进行监测。

为了有效评价陈家镇生态办公楼自然通风效果及窗户、通风塔等建筑构件对自然通风的影响，选择三个工况对其进行测试，其测试工况见表2-1。

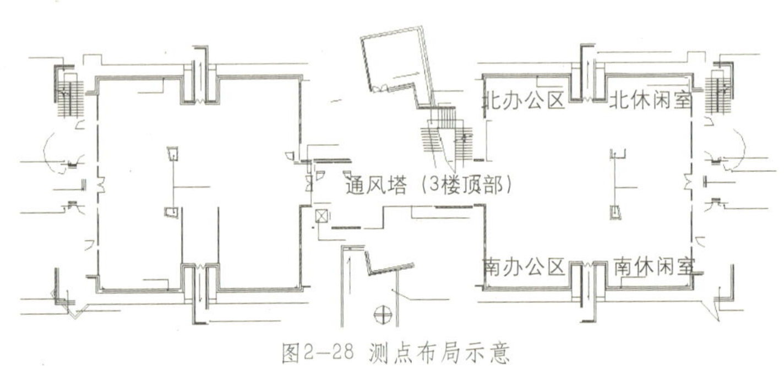

图2-28 测点布局示意

测试工况列表　　表2-1

	窗户	通风塔	测试点	目的
工况1	全部关闭	关闭	通风塔出口处 南办公楼 西办公楼 休闲室	测试开口封闭状态下基础新风量
工况2	全部关闭	打开		测试通风塔对自然通风的影响
工况3	全部打开	打开		测试热压和风压共同作用下的自然通风

第一个工况是窗户和通风塔关闭，保持底部大门和其他房间呈正常状况下的模式，以评价平常状况下的室内新风量。

第二个工况是关闭窗户，只开启通风塔，以评价通风塔构件对室内自然通风的影响。

第三个工况是窗户和通风塔全部打开，以测试陈家镇生态办公楼在通风构件最大开启情况下的室内自然通风量。

表2-2是办公楼各区域新风换气量的测试结果，图2-29表示三种工况下，陈家镇办公楼各主要区域室内新风换气量的比较柱状图。首先各点在同一工

况下的换气次数相对接近，三个工况的相对标准差（标准差/均值×100%）分别为8.7%、21.0%、33.6%，说明各处受到自然通风的影响基本均衡；其次从第二工况与第一工况的比较分析中，可以看出，通风塔的独立作用可以引起自然通风的增加，增加幅度达到28.2%；从第三工况与第一工况的比较分析中可以看出，通风塔、窗户、室内风道等建筑自然通风构件系统的联合作用可以引起自然通风的大幅增加，增加幅度达到266.9%。因此，从数据表明，通风构件系统的联合作用是单独通风塔拔风作用的10倍左右。

办公楼各区域新风换气量的测试结果（换气量，次/h） 表2-2

	工况1	工况2	工况3
北部休息室	3.636	4.0397	7.068
南部休息室	3.316	—	13.843
北部办公室	4.177	6.371	11.329
通风塔下部空间1	3.567	5.478	15.517
通风塔下部空间2	3.474	4.091	17.855
南部办公室	4.132	4.364	17.882

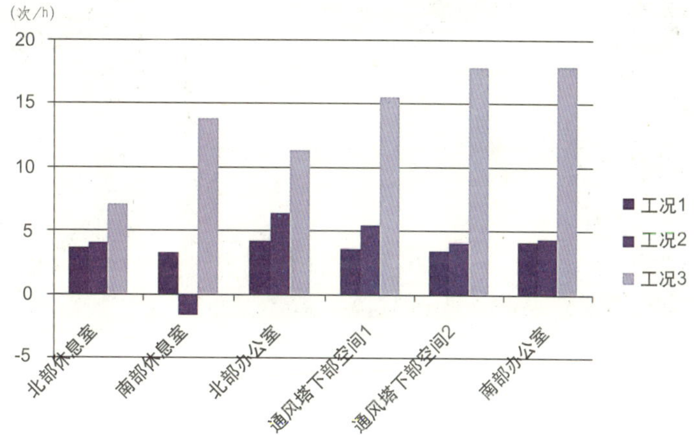

图2-29 办公楼各区域新风换气量的比较分析图

经过模拟计算及实际测试验证可知，陈家镇办公楼各主要活动区域在自然通风条件下，局部换气次数达到12～20次/h，室内自然通风良好。

2.4.2 个性化送风

图2-30 个性化送风房间示意图

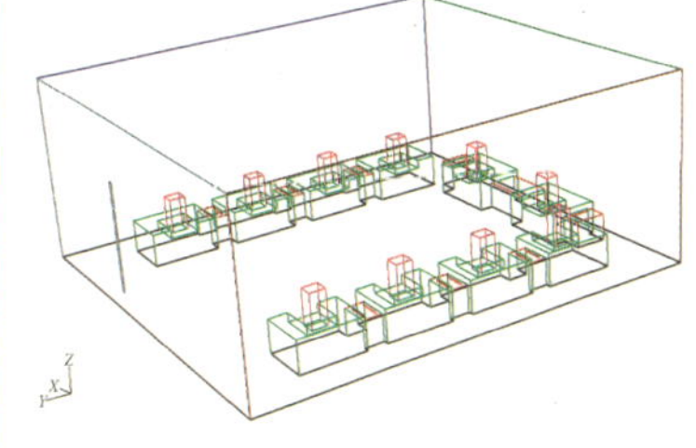

图2-31 个性化送风房间计算模型

面临实际通风效率直接测试的困难，将个性化通风口的边界测试的相关数据作为计算的边界条件，运用计算流体力学（CFD）的方法，对个性化通风的通风性能进行计算和分析。即从现场中取得个性化送风房间的几何布局及个性化送风系统末端装置的关键参数，作为CFD边界条件对其个性化送风的局部通风效率进行计算，最后通过对通风效率的分析和比较，最终评价个性化送风性能。

在对陈家镇的个性化送风模拟中，对其中的一个个性化送风房间做了测试，其中效果示意图和计算模型如图2-30、图2-31所示。

图中共10个座位和10个个性化送风口末端装置，按照实际房间尺寸和位置分别布置，其中各位置按

图2-32 个性化送风出口速度示意

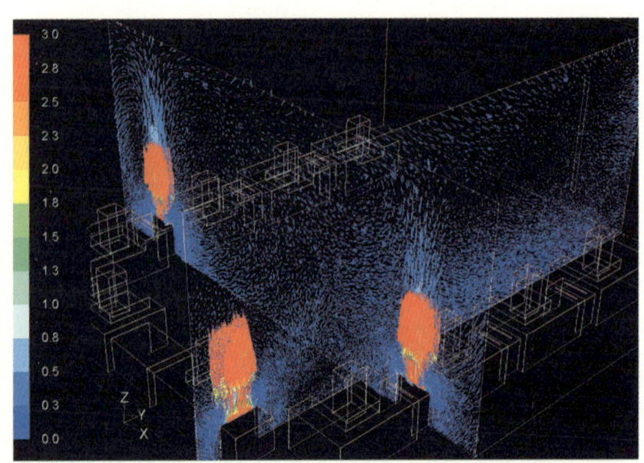

图2-33个性化送风截面速度示意

图2-34 *XY*截面污染物浓度云图

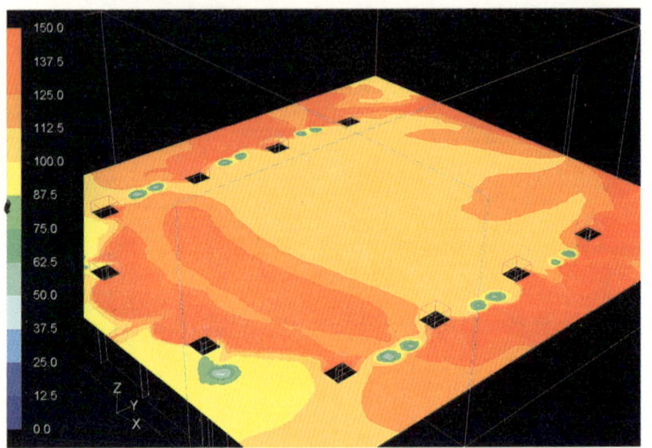

图2-35 *Z*截面污染物浓度云图

照顺序排列如图2-31所示以方便分析，个性化风口尺寸按照实际大小给定，分别为37.75cm×1.85cm，房间体积为长8.3m×宽7.5m×高3.2m，出风口位于大门附近，由于出风口速率衰减较快，对气流影响较小，所以设置时没有按比例计算，只是在大门附近做了出风口。

图2-32是个性化送风出口速度示意图，出风口风速为3.43m/s。图2-33为*X*方向和*Y*方向截面的速度示意图，从图中可以看出，个性化送风出来后风速迅速衰减，整个空间风速均小于0.3m/s。

图2-34和图2-35为个性化房间在各个方向截面上的浓度分布示意，从参考颜色可以看出，颜色为红色的，浓度相对较大，颜色为淡色的，浓度相对较小。整体上房间人员呼吸区域颜色分布不一，但是出风口颜色较重，相对说明通风效率还是不错的。

图2-36为个性化通风房间内各人体呼吸区域的局部通风效率，其中1、2、3、5、8、9、10人体呼吸区域的通风效率均大于1，人体呼吸区域4、6、7的通风效率在0.85左右。而混合通风一般的通风效率为0.3，置换通风的换气效率为0.8，所以通过比较可以得出，个性化送风在人体呼吸部位的通风效率基本大于置换送风的通风效率，同时远远大于混合通风的通风效率，说明该个性化送风系统的性能较好。

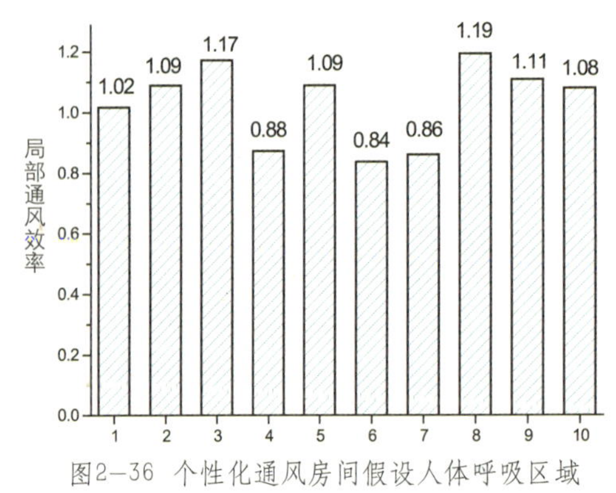

图2-36 个性化通风房间假设人体呼吸区域局部通风效率

2.4.3 室内环境质量测试

在2009年9月23日、9月24日对崇明陈家镇办公楼的室内环境进行了现场测试，结合实测结果来评价大楼实际的运行水平和舒适性现状。测试指标如表2-3所示。

室内环境监测类别与指标　　表2-3

环境分类	指标
室内热环境	空气温湿度、黑球温度、风速
室内空气质量	NH_3（氨气）HCHO（甲醛）C_6H_6（苯）C_7H_8（甲苯）C_8H_{10}（二甲苯）TVOC（总挥发性有机物）、细菌总数、换气次数(次/h)
室内声环境	A声级
室内光环境	照度

室内环境质量测试实景见图2-37、图2-38。在室内空气质量方面，根据《室内空气质量标准》对室内的空气质量进行测试，从总体上看，开放式办公区域虽然空间相对较大，但所采用的家具建材的释放水平比总经理办公室等个人办公室高，但室内空气质量总体在合格范围内。在室内热舒适方面，过渡季节的工况下，温度在25.4～26.6℃范围之间，平均温度25.8℃，满足过渡季节室内温度的要求。在室内声环境方面，办公区的背景噪声在32～42dB之间，办公楼内主要功能区域的背景噪声较低，声环境满足办公环境要求。在室内光环境方面，陈家镇办公楼人工照明的光环境由照度指标来评价，经过夜间测试，公共区域内的平均照度达到812lx，远大于办公场所的照度标准限值300lx，照明效果良好。

图2-37 现场检测空气采样实景

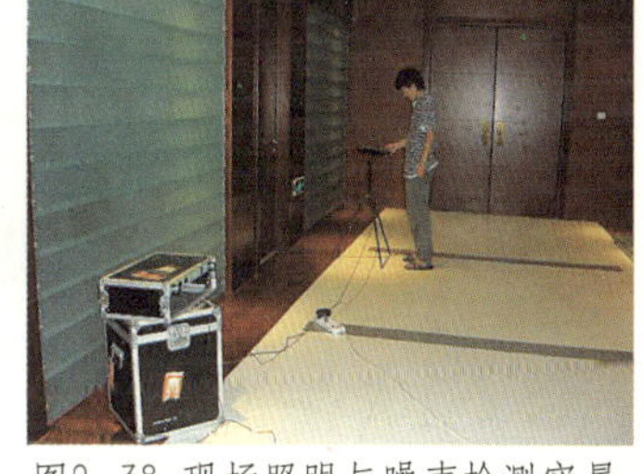

图2-38 现场照明与噪声检测实景

2.4.4 围护结构系统测试

在2009年9月29日对项目外墙节能构造实施现场实体钻芯检验，根据外墙构造设计资料，共抽取了3个检验点，分别位于东、西、北各立面。

根据测试情况，该建筑外墙采用了EPS外墙外保温系统，保温层设计厚度为50mm，现场测试厚度分别为49、48、49mm，平均厚度为49mm（具体情况见图2-39～图2-41）。

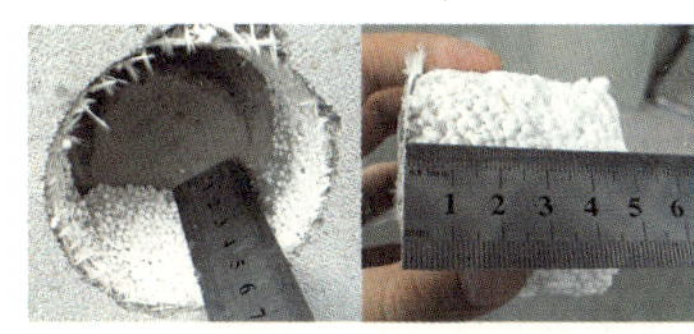

图2-39 建筑西立面检测情况

图2-40 建筑北立面检测情况

图2-41 建筑东立面检测情况

通过分析，实测芯样厚度的平均值（49mm）达到设计厚度的95%（47.5mm）及以上且最小值（48mm）不低于设计厚度的90%（45mm）时，因此可判定保温层厚度符合设计要求。

2.4.5 空调系统测试评估

依照相关空调系统的检测标准和规范在2009年9月27日～28日对地源热泵空调系统基本参数进行连续测试，从而了解系统的夏季工况地源热泵机组平均制冷性能系数，夏季工况系统平均能效比和夏季工况的室内热舒适性。

在夏季典型工况下，分别对地源热泵系统的地下埋管侧（简称地源侧）以及室内侧供回水温度、水流量等参数的连续测试（图2–42、图2–43），并进行数据处理分析得出地源热泵系统性能参数。

通过现场典型工况下对地源热泵系统的运行测试结果分析，得出热泵机组制冷平均性能系数为5.6，系统平均能效比为3.3，室内平均温度约24℃左右，满足设计和规范的要求。

图2–42 热泵机组供回水温度自动记录测试

图2–43 水温度自动记录测试仪

2.4.6 太阳能光伏发电系统测试评估

根据建设部《可再生能源建筑应用示范项目测评导则》以及《光伏系统性能监测、测量、数据交换和分析导则》（GB/T 20513–2006），本次测试选择典型天气，主要对太阳能建筑应用光伏电源系统的光电转换效率进行测试（图2–44）。

本项目中光伏发电系统计算所得结果见表2–4。

图2–44 检测现场

检测结果数据　　表2–4

检测参数	检测结果
平均气温（℃）	26.0
平均环境风速（m/s）	0.6
检测时段总辐射量（kWh/m^2）	1.6
检测时段总发电量（kWh）	89.4
系统效率（%）	9.8

2.5 经济性分析

根据项目的技术目标和项目中应用的环境改善技术应用体系，和常规建筑的具体要求和做法进行比

陈家镇生态示范楼增量投资统计表　　表2-5

序号	类别	子系统名称	增量投资（万元）
1	可再生能源系统	太阳能发电系统	359.5
		风力发电系统	144
2	围护结构	室外遮阳系统	63.2
		通风塔百叶和室内百叶	44.8
		外窗、幕墙	65
		墙体、屋面保温	5.2
3	节水和水资源利用	源分离系统	18
		污水及中水处理	31.4
4	空调系统	地源热泵空调系统	47.8
		辐射末端	2.2
		个性化送风	3.9
5	自然采光	光导管系统	1.3
6	总增加造价	786.3	

较，确定引起的增量成本，具体分析可见表2-5。本工程绿色建筑技术总的增量成本为786.3万元，单位面积的增量成本为1541元，其中可再生能源的增量成本最高，达到503.5万元，单位面积的增量成本达到987元，其他人居环境控制改善技术单位面积的增量成本为554元。

2.6 应用推广价值

本项目遵循了可持续建筑的发展理念，并且在生态建筑具体技术的应用方面充分考虑了地域特征，在人居环境控制改善技术集成方面，建立了自然和谐舒适环境技术、气候适应型建筑节能技术、复合型空气调节技术、太阳能和风能协同利用技术、自适应环境调控技术和资源高效循环利用技术的技术集成体系，实现了建筑综合节能75%，可再生能源利用率占建筑使用能耗的50%，再生资源利用率大于60%，以及舒适高效的室内环境质量的整体技术目标。

在项目中应用的人居环境控制改善技术，如采用通风塔、导风墙等自然通风技术的集成利用，使得该生态办公楼不仅与自然环境相协调，而且保留了江南水乡建筑的优点。相关的测试结果表明，崇明陈家镇办公楼自然通风效果显著，技术实施路线可行有效，具有良好的推广应用价值。在个性化送风技术方面，提出了设计阶段个性化送风末端与装饰装修一体化设计，验收试运营阶段现场边界参数测试与模拟相结合的技术实施路线。测试与模拟结果表明，个性化送风达到并超越了传统混合式通风以及置换通风的通风性能参数，技术实施路线在办公楼的个性化送风的推广应用上具有较高的借鉴价值。

在项目中应用的生态排水系统有效地解决了排水的经济性和环保要求，适合在我国小城镇建设中加以推广应用该技术，实现最大程度的节水，并利用负压节水厕具与负压排水联用实现污水源头控制，污水输送和污水零排放。

本项目的成果将对我国人居环境领域的科技进步、理念传播和推广应用起到很好的推动和示范作用，为崇明生态岛的建设提供示范，同时为制定我国人居环境领域发展相关技术政策、法规、标准提供技术基础。从而加快我国建筑可持续发展战略的实施，促进城市生态建设的进程。

3 深圳建科大楼

项目名称 /深圳建科大楼

建筑类型 /办公建筑

建设地点 /深圳市福田区梅坳三路

建筑面积 /1.8万m^2

开发单位 /深圳市建筑科学研究院有限公司

技术支撑 /深圳市建筑科学研究院有限公司

3.1 工程概况

3.1.1 工程所在地概况

深圳建科大楼的地理位置处于北半球亚热带的海滨城市——深圳。

深圳经过近三十年的快速发展，人均GDP已突破1万美元，达到中等发达国家和地区的水平。但深圳与世界先进城市的差距还很大，在生态文明建设方面的差距尤为突出。深圳市总面积为2020km^2，可建设用地只有760km^2，发展空间狭小，自然资源有限。深圳是国内第四个电力负荷峰值超千万千瓦的城市，建筑物总用电负荷占全社会总用电负荷的43%以上，建筑用电增长成为推动电力需求增长的主要因素之一。大力发展绿色建筑，是深圳克服发展瓶颈，实现可持续发展的必然选择。

深圳地处东南沿海，属亚热带季风海洋性气候，冬季大部分时间气温在10℃以上，冬季日照率为45%。夏热期长，一般从4月份开始进入夏季，直到10月才转入秋季，高温高湿气候持久。虽然全年气温都较高，但最热月平均气温在28℃左右，极端高温不会超过39℃。加上深圳市临海，白天海上冷气流吹向陆地，风速大；夜间风从陆地吹向海洋，风速小于白天，但仍可达到1.5m/s左右。由于室外风速大，深圳具有采用自然通风的有利条件。

深圳市年日照时数平均为2060h，日照时数最多为7月份，最少是2月份。年日照百分率达47%，下半年日照百分率较高，均大于50%，上半年在29%～46%之间，最低是3月份，为29%。深圳年太阳辐射量为5225MJ/m^2。一年中，以7月为最多，2月最少，太阳辐射的年变化曲线呈单峰型。与广东省其他地区相比，深圳市属于年太阳辐射量较多的地区。

深圳市属于降雨量大的缺水地区。年平均降水量为1924.7mm，雨量年际变化较大，最多的年份2662mm，最少的年份只有913mm。全年雨量有85%出现在4～9月（汛期），其中48%分布在7～9月（后汛期），平均雨量达929mm，主要由热带气旋、热带辐合带、热带低压等热带天气系统造成；4～6月（前汛期）平均雨量为705mm，主要由冷空气和热带暖湿气流共同作用形成。

3.1.2 工程简介

建科大楼用地面积为3000m^2，建筑面积为18169.76m^2。建筑主体层数为12层，地下2层，其中地下一层为半地下室。项目定位为集环保节能、实验展示为一体的科研办公大楼，针对夏热冬暖地区特色，贯彻“本土化、低成本、低资源消耗、可推广”的绿色建筑理念，努力创建良好的室内外综合环境，是深圳市建筑科学研究院实践绿色生活、绿色办公方式的重要基地。

建科大楼作为办公建筑首先具有普通办公建筑的各项功能，如：办公室、会议室、停车库、机电设备房等。同时，作为建筑科研与设计单位，建科大楼还具有科研、试验、检测、设计、技术交流等功能。为了倡导 “绿色生活”，探索新的工作与生活的关系，建科大楼还整合了餐饮、娱乐、健身、休息、住宿、花园、体验、展厅等功能。

3.2 项目特点及技术目标

建科大楼以夏热冬暖地区气候适宜性为原则，创新运用共享设计，立足本土，以精宜之道为手段从设计源头解决绿色建筑技术的关键问题，减少建造和运行阶段的高成本，主动式技术的应用，有效降低建造成本，形成了低成本，可大规模推广的绿色技术体系。

从技术类别上看，建科大楼大部分技术都为适宜本土且成本低的技术，重点通过规划设计手段，以建筑环境综合优化模拟分析手段与国内外环境评估标准为基础，实现高品质低排放的有机结合。建科大楼绿色技术整体方案重点突出人居环境改善，同时兼顾资源节约，通过优化建筑形体控制设备与材料的选择，使建筑获得良好的风、光、热环境及好的与空气质量。

建科大楼绿色技术整体方案重点突出人居环境改善，同时兼顾资源节约，为使工程建设达到以下目标：

1）场地微气候显著改善，室内环境达标率达到100%，工作效率显著提高，创建良好的室内外综合环境，使建科大楼成为深圳市建筑科学研究院实践绿色生活、绿色办公方式的重要基地。

2）项目达到《绿色建筑评价标准》（GB/T 50378-2006）★★★级标准。

3.3 人居环境控制与改善技术

本工程通过集成规划设计手段，实现各种城镇人居环境改善与保障关键技术的有机结合。

3.3.1 室外环境改善与保障技术

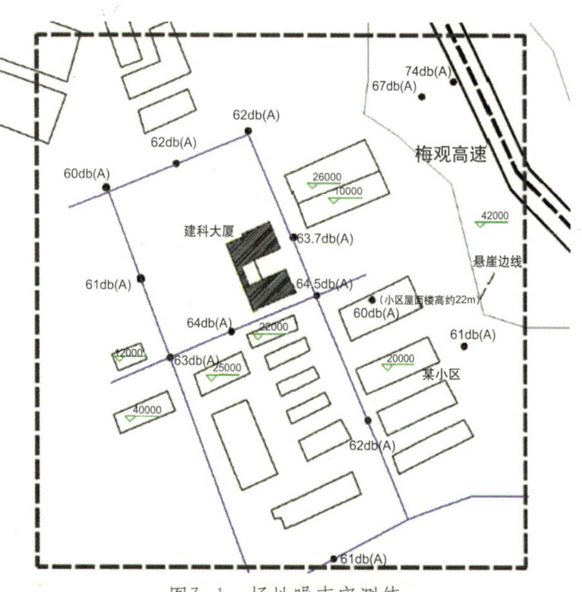

图3-1 场地噪声实测值

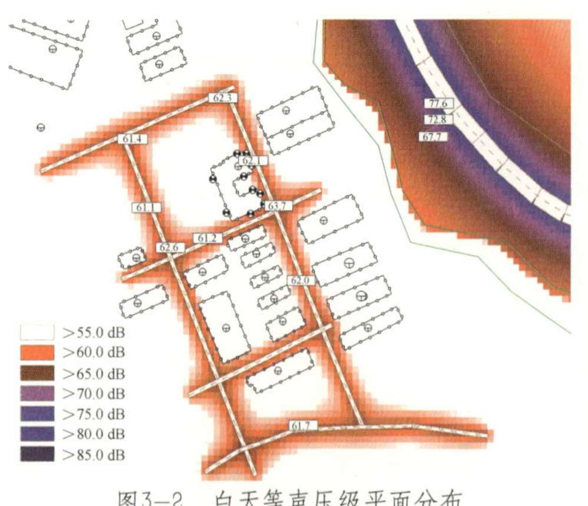

图3—2　白天等声压级平面分布

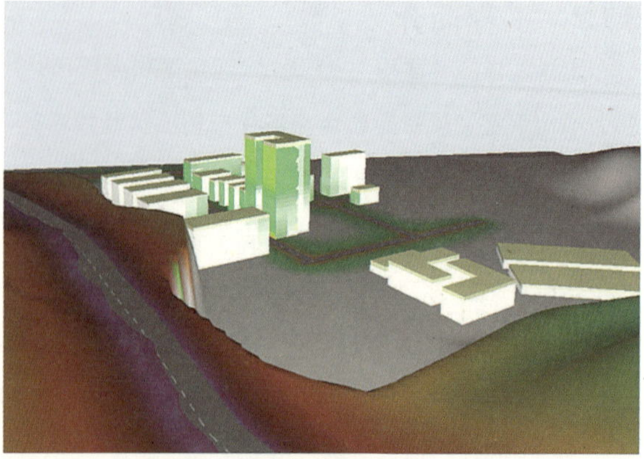

图3—3　夜间等声压级分布模拟

图3—4　建筑照明设计无光污染

图3—5　外立面遮阳反光板

(1) 室外噪声控制与改善技术

建科大楼在规划阶段就对场地周围的噪声环境进行场地噪声实测（图3—1）和模拟预测分析（图3—2、图3—3）。通过现场实测和模拟预测可知场地人员活动区域环境噪声基本满足《城市区域噪声标准》（GB3096—93）的规定。

(2) 室外光环境优化保障技术

国内目前缺乏光污染控制的评价指标体系和综合技术，本项目参考国内外标准，把室内外照明对人员、场地外、城市夜空形成的光污染限制在最低水平（图3—4）。为避免项目建成后形成光污染，采取了以下措施：

①减少夜间室外照明功率密度；

②将夜景灯光照明控制在必需的范围内，并不采用直接射向天空的景观照明灯；

③景观照明灯采用LED灯等绿色照明灯具，节能且减少光污染；

图3-6 外立面非抛光的漫反射材料

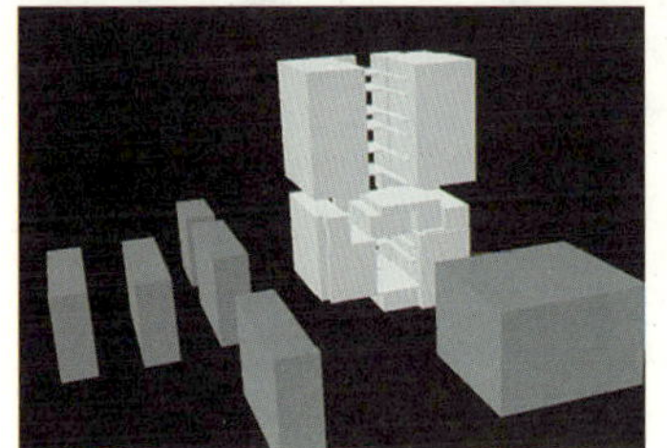
图3-7 “吕”字形建筑方案的分析模型

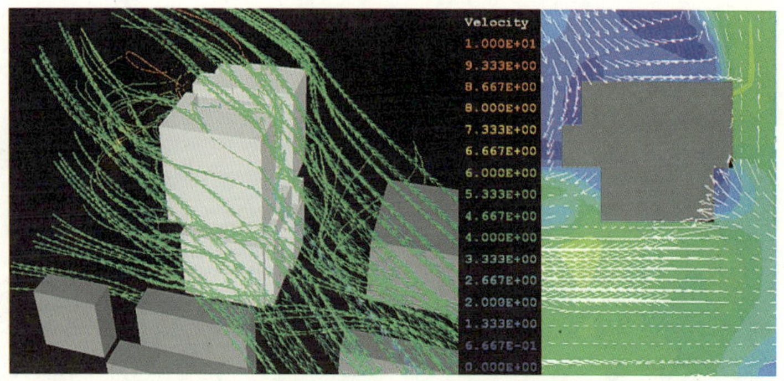

图3-8 室外流线图与人员活动高度风速场图

图3-9 标高10m（左）与20m（右）压力分布图

④外立面设计遮阳反光板（图3-5）；

⑤外立面采用高透射可见光、低反射率的Low-E玻璃，有效减少幕墙玻璃反射；

⑥外墙实体墙面部分采用非抛光的漫反射材料（图3-6）；

⑦用地周边种植高大乔木，局部墙面种植攀缘植物，用绿化遮挡缓解光污染。

(3) 室外风环境控制技术

深圳市的自然通风对于建筑节能的贡献很大，即使在最热月，深圳市也有三分之一的时间可以利用自然通风解决热舒适，而不需要空调，不但节能效果明显，而且能有效改善室内空气环境。建筑设计对自然通风的利用，成为规划设计首要考虑的问题之一。现场测试表明由于受山地和周围建筑的影响，大楼所在地夏季主导风向为东南风，冬季主导风向为东北风。

图3-10 室外气象监测仪

基于现场风场情况，对多个建筑方案进行室外风环境模拟分析（图3-7），结果表明，“吕”字形的平面布局的建筑方案，使得人员活动区域风速基本保持在5m/s以下，风力放大系数为1.85，小于2，不影响人们正常的室外活动，且场地空气龄均小于200s；不同高度处的建筑背迎风面均能保持3Pa以上的压差，为实现良好室内通风创造了条件（图3-8、图3-9）。

除此之外，在室外地面、大楼内空中花园和楼顶分别安装气

图3–11 室外场地绿化及底层架空

图3–12 六层空中花园

象监测仪(图3–10)，与大楼监控系统连接，对室外环境进行实时监控。

(4) 景观绿化与热岛效应改善技术

建筑首层架空6m，形成开放的城市共享绿化空间(图3–11)。空中第六层和屋顶设置整层的绿化花园，标准层的垂直交通核也与开放的绿化平台相联系，共同形成超过用地面积1倍的室外开放绿化空间(图3–12)。在大楼的西面，设计竖向的由爬藤植物组成的绿叶幕以及水平方向的花池，成为建筑西面的热缓冲层。分布在整个大楼的“绿肺”组成了一个立体的绿化系统，缓解了区域热岛效应。在高容积率、高覆盖率的条件下实现大面积绿化和交流空间，提供远大于传统意义上的地面场地可绿化面积。利用大层高、错层等大空间种植气体吸收率低但对大气

图3–13 屋顶菜地和花园

图3–14垂直绿化

图3–15 喷泉水池和人工湿地

图3-16 室外环楼车道透水铺装

图3-17工程绿化本土植物

污染抵抗力强、耐阴性好的植物，有效吸附中、高空的有害气体和尘埃(图3-13、图3-14)。

半地下室设置下沉庭院，北侧设备房出风口设计花坛，吸附废气，地下车库出地面两侧设计花坛，种植爬墙类植物，绿化两侧挡墙，并在出口上部结合结构需要设计花架，为车道遮阳，同时成为地下车库出口的绿色过滤屏障。

建筑首层东侧和南侧迎向主导来风方向设置喷泉水池和人工湿地(图3-15)，连同架空层有效降低小区域温度，创造乘凉场所，吸附过滤来风中的有害气体和尘埃。

建筑环楼车道均采用透水性路面铺装材料图(3-16)，不仅起到收集路面雨水的作用，可进一步达到改善室外热环境的效果。

对于景观植物选择方面，研究总结了深圳地区的乡土植物和外来适生植物，根据对其生态功能、景观特征及生态安全性进行评估，全部选用深圳地区的乡土植物(图3-17)。

(5) 室外无障碍设施

大楼充分考虑了残障人士和行动不便人士进入本大楼的便捷性，室外设计了无障碍通道(图3-18)，与残疾人电梯有效连接，方便所有人达到本大楼，并与室内无障碍电梯、无障碍卫生间等设施组成了无障碍体系，使社会各类人士均能参观交流绿色建筑技术，了解绿色建筑理念。

图3-18 室外无障碍通道

3.3.2 室内环境改善与保障技术

(1) 室内光环境优化保障技术

建科大楼利用数字模拟技术优化建筑布局、外窗形式、遮阳设计，并通过采用采光井和导光管等措施，实现室内及地下室的自然采光。照明系统根据各个房间或空间的自然采光设计采用不

图3-19 遮阳反光板

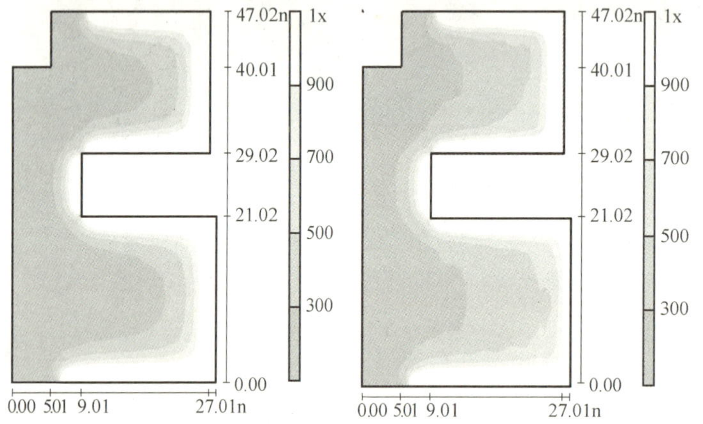

图3-20 工作面灰阶等照度图（左：无反光板；右：有反光板）

同的灯具选择、灯具排列方式和控制方式，实现自然采光和照明系统的结合，大大减少了照明用电，有效改善室内光环境的同时，达到了节能的目的。

1) 自然采光设计

反光遮阳板。七层及以上楼层的约2.5m高处设置了遮阳反光板（外挑600mm，内挑400mm）（图3-19），在适度降低临窗过高照度的同时，将多余的日光通过反光板和浅色顶棚反射向纵深区域，增加采光进深。模拟计算表明增加反光板后，约80%的办公区域工作面照度大于300lx，比无反光板增加20%，同时照度也变得更均匀，采光均匀度提高30%以上（图3-20）。

外窗遮阳。外窗均采用遮阳系数0.35的中空Low-E玻璃铝合金窗，带活动百叶，当室外为晴天时，为避免眩光的影响，可调节活动百叶，以调节室内照度分布(图3-21)。

内部隔断设计。大楼平面布局上，部分内区采光差或外窗偏少的房间，利用玻璃隔断达到加强室内自然采光的效果(图3-22、图3-23)。

光导管及地下采光井。地下室设置了玻璃采光井（顶）和四个光导管，并进行侧面采光，结合地下室功能特性，地下空间部分区域采用光导管也达到了很好的采光效果(图3-24～图3-27)。

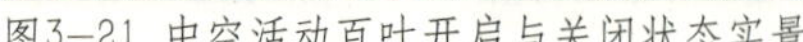
图3-21 中空活动百叶开启与关闭状态实景

图3-22 室内玻璃隔断加强自然采光

图3-23 室内自然采光实景

图3-24 下沉庭院自然采光

图3-25 下沉庭院玻璃顶自然采光

图3-26 光导管（地面）

图3-27 地下车库坡道光导管采光（地下一层）

图3-28 室内节能荧光灯及LED灯

2）照明系统设计

节能光源和灯具选择。大楼在保证照明方式合理性的前提下，优先采用高效节能照明产品，室内大部分空间均采用节能荧光灯、LED灯等节能灯(图3-28)，光线自然、舒适，无频闪，保护视力，可营造舒适的室内光环境。其中办公区域采用明装T5节能灯，大厅及走道采用节能筒灯，楼梯间采用紧凑型节能灯。各房间或场所的照明功率密度值符合现行国家标准《建筑照明设计标准》(GB50034)的规定。

灯具排列方式。自然采光良好的场所装设有两列或多列灯具时，所控灯列与侧窗平行，并设置随室外自然光的变化调节人工照明照度的控制装置。

照明控制方式灵活。办公区域照明根据自然采光情况，进行内外区分区控制设计，室内使用人员按照使用亮度判断是否开灯。采光良好的公共区域照明采用声控或红外控制。

(2) 室内自然通风控制技术

建科大楼项目充分利用深圳亚热带海洋性气候，以及优越的风资源，以数字模拟设计手段，通过优化建筑布局、朝向、开窗形式、内部平面及隔断设计、阳台设计等，最大限度利用自然通风实现室内舒适性和节能目的，并精细化统计分析自然通风利用时段，以此来控制空调系统的启停和运行时段，大大减少了空调运行时间。

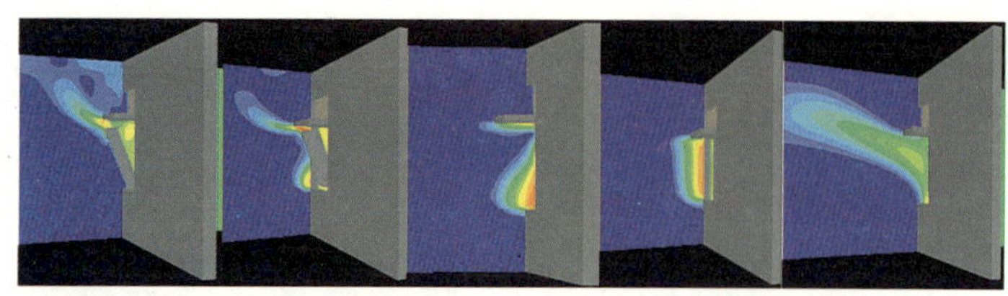
图3–29 不同形式的窗的模拟对比分析

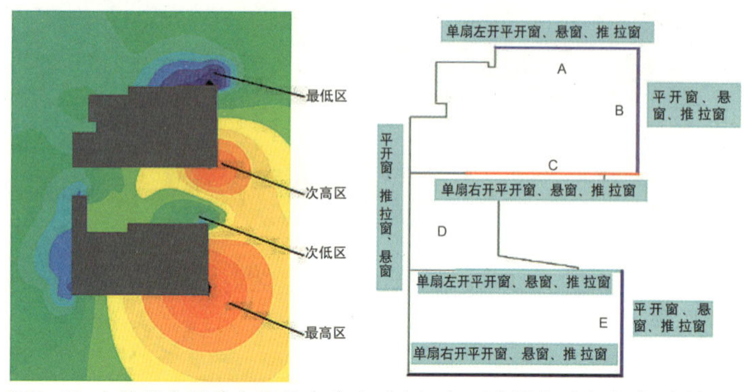

图3–30 主导风向下外立面压力分布（左）与可选择的开窗方式（右）

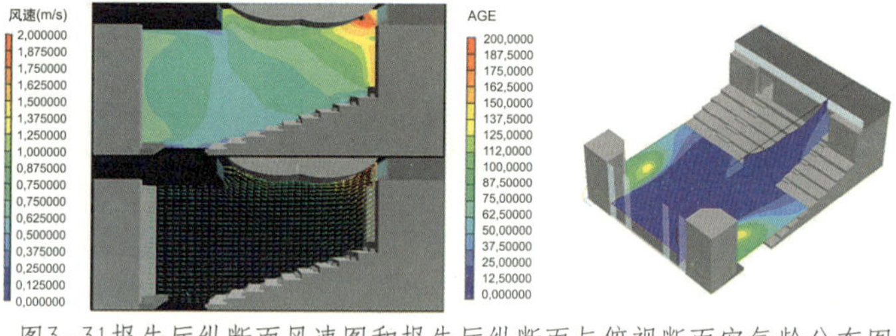

图3–31报告厅纵断面风速图和报告厅纵断面与俯视断面空气龄分布图

1）开窗形式的对比

本项目选取了中悬窗、上悬窗、下悬窗、平开窗和推拉窗进行对比分析图(3–29)，主要办公空间选择中悬窗，其他空间根据空间特点选择上悬或平开窗。

2）大楼外窗可开启方式的确定

由于主导风为东南风和峡谷风东北风，风速比较大，本大楼利用自然通风的条件优越，为进一步提高室内通风效果，根据不同立面风压分布选择不同的开窗方式，如图3–30所示。

3）典型功能空间室内自然通风分析

①报告厅。报告厅周围可开窗的位置比较多，而且多和室外环境连通，可充分利用自然通风。由图3–31可以看出，在院内大部分会议期间，现有开窗方式可实现很好的自然通风，风速的大小可通过调节窗的开启面积与位置来实现，空气质量良好。

②办公室。办公室通风考虑了两种情况，当室外风速比较大时，减少开启面积，当室外风速比较小时，增大开启面积，以保持室内风速度在比较合适的水平。

如图3–32所示，当室外风速较大时，关闭平开窗，打开部分上悬窗，可减少迎风面的开窗面积，模拟结果显示，可实现风速的调节，办公区域人员活动高度风速正常，没有吹风感。当室外风速较小时，开启平开窗条件下室内风速场图表明，通过合理的外窗可开启设计，可最大程度增加迎风面的开窗面积，实现风速的调节，办公区域人员活动高度风速正常，比较舒适。

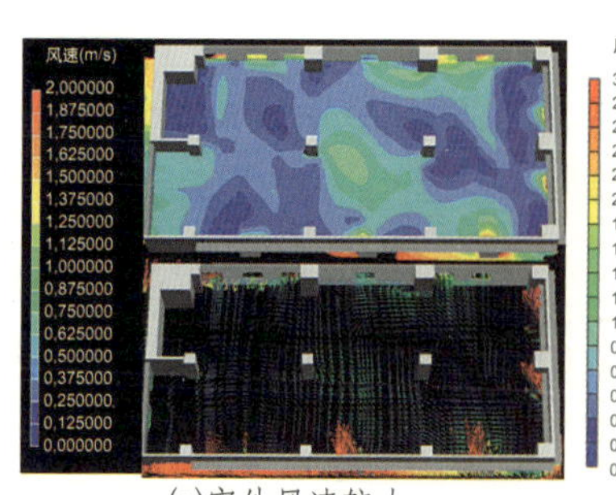

(a)室外风速较大

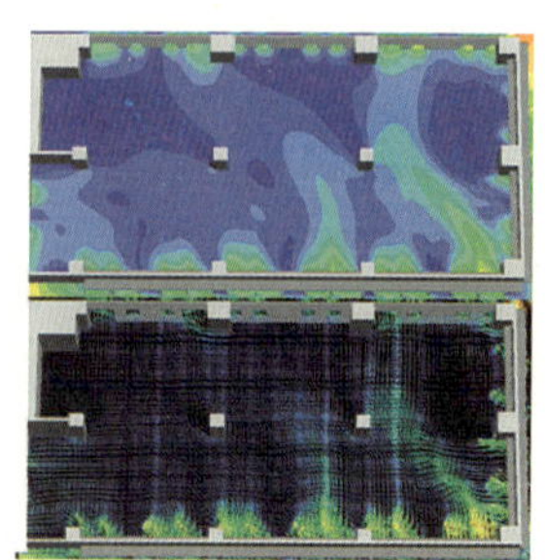

(b)室外风速比较小

图3–32 办公室距地面1.5m处风速场

③地下一层地下室。地下室的自然通风重点在于合适的风道设计，在主导风侧留有比较大的进风口，同时又有足够的排风通道，实现有效利用自然通风，模

拟图见图3–33。

不同功能典型空间的室内自然通风分析结果表明，大楼充分考虑当地气象资源，最大化利用自然通风，并合理设置外窗可开启面积，使得开窗满足不同气象条件下，室内舒适性环境对风速的要求（图3–34～图3–38）。

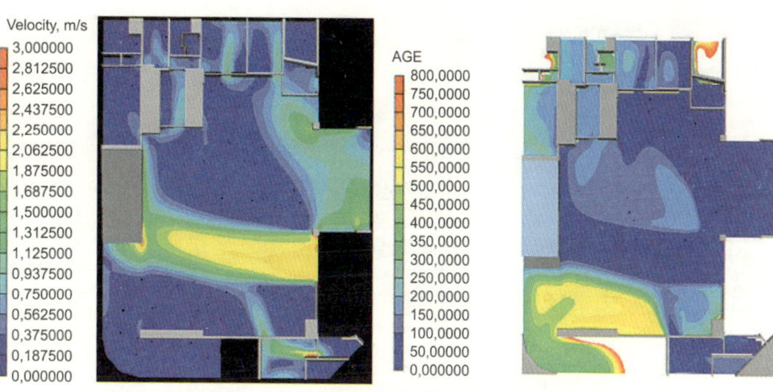

图3–33 距地下室地面1.5m处风速云图和空气龄云图

(3) 室内环境噪声控制与改善技术

对建筑声学进行模拟，避免室外交通噪声对室内环境的影响和不同工作空间之间的相互影响，提升办公空间的声环境品质，对门窗、楼板、地面、顶棚、室内隔墙均采用构造措施做隔声降噪处理，并对噪声进行计算机声学模拟以精确指导建筑噪声控制设计。从大的功能空间分布到针对性的适度减少某些特殊位置的开窗面积，探索在城市交通干道邻近区域营造舒适办公声环境的途径。

图3–34 不同立面采用不同的外窗形式

图3–35 报告厅可开启墙体

图3–36 可自然通风的休闲平台

图3–37 地下室通风口

图3–38 楼梯间可通风

主要采用的噪声防治措施有：

1）在大楼一至五层设置展厅、检测室和实验室等非办公房间减少开窗面积，减少室外噪声对人员的影响。

2）采用双层窗，在受室外噪声的影响较大的房间采用Low-E中空玻璃，计权隔声量不小于30dB。

3）局部地方采取室内吸声降噪措施，有效降低室内环境噪声，只要建筑内部噪声不造成干扰，就能使开窗时室内噪声达到标准要求。

图3-39 光电幕墙遮阳

图3-40 光电板遮阳

图3-41 绿化格栅遮阳

(4) 建筑室内热湿环境控制与改善技术

1）围护结构保温隔热

南方地区太阳辐射大，传热温差小的特点决定了建科大楼在围护结构方面的节能重点措施为窗户遮阳和屋顶隔热。

①遮阳设计。建科大楼遮阳采取窗户自遮阳、遮阳反光板、功能遮阳、光电幕墙遮阳、屋顶花架及格栅遮阳等复合的遮阳形式。

窗户自遮阳。外窗均采用遮阳系数0.35以下的中空Low-E玻璃铝合金窗。

功能遮阳。建科大楼功能布局设计将楼梯间、电梯、卫生间等非主要房间放在大楼西部，尽可能地为大楼的办公区等主要空间构成天然的“功能遮阳”。

光电板遮阳。针对夏季太阳西晒强烈的特点，在大楼的西立面设置了光电幕墙(图3-39)，既可发电又可作为遮阳设施减少西晒辐射得热，提高西面房间热舒适度；同时设置了光电板遮阳构件，在遮阳的同时还可以发电(图3-40)。

绿化格栅遮阳。大楼每层均种植了攀援植物进行垂直绿化，既具景观效果，又具遮阳隔热作用(图3-41)。

②屋顶隔热设计。屋顶采用传热系数低于0.8W/($m^2 \cdot K$) 的30mm厚XPS倒置式隔热构造。同时屋面设置为免浇水屋顶花园，上方设有太阳能花架遮阳(图3-42)，设置在其上的光伏电板发电的同时具有遮阳隔

图3-42 免浇水屋顶花园与屋顶花架

图3-43 外墙保温系统

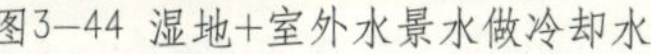
图3-44 湿地+室外水景水做冷却水

图3-45 报告厅地板送风设计

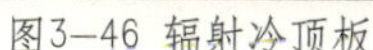
图3-46 辐射冷顶板

图3-47 干式风机盘管

图3-48 水环式空调

热的作用。

③外墙保温。在外墙的保温方面，建科大楼采用自主研发的自隔热保温复合墙体，同时主体部分采用创新的外挂式挤塑水泥纤维板+内保温技术，局部采用光电幕墙与其他实验性质的墙体结构(图3-43)。

2）室内温湿度控制

本工程空调方案选择兼有绿色建筑技术的展示和实验功能，因此采用了多种空调系统形式。根据房间使用功能和使用要求的差异，划分空调分区和选用不同的空调形式，实现按需开启、灵活调节，从而保证空调系统的节能效果。

地下一层。地下一层主要有实验室，面积约550m^2。既有供冷需求也有少量的供热需求，其使用时间较无规律，因此将其单独设立一个空调系统。结合地面湿地及景观喷泉系统，冷热源采用水源热泵机组，冷却水就近采用水景水(图3-44)，在使用时间上可灵活控制。

二层、七层。这些区域为大空间办公区/展览区。由于建科大楼采用了较好的围护结构，结合此区域室内负荷较低的特点，试验性地采用高温冷水机组＋高温盘管＋低温新风除湿系统。

三层、四层检测实验室。三层、四层检测实验室多为小开间实验室。实验室在室人员较少，采用冷水机组＋风机盘管＋独立新风的空调系统形式。

五层报告厅。五层报告厅为大空间，使用时人员较密集，人员位置固定。因此该区域采用了冷水机组＋二次回风空调箱＋坐椅送风的空调系统形式，并设置了独立通风系统，可实现全新风运行(图3-45)。

八层、十层办公室。此区域为大空间办公室，人员较密集，湿负荷较大，对新风量的要求较高，采用高温冷水机组＋干式风机盘管（或毛细管辐射吊顶）＋新风除湿空调系统(图3-46、图3-47)。

九层、十一层南区。九层南区院部为小开间独立办公室，十一层南区专家公寓为小开间公寓，该区域与大楼其他办公区域使用时间不大一致，故空调系统形式设计为风冷变频多联空调系统＋全热新风系统(图3-48)。变频多联空调室外机置于屋面，新风系统采用全热交换器进行热回收。

十一层北区、十二层。这些区域为大空间活动室和餐厅。采用常规冷水机组+一次回风空调系统。

除此之外，在污染房间设置了独立排风系统，集中排放污染空气。

(5) 室内空气品质和检测

1）室内空气质量预测

深圳是全国氡浓度最高的地区，本项目采取专门的防治措施，检测结果符合标准要求。

通过室内环境空气质量预评价对建筑装修材料进行控制。主要是根据室内装饰装修工程设计方案的内容，分析、预测该室内装饰装修工程建成后存在的危害室内环境空气质量的因素和危害程度，以及室内环境空气质量产生的化学性和物理性影响变化情况，得出装饰材料的有毒有害气体特性参数，提出科学、合理、可行的技术对策措施，作为该工程项目改善设计方案和项目建筑材料供应的主要依据。

2）室内污染物控制措施

①主要出入口设置截尘装置。

②开发室内外环境监测系统：对CO_2浓度长期监控与预测；为研究和能耗审计的需要，还对墙体内表面温度、房间温湿度长期监控，定期进行噪声等级的监测。

③污染源控制方面，有异味的房间如卫生间、垃圾间等位置排布在下风向西北角。选用绿色环保低污染物含量的装饰及建筑材料，采用有毒污染物排放量低的设备，发电机组选择污染物排放量低的设备，对出风口采取过滤措施，使得排放标准达到或超过相关要求。

④吸烟控制方面，利用前室阳台在下风向设置吸烟区，并在非吸烟区严格禁烟。

⑤实验室和空调设备：地下一层实验室设备产生的废气、粉尘等，针对具体设备采取维护密封措施，设置排风排烟过滤通道，结合半地下室自然通风风向，组织气流。三层实验室，在西侧设置排烟井道，将各实验室产生的有害废气通过专用通风管道收集集中处理，再通过井道直通屋顶高空排放。

⑥室内空气质量的源头控制：工程参考国内外相关标准，提高对材料污染物浓度控制的要求，最大限度保证了大楼的污染源控制在较低的水平。

(6) 视野与室内绿化

建筑设计兼顾了所有功能空间视野的需要，保证每个员工在工作位置都能充分欣赏室外风景，缓解工作疲劳，提高工作效率；大量的室内绿化植物，不仅美化环境，更能提供充足的氧气，减少电脑辐射，让员工享受大自然般的工作环境(图3-49、图3-50)。

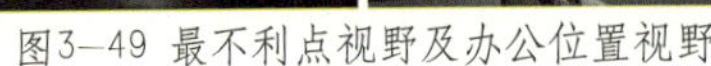

图3-49 最不利点视野及办公位置视野

图3-50 室内绿化

3.3.3 环保低耗相关技术

图3-51 屋顶太阳能光热系统

图3-52 屋顶光伏电池安装方式

(1) 节能与可再生能源利用

1）节能电梯应用

大楼共有三部不同类型的电梯：小机房永磁同步货梯、无机房永磁同步节能客梯及无机房玻璃采光电梯。一方面节省机房面积，另一方面节约电梯运行能耗。

2）太阳能热水系统

大楼集实验办公于一体，为充分展示最新的建筑技术，本楼热水系统除满足日常需要外还具有实验性。专家公寓内和每层卫生间淋浴采用了半集中式太阳能热水系统，使用可承压的U形管集热器。食堂、公寓采用集中式热水系统，集热器采用承压全紫铜平板式集热器（图3-51）。

3）太阳能光电系统

约81.0kW的光伏发电系统与建筑实现一体化设计，通过在西向、南向和屋面的集成设计可有效改善大楼热不利点的热舒适度。

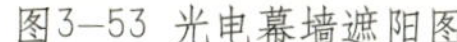
图3-53 光电幕墙遮阳图

图3-54 太阳能光伏电池与遮阳相结合

屋顶花架安装单晶硅光伏电池板，同时安装多晶硅光伏组件及HIT光伏组件，见图3-52。西立面和南立面采用光伏幕墙系统，选用透光型薄膜光伏组件（图3-53），在发电的同时还具有隔声，隔热功能。南侧部分楼层安装与光伏遮阳棚结合的多晶硅光伏组件（图3-54），将光伏板和遮阳构件结合。

4）风力发电

屋顶安装微风启动风力发电机，示范性利用屋顶风能资源，同时可供参观、科普学习。

(2) 节水与水资源利用

项目周边无再生水厂，再生水源采用本栋楼的生活污水及雨水回收的雨水。大楼具有较稳定的生活污水量，经化粪池处理后的上清液经生态人工湿地处理后成为达标中水供应卫生间冲厕、楼内绿化浇洒用水。屋顶及场地雨水经滤水层过滤后收集，经生态人工湿地处理后的达标水供应一层室外绿化浇洒、道路冲洗及景观水池补水用水，旱季雨水不足时由中水系统进行补充以减少市政用水量。

1）中水回用技术

因人工湿地具有投资成本及运行费用低且具有较强的绿化观赏性等特点，本工程结合环艺设置中水人工湿地处理系统，采用湿地预处理+湿地处理的生态中水处理工艺。大楼南侧设置185m^{2}垂直流人工湿地，其处理能力55m^3/d，每日可提供中水量50m^3，设计非传统水源利用率43.52%。实际运行过程中非传统水利用率达52%。

2）雨水回收利用技术

本工程雨水储存池容量按汇水面积重现期2年的场地开发后日雨水设计径流量减去场地开发前外排流量来确定。本工程室外绿化浇洒、景观补水日用水量约为36.60m^3，雨水调蓄容量可提供室外绿化浇洒、水景补水等10天左右用水需求。

3）节水器具与设备的应用

节水器具方面，项目中所有的用水器具均采用节水、省水型产品。如无水小便斗、节水便器、龙头、淋浴器等。主要给水阀门处均设置节水装置。

直饮水方面，本工程直饮水以市政给水为水源，经过深度处理制备而成。为保证直饮水系统的水质，直饮水系统设置循环管道，以避免水流滞留影响水质，同时直饮水及其循环回水采用紫外线消毒进行消毒灭菌处理。

(3) 节地与节材

1）空间利用

为求节地，设计在有限的用地上采用立体化、多功能、多适应性的原则。

首先充分利用地下空间，建设两层综合功能地下室。平时用于设备机房、停车库，其中地下二层按局部立体机械停车考虑。同时结合空间的自然采光、通风设计和下沉庭院、水池空间的营造，满足作为特殊实验室、仓储等功能的需要。建筑功能方面注重复合功能设计，并在层高、水电等设备准备、结构荷载等方面充分考虑未来可能的需求，增强空间的适应性，提高利用效率，在有限的面积中实现更多的功能，同时一定程度上化解未来不可预知功能对新的土地和空间的需求压力。

首层空间设计架空活动交流空间，可兼作接待展示大厅，配合临近的人工湿地实现立体展览空间的功能需求。报告厅用可移动墙体设计，实现学术报告、交流座谈、文艺演出、影视放映、培训学习等多种功能对空间的需要。

架空绿化交流平台设置网络、水电接口，实现空中实验场地的灵活布置。办公楼大层高和较大荷载设计，为未来可能的功能需求留下足够的灵活适应可能。增强建筑适应未知功能需求的能力，延长建筑使用寿命。

2）材料资源节约利用

①结构用材选择。本工程钢筋采用HRB400级高强度钢筋和C50高性能混凝土，节约材料用量。

②建筑结构体系。本工程高度超过《高层建筑混凝土结构技术规程》4.2.2条的框架结构适用高度

（55m），通过增加部分剪力墙后，采用框架结构体系。结构类型方面，考虑到钢筋混凝土结构经济性明显优于钢与混凝土组合梁结构，钢管混凝土柱加组合楼板主要适用于超高层建筑和大跨度结构（如桥梁结构），本项目结构布置规整，柱距不大，跨度经济，不能充分发挥组合结构的优势，所以本项目选用经济实用的钢筋混凝土框架结构。需增加的夹层使用组合结构。在五层由于报告厅功能需要，拔掉两根柱，并采用桁架转换。

③土建装修一体化施工。项目遵循节材设计理念，进行土建装修一体化设计施工。所有应用材料均以满足功能需要为目的，将不必要的装饰性材料消耗减到最低，充分发挥各种材料自身的装饰和功能效果。如办公空间取消传统的吊顶设计，采用暴露式顶部处理，地面采用磨光水泥地面，设备管线水平、垂直布置均暴露安装，减少维护用材，同时方便更换检修，避免二次破坏的材料浪费。专家公寓采用整体卫生间设计，利用产业化生产标准部件，提高制造环节的材料利用效率，节约用材。

(4) 垃圾分类收集与处理

垃圾的分类收集和处理利用是垃圾减量化和资源化处置最为简便有效的方法。办公建筑的主要垃圾种类为纸类、塑料等，均被视为可直接回收利用的资源。本项目设置专门的垃圾分类收集房间，对资源分类收集，以实现循环利用。

3.4 技术效果测试与评估

3.4.1 技术应用效果

1）深圳建科大楼于2009年3月通过国家民用建筑能效测评标识验收，并获得民用建筑能效测评标识三星级的证书(图3—55)，综合节能率达到65.9%。

2）大楼可再生能源的应用作为可再生能源建筑应用示范项目于2009年7月通过财政部、住房和城乡建设部的验收评估。

3）综合应用以上各种绿色建筑适宜技术，于2009年12月获得住房和城乡建设部绿色建筑设计评价标识三星级证书(图3—56)。

3.4.2 技术相关检测与监测分析

(1) 室内环境检测与问卷调查

1）室内污染物浓度检测

大楼竣工验收后，进行了室内环境污染物浓度检测，检测结果表明，被抽检房间中氡、甲醛、苯和TVOC

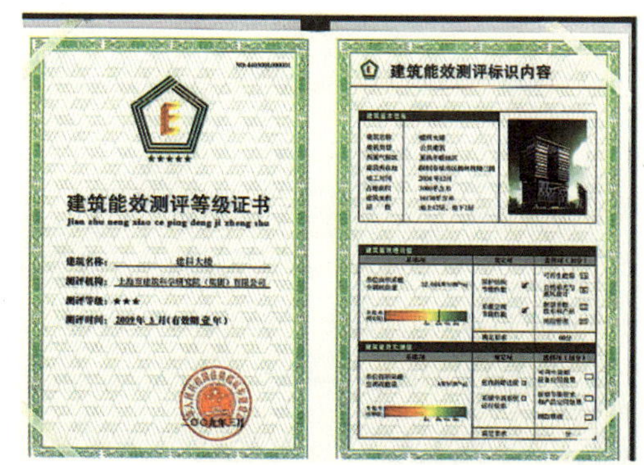
建筑能效测评等级证书
Jian zhu neng xiao ce ping deng ji zheng shu
建筑能效测评标识内容

图3—55 建科大楼建筑能效测评等级证书

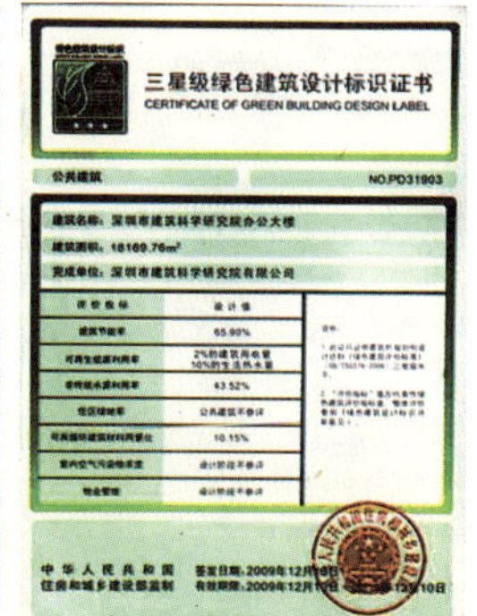
三星级绿色建筑设计标识证书
CERTIFICATE OF GREEN BUILDING DESIGN LABEL
公共建筑 NO.PD31903
建筑名称：深圳市建筑科学研究院办公大楼
建筑面积：18169.76m²
完成单位：深圳市建筑科学研究院有限公司

图3—56 建科大楼绿色建筑三星级设计标识证书

等室内环境污染物浓度的全部检测结果符合《民用建筑工程室内环境污染控制规范》（GB50325—2001）（2006年版）中Ⅱ类民用建筑限量值。

2）室内照明和采光检测

①室内照明检测结果表明，所选取的会议室、办公室、电梯前厅和楼梯平台的照度和照明功率密度均符合《建筑照明设计规范》(GB50034—2004)的设计要求。

②在大楼主要活动空间（办公室），根据房间大小布点在全阴天不开灯的条件下进行了室内采光检测，检测结果显示，办公室内85%以上区域的照度均能达到100lx以上。

3）室内自然通风检测

在大楼主要空间（办公室）内离地面1.2m高度处，根据房间大小布点进行了室内风速的测量，检测结果显示，在室外风速为1.7m/s的条件下，测得室内平均风速在0.2～0.65之间，有明显的自然风吹拂的舒适感，而且不会因为风速过大对工作造成影响。

4）室内环境满意度调查

2010年3月对所有使用人员进行了热湿环境、光环境、声环境及风环境方面的感受调查。

调查结果表明，热感觉的满意度大约为84%，湿感觉的满意度87%，风环境的满意度约为82%，光环境的满意度为87%，办公区域环境的总体满意度为86%，即86%的被调查者认为大楼办公环境较舒适，表明建科大楼的办公环境满足了大部分人员的使用要求。

(2) 资源消耗监测

1）用电消耗分析

大楼单位建筑面积的能耗低于深圳市平均水平，全年总能耗为44.4kWh/(m^2·a)，较深圳市典型办公建筑低63%，其中全年照明能耗为仅为典型建筑的29%。

2）用水消耗分析

在水资源利用方面，中水等非传统水利用率达52%，高于国家《绿色建筑评价标准》中非传统水利用率的最高标准40%。

3）太阳能光伏发电量分析

太阳能光伏发电系统监测数据显示，从投入运行截至目前共产生7.56万kWh的电量，占总用电量的比例约为7%。

3.5 经济性分析

大楼综合应用低成本、高效率、本土化绿色建筑技术，使建科大楼工程造价低至4300 元/m^2，低于深圳市类似办公建筑的平均造价，为深圳市规模化发展绿色建筑起到了很好地推动作用。

大楼主要的绿色建筑投入体现在太阳能光电系统、空调系统、能耗分项计量和监测系统、立体绿化、太阳能光热系统、节能灯具、中水回用系统、雨水收集利用系统、地下室光导管采光、遮阳反光板、中悬窗等。如果仅从单项技术对比的角度分析，大楼绿色建筑技术总的相关成本约为1000万元，其中太阳能光伏发电系统增量成本为占总的绿色建筑技术投入的50%，除去可再生能源利用，单位面积投入为248.21元。

3.6 应用推广价值

深圳建科大楼在各类展会上大力向普通市民宣传采用的人居环境改善与保障综合技术，积极开展大量技术培训和研讨会。大楼投入使用一年时间，成功举办“建科大讲堂”系列讲座，接受各个地区的政府官员、技术人员、学生和普通市民的参观交流超过7700人次。

深圳建科大楼建设创新运用共享设计，立足本土，倡导被动式技术优先的技术策略，以精宜之道为手段从设计源头解决绿色建筑技术关键问题，有效降低建造成本，创建良好的室内外环境，是适应我国国情，具有重要推广价值的绿色建筑技术路线。

4 中港城国际商贸城

项目名称 /中港城国际商贸城
建筑类型 /公共建筑
建设地点 /浙江省嘉兴市
建筑面积 /25万m^2
开发单位 /浙江中成实业有限公司
技术支撑 /依柯尔绿色建筑研究中心（北京）有限公司

4.1 工程概况

嘉兴市位于浙江省东北部、长江三角洲杭嘉湖平原腹心地带，是长江三角洲重要城市之一。市境介于北纬30° 21′ 至31° 2′ 与东经120° 18′ 至121° 16′ 之间，东临大海，南倚钱塘江，北负太湖，西接天目之水，大运河纵贯境内。

嘉兴市地处北亚热带南缘，属东亚季风区，冬夏季风交替，四季分明，气温适中（年平均气温15.9℃），雨水丰沛（年平均降水量1168.6mm），日照充足，具有春湿、夏热、秋燥、冬冷的特点，因地处中纬度，夏季湿热多雨的天气比冬季干冷的天气短得多（年平均日照2017h）。

图4–1 中港城效果图

嘉兴国际中港城是由浙江中成控股集团下属的浙江中成实业有限公司在嘉兴投资开发建设的大型房产项目，总面积528亩，总建筑面积115万m^2，总投资35亿元人民币，建设周期四年。国际中港城项目一期建筑总面积57万m^2，包括有5万m^2的娱乐城、25万m^2的商贸城和19万m^2的住宅以及8万m^2的五星级酒店。国际中港城为目前嘉兴市唯一的集大型综合性购物中心、地标式酒店、大型休闲娱乐城、高级商务住宅区于一体的综合性商业建筑群，其建成之后将成为嘉兴市乃至整个长三角地区的娱乐休闲购物中心（图4−1）。

国际商贸城是国际中港城项目中的一大亮点，是集绿色节能环保建材设备销售展示，品牌商品、进口品牌产品为主的批发零售、会展、购物休闲于一体的特大型商业广场，是面向整个“长三角”地区的商品集散中心。总建筑面积25万m^2，建筑呈“人”字造型，南向主入口尺度恢弘，东西两翼流线型展开，舒展大方。建筑总高度为40m，地上六层，地下一层。

国际商贸城共分东南西北四区，而“绿色建筑”将成为其功能布局的主题，主要功能包括：中成国际节能环保材料设备市场（含节能技术与产品馆、节水技术与产品馆、节材技术与产品馆、节地技术与产品馆、环境保障和智能化技术与产品馆）、办公中心（绿色建筑技术与产品孵化基地）、会展中心（绿色建筑示范工程、技术与产品展示）、会议中心（含千人会议厅）。

4.2 项目特点及技术目标

4.2.1 项目特点

(1) 区位效益显著

本工程所处的嘉兴市南湖区位于浙江省北部杭嘉湖平原（图4−2），东临上海、西靠杭州、北依苏州、南濒杭州湾，是上海经济区的黄金腹地和浦东新区的延伸地，极具开发潜力和发展前景。特别是南湖区被国务院确定为先行规划、先行发展的东部沿海开放地区以来，综合优势日趋突出。

图4−2 项目区位

本示范工程作为大型多功能建筑的实施建设，对人居环境领域关键技术的创新突破、自主创新有着积极的推进作用，能够加强区域联合协作，协同推进原始创新、集成创新和引进消化吸收再创新，对于长三角地区有着显著的示范效益。

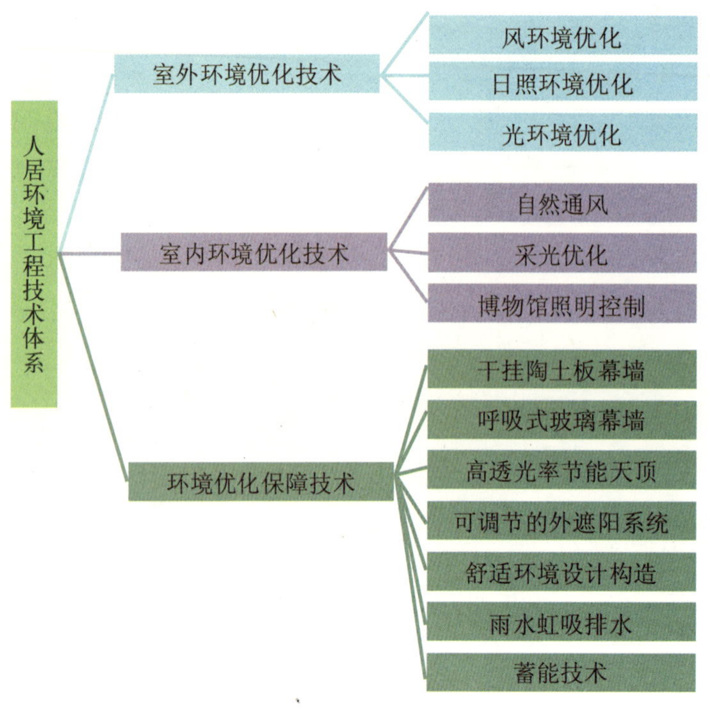

图4—3 工程技术体系

(2)建筑功能分布多样性

本工程作为综合性多用途公共建筑，涉及市场、大型会议中心、配套办公、博物馆，因此在环境控制方面侧重点各有不同。例如，在节能环保产品市场的环境控制中，注重自然通风和自然采光的设计改善室内环境质量，避免了通风空调设备和大功率的照明设备带来环境问题，明显区别于传统室内商品交易市场。

4.2.2 技术体系

本工程是以控制室内各功能区环境质量为出发点，针对不同的使用特点，结合气候、建筑设计的特点建立室外环境优化、室内环境优化和环境优化保障技术体系，如图4—3所示。

4.3 人居环境控制与改善技术

4.3.1 室外环境优化技术

(1)风环境优化

根据嘉兴30年气象资料的统计结果分析，当地夏天盛行风向为东南偏东风，冬天盛行风向为西北风；每月大风天气不超过一天，全年平均风速为3.3 m/s。

本项目应用的数值计算采用北京大学大气环境模式中的城市气候模式，对在建工程风场环境进行模拟计算，不考虑热力作用。为了更合理地反应局地行人高度风环境情况，模拟结果采用相对速度来描述风速分布情况，即用局地速度与相同高度来流风速的比值来描述行人高度的风场特征。

1）东南偏东风来流情况

图4-4、图4-5是东南偏东风来流情况下的相对风速分布特征以及相应的流场示意图。从图4-4可以看出，在建筑群内部，相对风速普遍较低，在0.5左右，图中右上角的住宅建筑角隅区和右下角高层建筑迎风面拐角处，相对风速较高，达到1.1。由此可知，在东南偏东风来流风速情况下，本规划区域内最大风速在3.8m/s 以下，属于舒适范围。

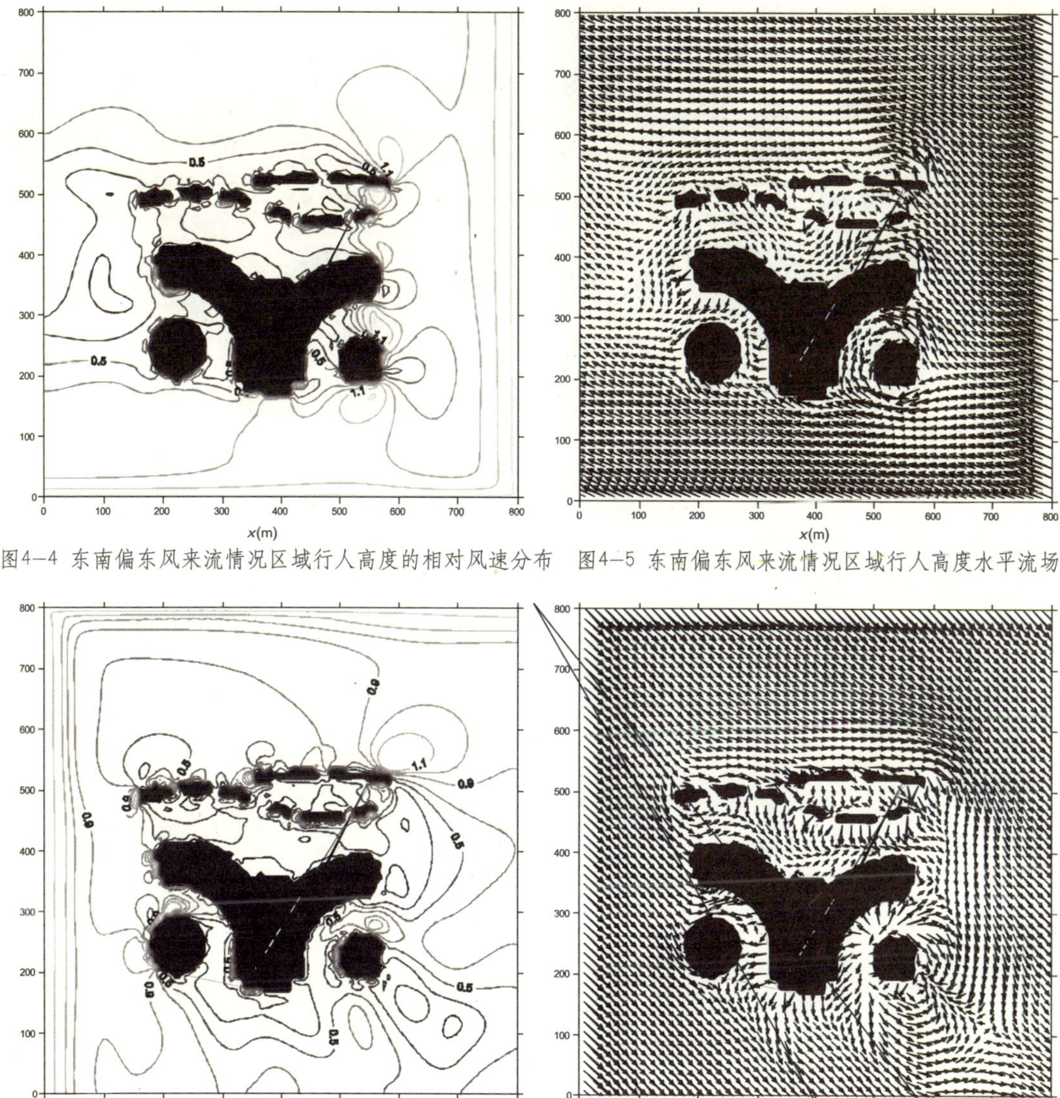

图4-4 东南偏东风来流情况区域行人高度的相对风速分布　图4-5 东南偏东风来流情况区域行人高度水平流场

图4-6 西北风来流情况区域行人高度相对风速分布　图4-7 西北风来流情况区域行人高度的水平流场

2）西北风来流情况

西北风代表了冬天大部分情况下计算区域内的来流状态，且平均风速较低。图4-6、图4-7是该来流情况下的相应模拟结果，从结果来看，由于北边大量住宅楼以及规划区内北端建筑占地广的因素，右下角高层建筑的近地面层处于背风区，因此风速普遍较小，相对风速保持在0.5～0.7之间，其东北角近地面层最大相对风速为1.0左右。局地风速大致保持在1～2 m/s 之间，属于舒适范围。

3）东南风来流情况

从全年统计结果来看，东南风来流也存在一定的比例，因此本次模拟加入该来流情况下的流场模拟。从图4-8、图4-9可以发现，在这种情况下，右下角建筑作为迎风面且高度超过150m，钝体的阻塞作用比较强，因而导致的下冲以及角隅流也相应较强，故而在该建筑的迎风面拐角处存在较大的局地

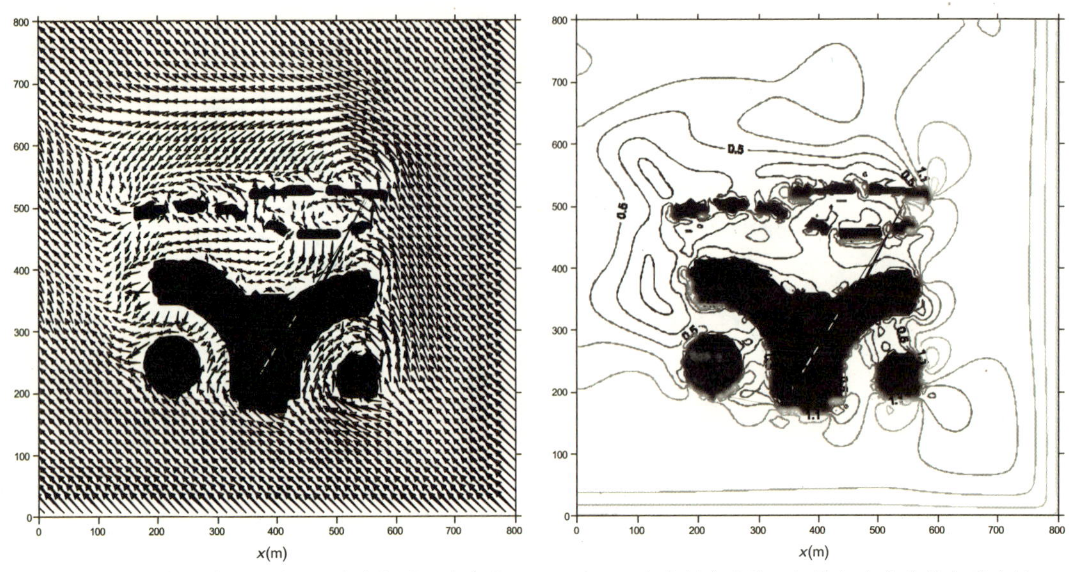

图4—8 东南风来流情况区域行人高度相对风速分布　　图4—9 东南风来流情况区域行人高度的水平流场

风速，其相对风速大小在1.1～1.5之间。局地最大平均风速应该在2.2～3.0m/s左右，不会影响行人活动舒适度。

从整体结果来看，由于该地区的常年平均风速较小，因此规划中的建筑群基本不会对行人活动造成不良影响。

(2) 日照环境优化

工程建设不对周围环境产生影响，是人居环境控制的基本原则之一。对于公建而言，要避免其建筑布局或体形不能对周围环境产生不利影响，特别需避免对周围环境的光污染及对周围居住建筑的日照遮挡。模拟分析结果表明，本项目不会对周围居住建筑的日照产生遮挡（图4—10）。

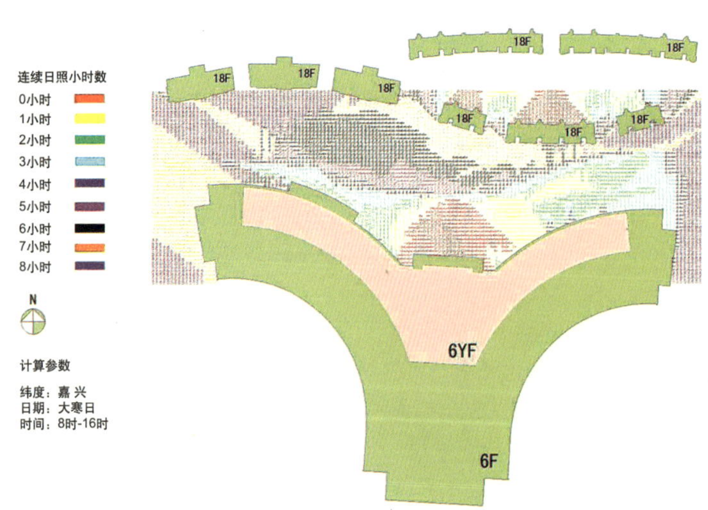

图4—10 日照环境影响分析

(3) 光环境

为避免项目建成后形成光污染，本项目采取了以下措施：第一，建筑外立面不采用会产生反射光和眩光的镜面玻璃或镜面金属材料，屋面装饰部位采用低反射率涂料；第二，严格控制夜间室外照明亮度，降低照明功率密度；第三，控制楼体、广场景观方式，不采用直接射向天空的景观照明灯；第四，景观照明尽量使用绿色照明灯具，以实现节能和减少光污染。

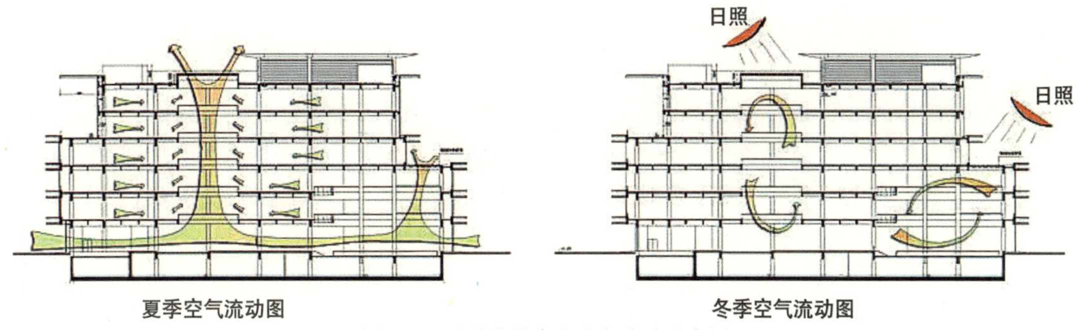

图4—11 不同季节中庭空气流动示意图

4.3.2 室内环境优化技术

(1) 自然通风

1）自然通风的模式。夏季和过渡季，在太阳辐射的作用下，中庭顶部空气受热上升，可通过开启的采光天顶排出室外，同时，打开建筑底层的开口，将室外新风补充入建筑内部。由于建筑外部存在水面及绿化，可有效降低空气温度，因此中庭通过“烟囱效应”，排出较高温度空气，吸入较低温度空气，再加上适度气流的形成，可有效改善室内舒适度。冬季，将建筑底层开口和玻璃采光天顶关闭，中庭内部空气与室外空气之间流通减少，通过太阳辐射，室内温度提高，增加舒适度。夏季和冬季空气流动如图4—11所示。

自然通风的建筑可以降低空调耗电量，进而降低生产这些电能的不可再生资源的消耗量和CO_2向大气的排放量。对人体而言,自然通风可减少“空调病”和各种通过空气传播的疾病的发病率。

2）自然通风技术措施。本工程东西两翼建筑内部均设有中庭，中庭平面形态较为狭长，进深为12.5m，高度为36.1m，且顶部为玻璃采光天顶。由于市场中庭面积较大且有大面积的天窗，空调冷负荷相对较大而人员又不长时间停留，所以不设置空调系统，利用中庭可变核进行自然通风。在建筑设计和构造设计中采取诱导气流、促进自然通风的主动措施。将建筑底层开口、通过高中庭和可开启采光天顶组织形成“可变核”体系，夏季和过渡季利用在风压和热压推动下的空气流动达到良好的自然通风效果，冬季则关闭采光天顶和建筑底层开口，保持良好的保温效果。图4—12为自然通风的计算模型。

选过渡季主导风向为东南风，年平均风速为3.2m/s，根据前面对建筑周围风环境的分析，可以合理地预测外窗进出风情况和窗户内外压差，为室内通风模拟提供边界条件。图4—13为主导风向下，C区右侧风井自然通风计算结果。

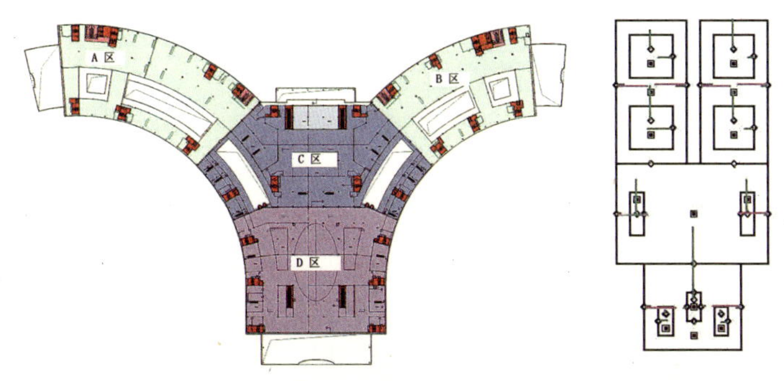

图4—12 平面图和平面简化图

根据嘉兴地区气候统计，全年18～27℃的时间大约为全年时间的40%，由此可见，在很大一

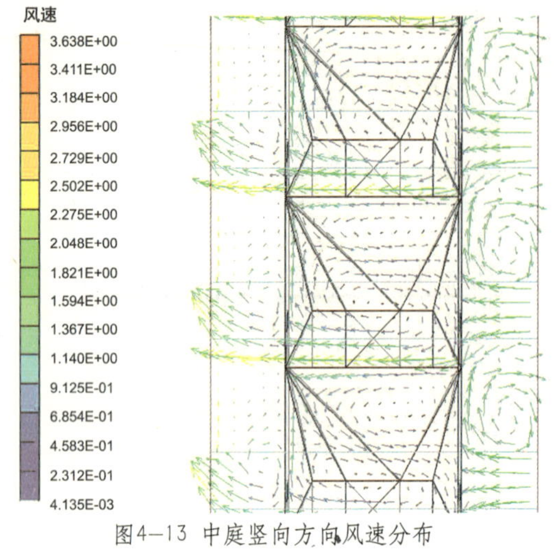

图4–13 中庭竖向方向风速分布

部分时间都可以通过自然通风来满足人们工作和生活的舒适要求。对于此类内部通透性较好的公共建筑，风压作用下，中庭的热压拔风作用不明显。故建筑设计上，尽量将功能房间主要布置在东向和南向，利于引进自然通风，并增加东向和南向办公区间内墙上开窗面积，可以更好地引入自然通风，提高人体舒适度。

(2) 采光优化

1）采光概述。自然采光指利用自然光源来保证建筑室内光环境。在良好的光照条件下，人眼才能进行有效的视觉工作。尽管利用自然光和人工光都可以创造良好的光环境，但单纯依靠人工光源（即电光源）需要耗费大量常规能源，间接造成环境污染，不利于生态环境的可持续发展。而自然采光则是对太阳能的直接利用，将适当的昼光引进室内照明，可有效降低建筑照明能耗。

本项目主体部分由A、B、C、D四个区域组成，每区为6层建筑。由于建筑各个分区皆为商用建筑且功能结构类似，本次选取A区作为典型区域进行采光模拟。A区一、二层为日用品超市，三、四层为节能、节水技术产品馆，五、六层为办公中心。采光模型如图4–14所示，该模型按照基础方案加以简化搭建而成。

2）采光分析。室内采光评价工具为Desktop Radiance。选取五层作为分析对象（图4–15）。气象参数选取春分日晴天和夏至日晴天正午，围护结构为玻璃幕墙部分的采用low–E透明中空玻璃，玻璃可见光透射比取0.7。计算区域包括模型中建立的该楼层所有除墙体外区域，根据《建筑照明设计标准》要求只分析人员常用区域，即办公室、大厅及其他功能房间区域，所以管道竖井、电梯间视为非自然采光区域，不包括在结论统计范围之内。计算结果如图4–16所示。

嘉兴地区属于夏热冬冷地区，夏季太阳辐射强，空调能耗大，所以应尽量避免太阳直射光进入室内。通过夏至日晴天正午时刻对室内光照的分析可知（图4–17），南侧临近外窗的空间室内照度可以达到5000 lx，太阳直射光直射进入，导致空调负荷增加，不利于节能。设计应考虑增加遮阳措施。

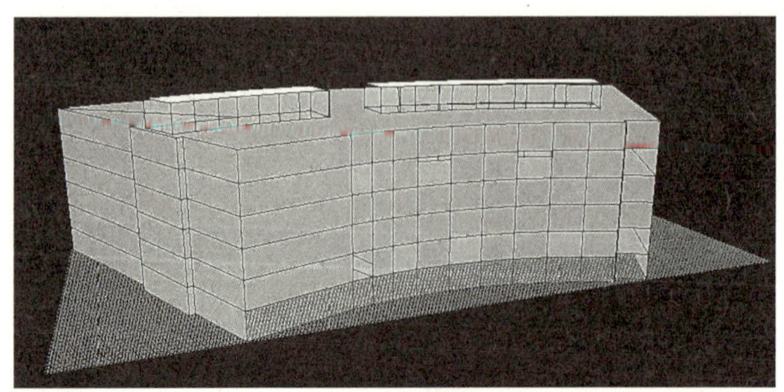
图4–14 采光模型图

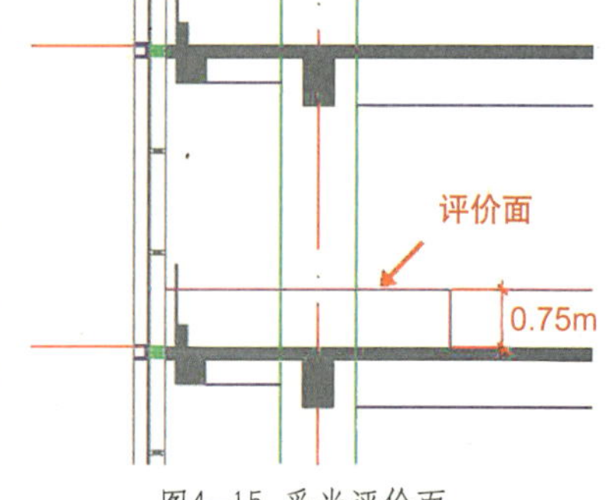

图4–15 采光评价面

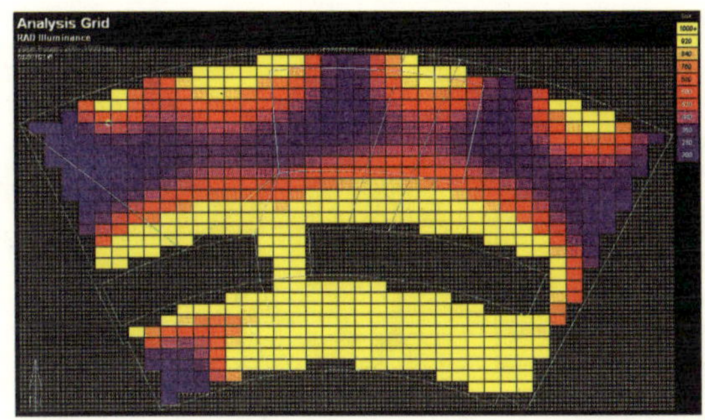

图4—16 春分日五层采光效果

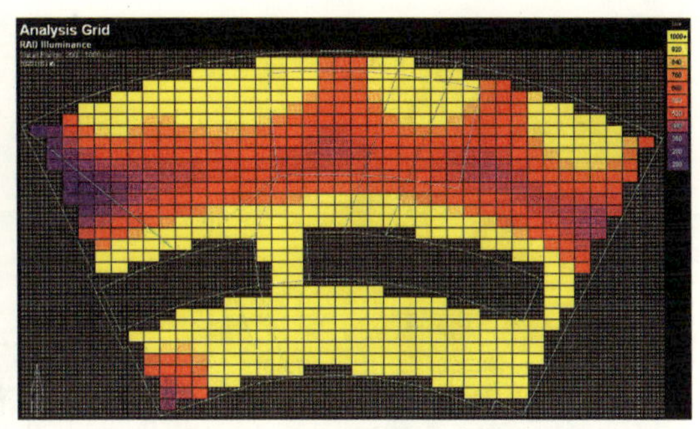

图4—17 夏至日五层采光效果

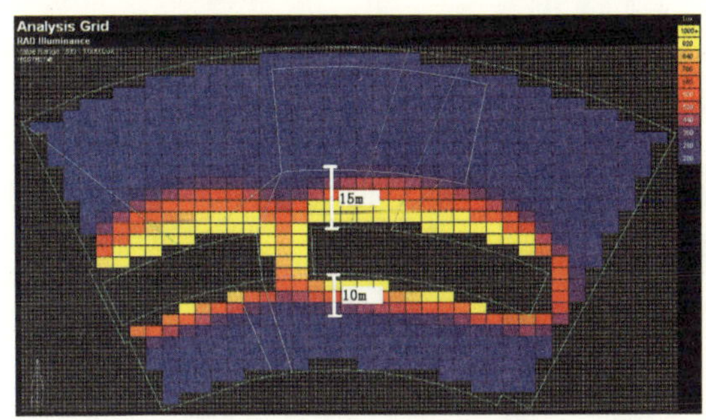

图4—18 中庭采光效果

图4—19 自然采光实景

3）中庭采光分析。根据研究的需要，对中庭天窗采光做以专题讨论。讨论方法为假定建筑五层无外窗，仅靠中庭天窗采光，研究建筑内各区域的照度分布，如图4—18所示。

由图4—18可以看出，春分日五层中庭以北15m范围、以南10m范围内无需照明，均可利用自然光，且满足采光要求。结果表明，中庭采光对建筑一定范围内的采光有一定的辅助作用，改善了室内光环境（图4—19）。

4.3.3 环境保障技术措施

(1) 干挂陶土板幕墙

建筑外墙的装饰面层选用干挂陶土板幕墙（图4—20、图4—21）。陶土板是一种新型节能建筑幕墙材料，陶土板具有以下特点：

1）采用天然陶土，无污染、绿色环保；

2）表面颜色鲜艳、色泽均匀、永不褪色，具有非常好的耐久性；

3）可抑制菌类或微生物的生长，釉面板更具有自洁功能；

4）强度大、自重轻，可适用于风压较大的地区及有抗震要求的建筑；

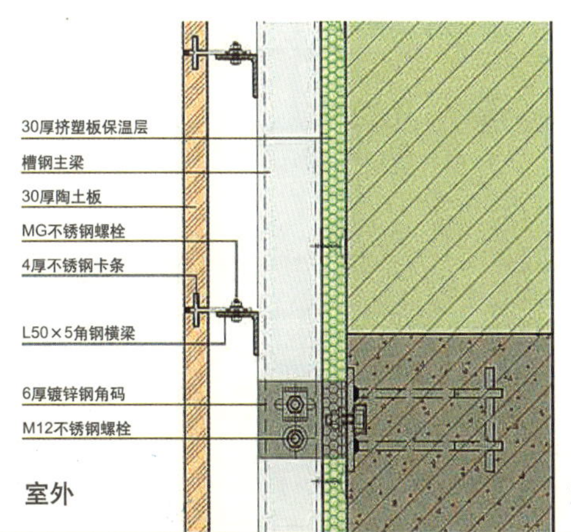

图4—20 外墙构造详图

图4-21 干挂陶土板幕墙

5）非易燃、耐腐蚀、抗震抗冻；

6）空腔结构可隔声防噪，且具有优良的节能性能；

7）幕墙系统符合建筑节能要求，安装系统具有导水功能；

8）设计安装简单易操作，板块可根据需要进行随意切割。

(2) 呼吸式玻璃幕墙

主入口建筑围护结构采用双层呼吸式玻璃幕墙，内层玻璃幕墙选用Low－E中空玻璃，外层玻璃幕墙选用夹胶透明玻璃，双层玻璃幕墙之间间距为60cm，并加设可收拢式百叶帘或柔性遮阳帘，加强遮阳效果图（图4－22、图4－23）。

本工程的双层呼吸式玻璃幕墙采用开敞内外循环方式，在双层幕墙之间，利用气流的“烟囱”效应形成气流循环，气流由

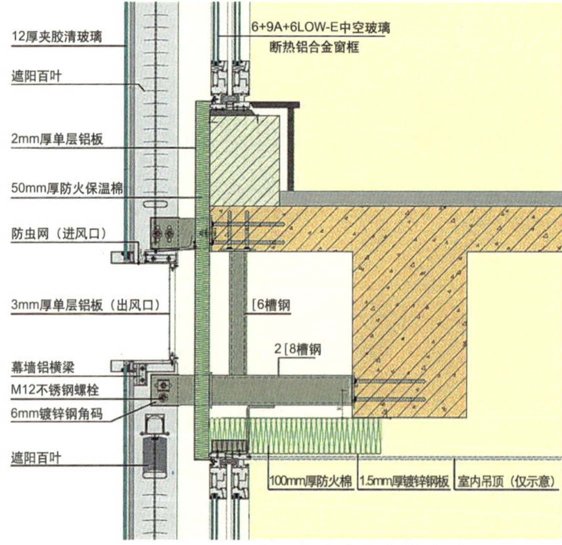

图4－22 呼吸式玻璃幕墙构造详图

图4－23 呼吸式玻璃幕墙构造实景

下向上循环。通过控制进风口的开合，冬天尽量减少换气次数以利用幕墙间的太阳辐射热量，夏天则提高换气次数以带走幕墙间的热量，舒适季节风口则可完全打开以利于自然气流进入建筑内（图4－24），通风口如图4－25所示。

双层呼吸式玻璃幕墙在保持建筑透明性的同时，提高了围护结构的保温隔热性能，节约了运营的能耗。

(3) 高透光率节能天顶

建筑中运用采光天顶可有效加强建筑室内的自然采光，但也往往成为围护结构热工性能的薄

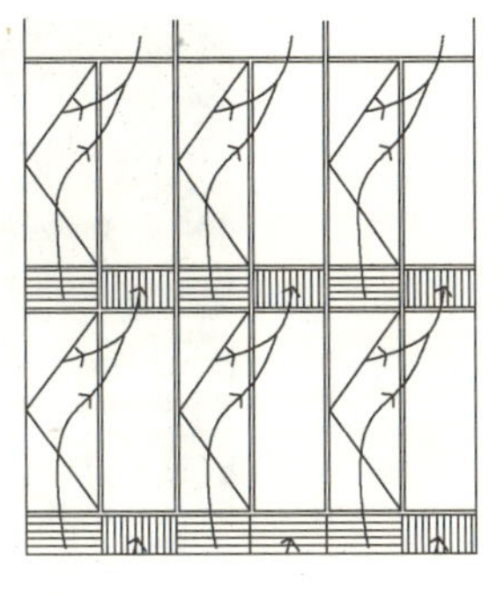

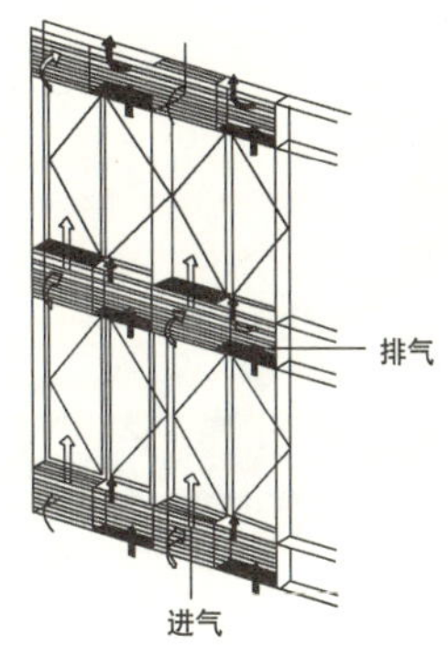

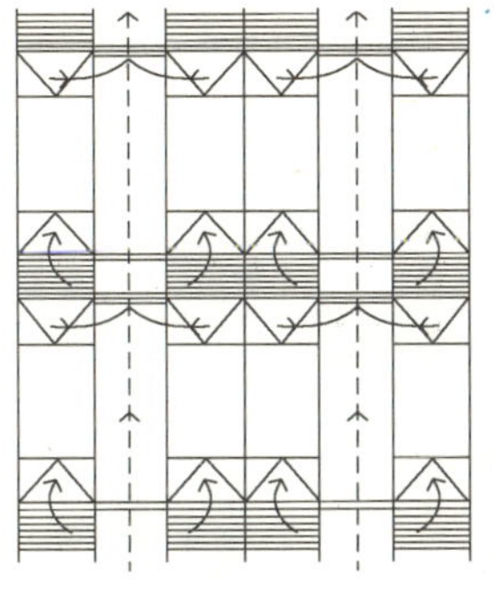

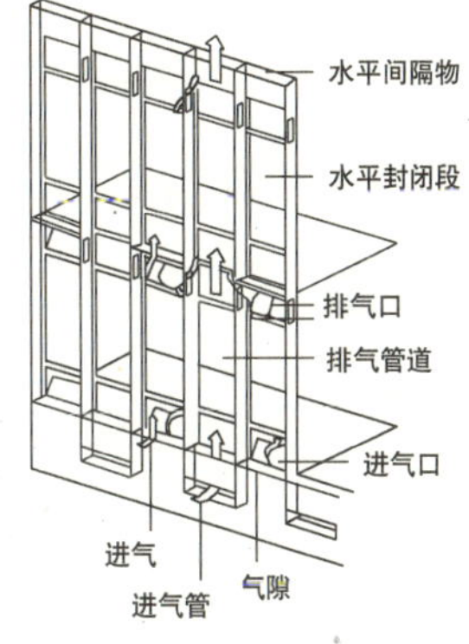

图4－24 呼吸式玻璃幕墙气流组织示意图

图4－25 呼吸式玻璃幕墙通风口

双空气层
热镜薄膜

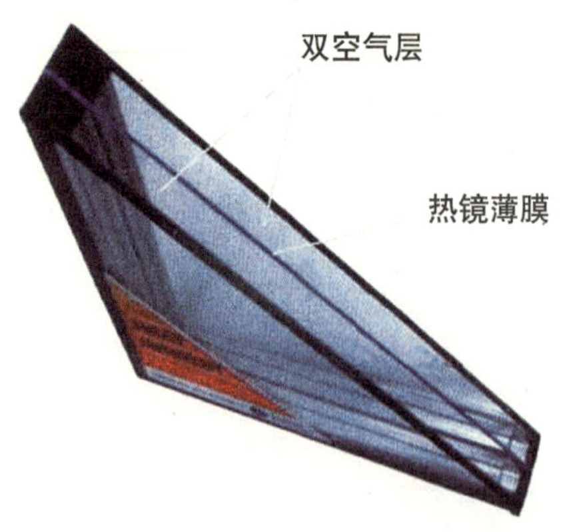

图4-26 热镜中空玻璃结构

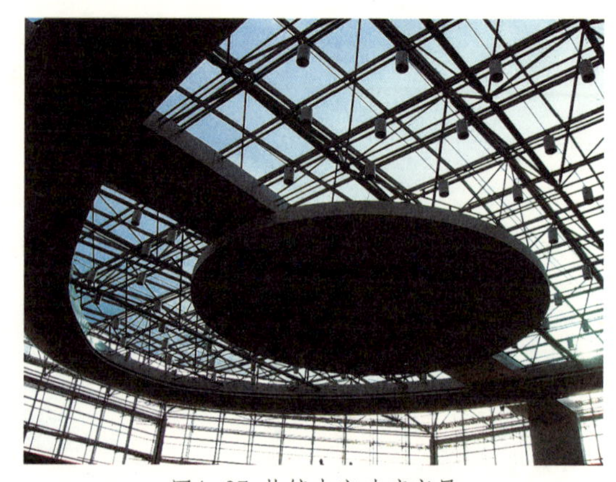

图4-27 热镜中空玻璃实景

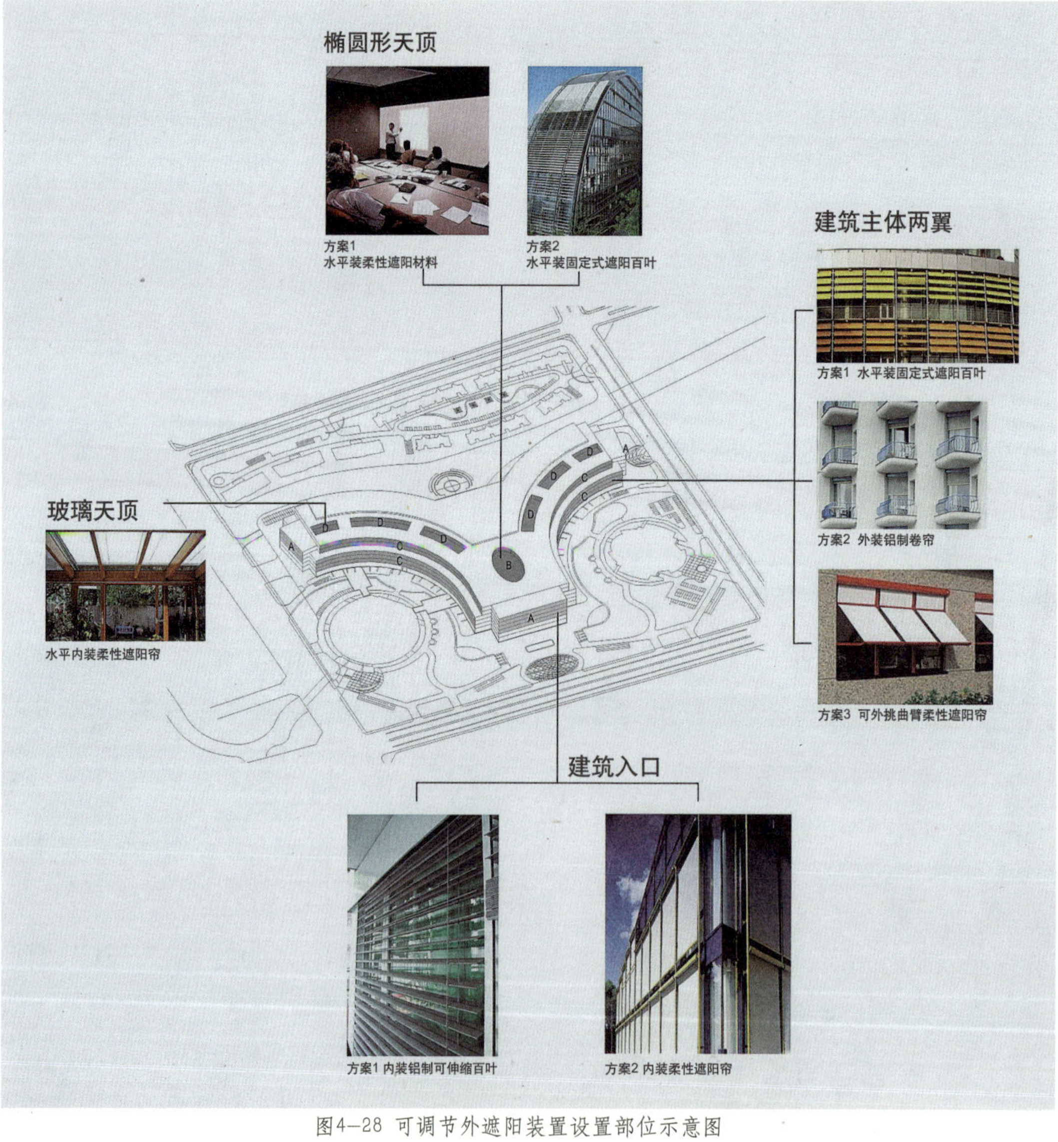
椭圆形天顶
方案1
水平装柔性遮阳材料
方案2
水平装固定式遮阳百叶
建筑主体两翼
方案1 水平装固定式遮阳百叶
方案2 外装铝制卷帘
方案3 可外挑曲臂柔性遮阳帘
玻璃天顶
水平内装柔性遮阳帘
建筑入口
方案1 内装铝制可伸缩百叶
方案2 内装柔性遮阳帘

图4-28 可调节外遮阳装置设置部位示意图

弱环节，因此采光天顶的玻璃选择和遮阳措施至关重要。

本工程采光天顶玻璃选用热镜中空玻璃，热镜中空玻璃的遮阳和隔热效果既可以防止冬季的热量流失，又可以反射夏季的强烈阳光热辐射，同时又能满足较高的可见光透过率，从而显著提高采光天顶的节能效率(图4—26、图4—27)。

(4) 可调节的外遮阳系统

可调节外遮阳装置在夏季有效地减少建筑因太阳辐射得热和室外空气温度通过围护结构的传导得热，在冬季又可以让阳光进入室内，从而提高室内的热舒适性。因此，结合建筑的外立面造型采取合理的外遮阳措施，形成整体有效的外遮阳系统对于建筑节能及创造适宜的室内环境具有重要的意义。本项目中采用的可调节外遮阳装置设置部位见图4—28。

主入口玻璃幕墙采用的可收拢式百叶帘由铝材制成，采用铝制导轨或钢综片进行侧面导向，使得此装置具有可外装、抗风的特点，在双层玻璃幕墙当中安装，可耐受夹层中空气流动所产生的风力。

外遮阳采用遥控装置人工调节电机驱动方式，叶片可自动调节角度以调节阳光入射量；整体可垂直收放至任意高度，以取得最适宜的阳光入射量或完全隔绝阳光；全部收拢后，不影响玻璃幕墙的通透性(图4—29)。百叶帘表面以防腐漆进行处理，确保其经久耐用；表面涂层可选用不同颜色，色彩鲜艳持久。

当室外为晴天时，为避免眩光的影响，可根据使用情况调整活动百叶的角度，以调节室内照度分布(图4—30、图4—31)。

南区椭圆形天顶的建筑围护结构采用热镜中空玻璃，下部为大型会议厅。水平装固定式遮阳百叶安装于玻璃天顶上方，叶片可调节角度。每组叶片的翼展和宽度应根据设计风载和日照入射角度要求设计，选用多组叶片联动，叶片可调节角度以调整阳光入射量(图4—32、图4—33)。配合通风口的固定式预装铝质百叶风口，可防止飞鸟与昆虫进入通风管道或玻璃幕墙。

(5) 舒适环境设计构造

根据立面风压分布优化各立面开窗方式，各个不同立面采用不同的外窗形式（平开、上悬、中悬窗等，图4—34），保证外窗可开启面积30%以上，幕墙具备可开启部分。在建筑平面上，采用大空间和多通

图4—29 可调节外遮阳开闭实景

图4-30 可调节外遮阳采光调节前照片

图4-31 可调节外遮阳采光调节后照片

图4-32 采光顶可调节外遮阳开敞实景

图4-33 采光顶可调节外遮阳关闭实景

图4-34 不同形式的外窗开启方式

图4-35 自然通风隔墙

图4-36 通风休息平台

风面设计。在五层办公区域，隔墙在设计上均考虑了促进自然通风设计措施(图4—35)，改善了通风路径，起到了环境改善的保障作用。同时在公共休息区域，强调开敞通透、自然通风，为工作人员营造一个舒适的活动休息空间图(图4—36)。

(6) 雨水虹吸排水

虹吸式屋面雨水排水系统具有良好整流功能，能够隔绝空气的虹吸式雨水斗，依靠建筑物的势能，雨水通过密闭的管道系统形成满管流，在立管处跌落产生虹吸作用，将屋面的雨水迅速排除。本项目中采用了虹吸式屋面雨水排水系统，悬吊管（雨水横管）不需要坡度，水平安装(图4—37)。排水立管管径大为减少，节约安装空间；同时，虹吸雨水排水利用空气挡板阻止空气进入雨水斗，达到真空，形成漫流状态，降低雨水排水噪声。

图4—37 虹吸排水悬吊管实景

(7) 蓄能技术

本项目采用的蓄能技术是利用电价低谷时段蓄冰，并将蓄好的冰在白天电价高峰时段使用的蓄冰中央空调技术。本项目采用冰盘管式蓄冰装置，在蓄冷过程中，载冷剂（一般为重量百分比25%的乙烯乙二醇水溶液）和制冷剂在盘管内循环，吸收水槽内水的热量，在盘管外表面形成冰层，使冷量以冰的形式储存起来。

4.4 经济性分析

由于本项目体量大，建筑面积25万m^2，故单位面积增量投资不大。每平方米的建筑增量成本约为43.6元(表4—1)。

建筑增量成本分析　　表4—1

序号	类别	子系统名称	增量投资（万元）
1	空调系统	蓄能系统	75
		合计	75
2	围护结构	室外遮阳系统	168
		采光顶	334
		采光顶遮阳百叶	58
		外窗	151
		呼吸式幕墙	285
		粉煤灰砌块	18
		合计	1014
3	合计		1089

4.5 应用推广价值

4.5.1 产业集群推动力巨大

浙江各地根据其资源状况、经济基础和产业传统，因地制宜发展起来的产业集群具有鲜明的结构特色，而且由于大量中小企业集聚发展，使浙江经济发展充满活力，在国内外市场竞争中具有明显的竞争优势。生产者之间生产技能的相互模仿，市场信息的快速传递，使某类产品的生产像滚雪球一样越滚越大，最终形成了一个个产业集群。温州的皮鞋、绍兴的纺织面料、宁波的服装、义乌的日用小商品、海宁的皮革制品、永康的五金制品等产业集群，已经成为区域经济发展的亮点和重要增长点。区域特色产业既是一种地方创新环境，可以为中小企业提供更好的发展环境；也是一个学习型的空间组织，有利于知识和信息的扩散、传播和创新；还是孵育具有国际竞争力企业的“本垒”。

通过本工程的实施建设，将充分发挥嘉兴在长三角地区的区位及交通优势，立足江、浙、沪等建筑工程集中地区，面向全国及海外，汇集国内外建筑节能和绿色建筑技术及产品，进行展示、洽谈、贸易及技术服务，建成全国首家建筑节能环保材料设备的大型交易平台和专业技术咨询市场，为推动嘉兴地区节能环保产业集群发展起到积极的作用。

4.5.2 技术的适应性

本项目根据嘉兴地区的气候、资源等特点，以人居环境为中心，着重在室内外环境改善和保障技术方面展开了应用研究，以被动式的设计手段优化、体现了建筑人居环境中风环境、光环境和热环境。同时，本项目作为嘉兴市环保节能产业的交易孵化基地，形成了最为有效的展示平台，这些技术、产品的应用能够得到更好的推广。

但是设计、应用过程中也有需要总结和改善的地方，总结为以下几点：

(1) 关注建筑物理的优化设计

在常规建筑设计中，缺乏对设计效果的认知，因而忽视了优化设计。因此需要借助于相关工具进行设计，找出其中的薄弱之处加以优化，同时也能指导设计中所采用产品的采购、安装等。

(2) 关注产品适用性

本项目中所选的产品主要是考虑建筑的环境问题，但是同时也需要考虑安全、经济等问题。例如，采光顶选择的百叶遮阳在关注百叶宽度和角度的同时，还要注重风荷载效应对采光顶的安全稳定性问题。虹吸排水要注意管道内的振动问题，由于管道内的压力变化有正有负，在未达到满管虹吸状态时还夹杂有空气的作用，系统在运行中会有较大的振动和噪声，虽然振动可以被紧固系统吸收一小部分，但对结构的影响不能忽视，应提醒相关专业在结构计算中考虑此部分的荷载，认真研究确定系统的方案。

场馆类示范工程

5　上海世博会城市未来馆

项目名称 /上海世博会城市未来馆

建筑类型 /场馆（既有建筑改建）

建设地点 /2010年世博会城市最佳实践区内

建筑面积 /3.1万m^2

开发单位 /上海世博土地控股有限公司

技术支撑 /上海市建筑科学研究院（集团）有限公司

5.1　工程概况

上海世博会城市未来馆即南市发电厂主厂房改造工程（以下均称南市发电厂主厂房改建工程）位于2010年上海世博会浦西城市最佳实践区UBPA南部，所在地濒临黄浦江，周围地势开阔，适宜组织实施自然通风、天然采光等人居示范技术。作为入选“城镇人居环境改善与保障综合科技示范工程”课题的唯一改建建筑案例，项目在城镇人居可持续设计和创新技术应用方面具有显著特征，充分体现了“历史遗迹保护”和“建成环境的科技创新”，如图5-1所示。

5.1.1　地域气候

该项目与入选的另一个场馆建筑广州亚运馆分处不同的气候区，所采用的人居环境技术具有显著地域适用性。所在地上海（31.40N、121.48E）的主要气候资源特点如下：

1)夏热冬冷海洋性季风气候区，年平均气温15.5℃，极端最高气温38.9℃，极端最低气温-10.18℃；

2)水质型缺水城市，年平均降水量1100.7mm（集中于4～9月，占全年降水量的68%），年平均蒸发量

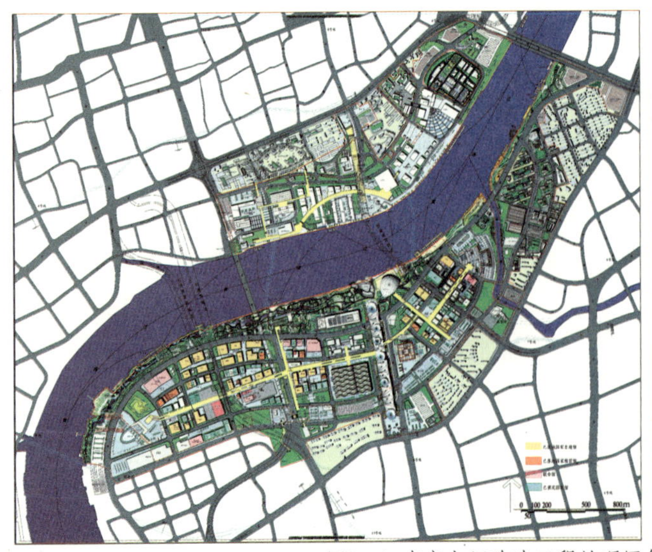

图5-1　南市电厂改建工程地理区位及建筑图

1271.2mm，年平均相对湿度82%；

3)太阳能资源III类地区：年平均日照时数2014h，多年平均太阳总辐射量为4497MJ／(m^2·a)；

4)风能资源可利用区域：年均风速3.3m/s，春夏季主导风向为东南风、秋冬季主导风向为西北风。

5.1.2 项目背景

南市电厂最初创建于1897年，为上海工业文明的起源代表之一。随着工业技术及可持续城市发展的需求，原南市电厂退出历史舞台，保留其主厂房并进行再生性改建，体现了对历史遗产的保护与利用；而改建后的主厂房将主要用做世博会主题分馆“未来探索馆”及城市最佳实践区案例报告厅，浓缩展示未来城市发展的美好愿景。

本次改建的主厂房建筑建成于1985年，建筑尺度129m×70m×50m，改建工程在保留原厂房体形和高度不变的情况下进行内部加层，总建筑面积3.1万m^2。项目充分考虑基地及厂房现状，结合区域布局及立面改造优化建筑的室内外通风、采光和热湿环境；在结构加固、绿色建材、可再生能源（BIPV、江水源热泵）应用方面充分利用改建建筑资源，减小建筑固体废弃物、温室气体排放对城市环境的影响。改建工程于2009年12月竣工，并获得国家“三星级绿色建筑评价标识”及住房和城乡建设部“可再生能源示范工程”。

5.2 项目特点及技术目标

建筑行为对城市人居环境的影响正在全球范围内日趋达成共识。据统计，建筑作为人类社会活动最活跃的领域之一，消耗着全球30%的自然材料、40%的能源、产生全球30%的固废、20%的污水和40%的CO_2。

作为唯一入选“城镇人居环境改善与保障综合科技示范工程”的改建建筑案例，南市电厂改建工程在技术定位上注重兼顾：

1）改善建筑本体室内外宜居环境。

2）减小建筑改建及运营行为对城市人居环境的影响。

5.2.1 展区环境优化

作为城市最佳实践区的门户建筑和上海世博会主题展馆之一，南市电厂需充分考虑世博开展期间参观人员室内外等候及参观的舒适度。工程在前期设计中对自然通风、天然采光、热湿环境控制等技术进行充分论证，并最终确定可实施的工程技术方案。

1)自然通风：通过室内外通风模拟分析优化立面开窗及室内布局。

2)天然采光：在被动式采光设计基础上引入“定日聚光－反光－折光”主动式导光系统，将天然光引入厂房深处，改善室内中庭采光。

3)热湿环境控制：结合遮阳、绿化、透水路面设置控制室外热岛，辅以高温水雾降温技术，改善等候区热湿环境；围护结构节能改造、生态中庭、环境监控与通风系统智能联动等措施共同保障室内景观及热湿环境。

5.2.2 历史遗迹保护

历史遗迹保护既是对城市文化的尊重，也是可持续城区发展和人居保护的重要措施。今年来，国内外涌现出一大批改建建筑的经典案例，如英国伦敦泰特美术馆、法国巴黎奥赛艺术博物馆、日本名古屋丰田产业技术纪念馆、澳大利亚悉尼动力博物馆、上海八号桥创意产业园区等。改建项目多在尊重历史本真的基础上进行再生性改建，同时提升建筑的使用功能和环保性能。南市电厂改建工程汲取上述工程的经验，在围护结构节能改造、主体结构加固、材料及设备循环利用方面充分体现改建工程对历史遗迹的尊重和保护。

1)结构加固：完整保留并利用原厂房结构体系，经模拟优化确定阻尼加固技术方案，节约材料。

2)绿色建材：保留部分设备作为未来馆主题展示；拆迁过程收集部分原场址材料用于制作世博园创意小品；施工废弃物分类回收再利用。

5.2.3 绿色能源中心

一个多世纪以来，南市电厂为上海的民族工业及电力事业发展做出了巨大的贡献，但也付出了很大的资源及环境代价。改建工程充分利用厂房濒临浦江的地理优势及阶梯状建筑屋面，一体化设计应用“江水源区域能源中心”和“光伏建筑一体化BIPV电站”，将“高污染高消耗的传统煤电中心”改建成为“绿色能源中心”。

1)江水源热泵：利用原电厂的江水冷却水取排水管道及设施，建设区域能源中心，服务周边15万m^2建筑。

2)BIPV：结合旧建筑屋面、雨篷等构造一体化布置520kWp并网光伏发电，年发电逾50万kWh。

3)智能化集成平台：结合能源分项计量及“世博园区能源与环境监测系统”实时监测展馆的能耗及环境现状。

5.3 人居环境控制与改善技术

2010年上海世博会以“和谐城市”的理念来回应对“城市，让生活更美好”的诉求。很多场馆的建设、布展都充分体现了对人居环境和可持续发展的关注，广泛应用绿色节能技术，如图5－2所示。

南市电厂改建工程的人居环境控制与改善技术围绕展区环境优化、历史遗迹保护和绿色能源中心三方面展开，技术集成如图5－3所示。

5.3.1 自然通风

南市电厂主厂房濒临浦江，主体朝南偏西31°，可因势利导实现自然通风。设计团队通过CFD模拟预测技术计算典型季节区域通风及建筑外表面压强分布，据此指导立面开窗，优化室内自然通风。

(1) 区域风环境模拟

采用Auto CAD、Gambit 2.3.16软件进行物理建模，如图5-4所示。

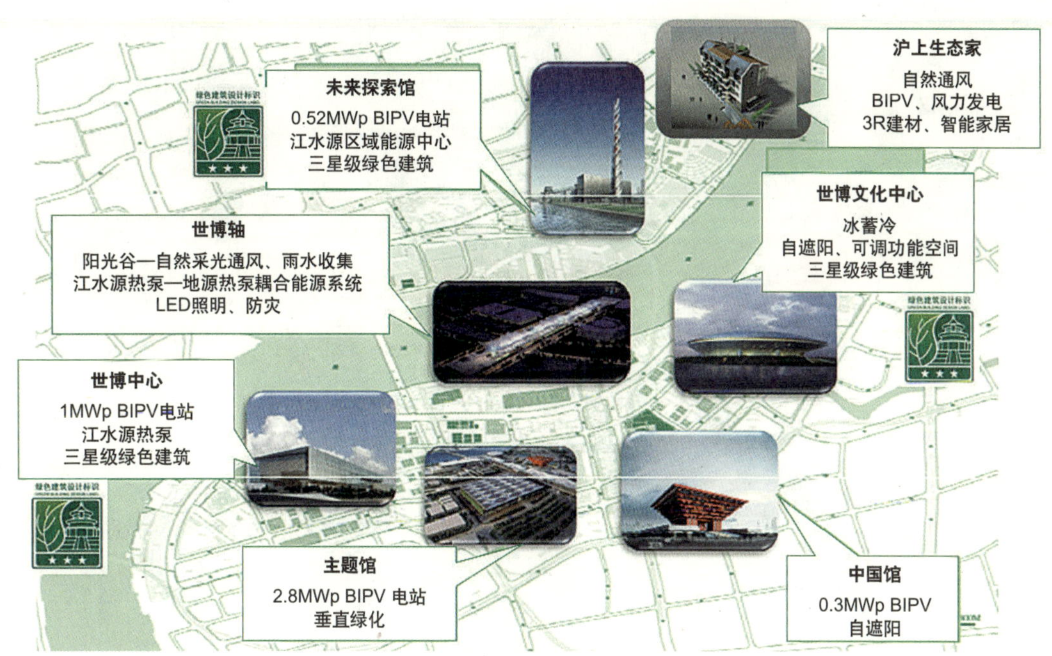

图5-2 世博园区永久场馆主要节能技术应用

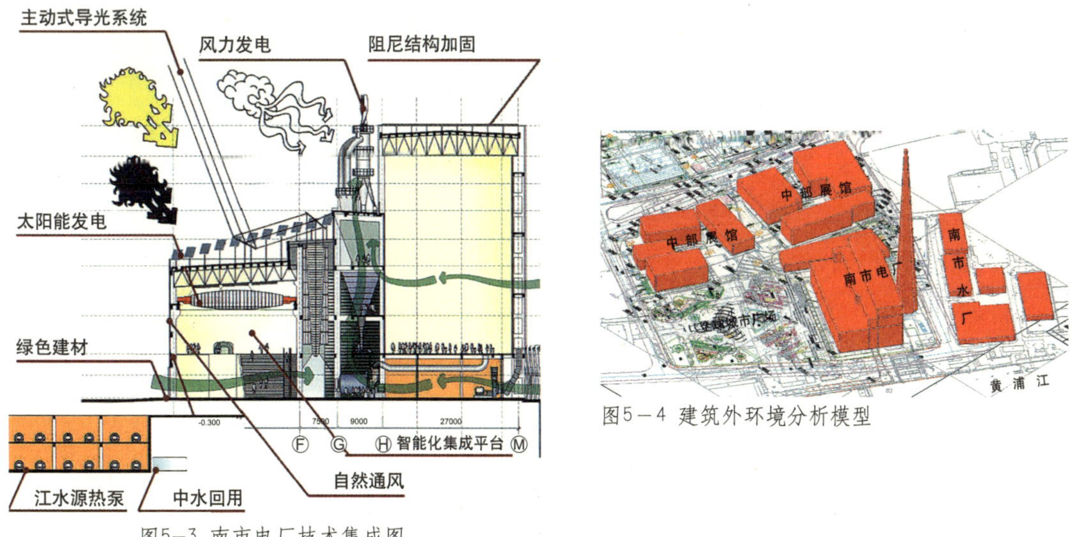

图5-3 南市电厂技术集成图

图5-4 建筑外环境分析模型

模拟季节风向及风速参数表（基准高度10m处） 表5-1

序号	季节	风向	边界风速（m/s）
1	夏季	南向	3.4
2	冬季	北向	3.3
3	过渡季	东南风	3.41

注：评价区具明显的东南季风气候区的风场特征，夏季多南风，冬季多北风，而春秋季是风向多变的转换季节。因此，根据过渡季节的风频率、风速等特征，可合理将春秋过渡季的边界参数按最多风频选取，即取东南风向作为计算边界。

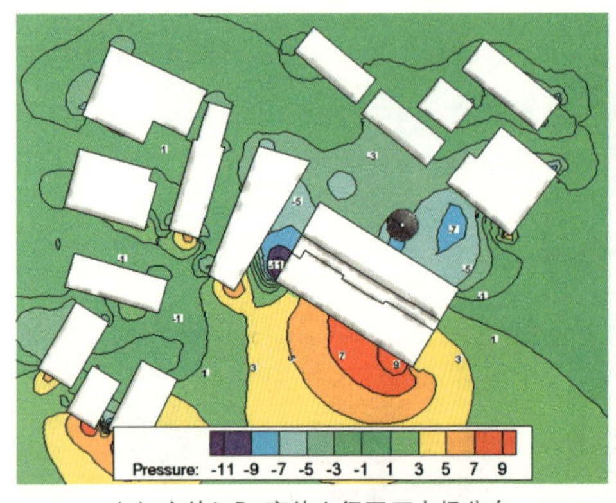

(a) 室外1.5m高处人行区压力场分布

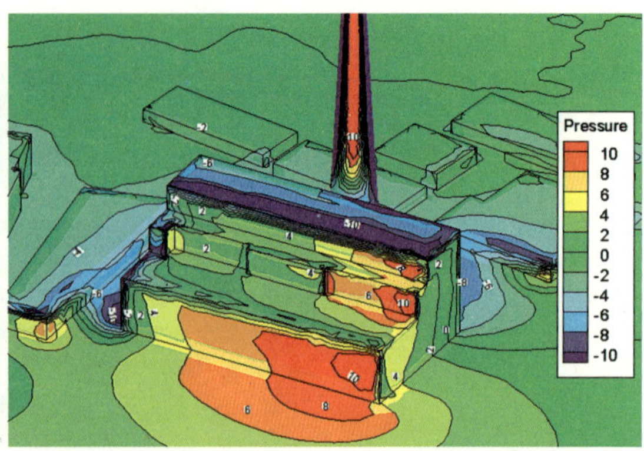

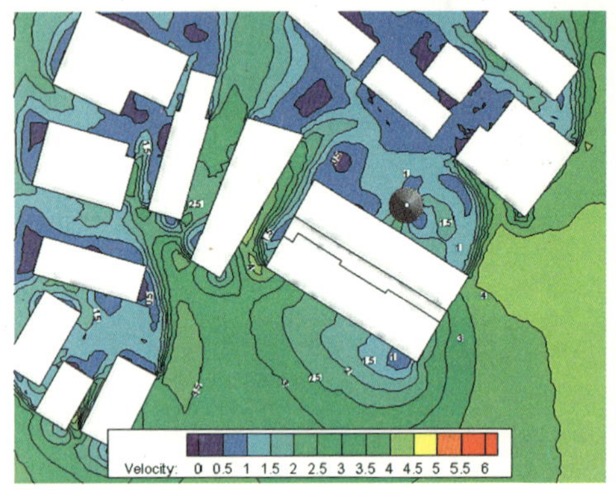

(b) 室外1.5m高处人行区风速分布

(c) 厂房外表面压强分布状态图

图5-5 夏季工况南市电厂主厂房室外通风模拟分析图

室外通风模拟分冬、夏、过渡季节三种工况进行，设定的风向及风速参数如表5－1所示。

以夏季为例，主导风向时基地1.5m高处室外人行区压力场、风速分布、建筑立面风压模拟结果如图5-5所示。

由人行区压力场分布图可见，夏季南向风受到主厂房的阻挡，造成厂房北面及烟囱区域、主厂房西北侧1.5m高处呈负压状态，主厂房迎风面与背风面压差最大达到20Pa，有利于引导室外气流变化，改善人行区的空气质量环境。

项目组根据室外风压力场，结合建筑立面风格确定围护结构立面开窗形式及位置，如图5－6所示。该部分计算结果为后续室内通风计算提供了初始边界参数。

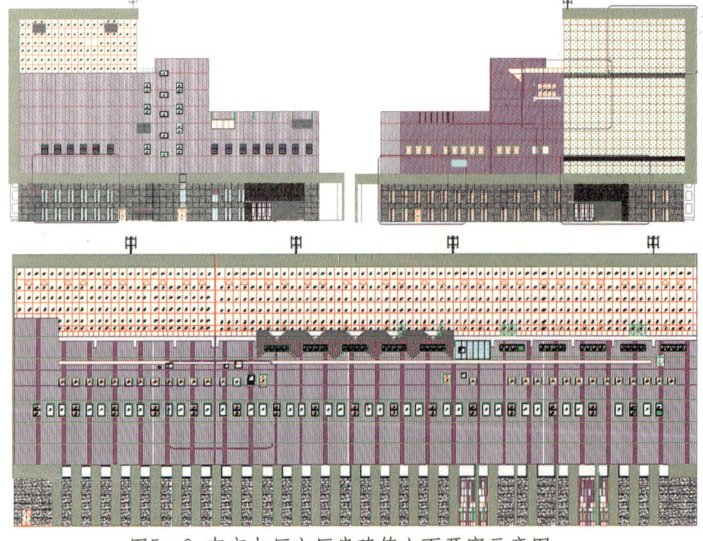

图5－6 南市电厂主厂房建筑立面开窗示意图

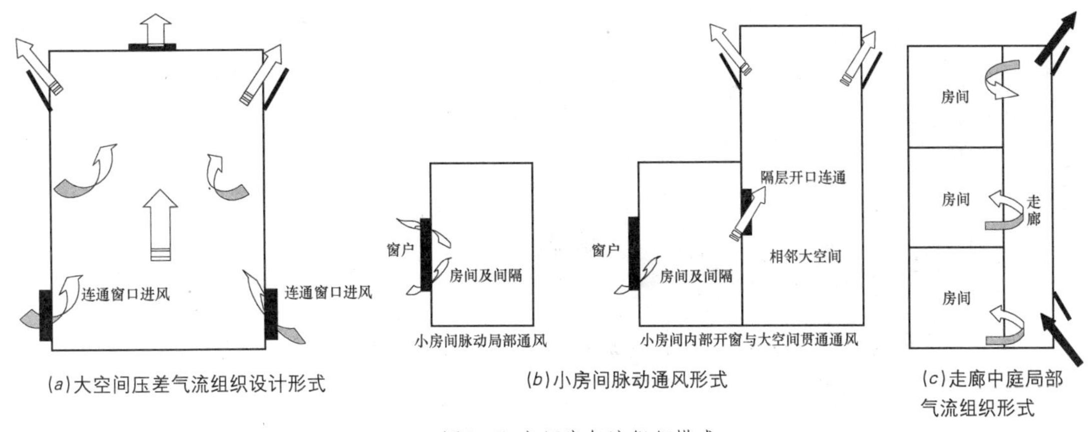

(a)大空间压差气流组织设计形式　(b)小房间脉动通风形式　(c)走廊中庭局部气流组织形式

图5－7 主厂房气流组织模式

(2) 通风气流组织形式

项目前期考虑连通原厂房北侧烟囱和厂房主体建筑，形成热压通风效应，后因建筑消防考虑放弃该方案。结合主厂房内部划分结构，该工程自然通风气流组主要有下面三种气流组织模式，如图5–7所示。

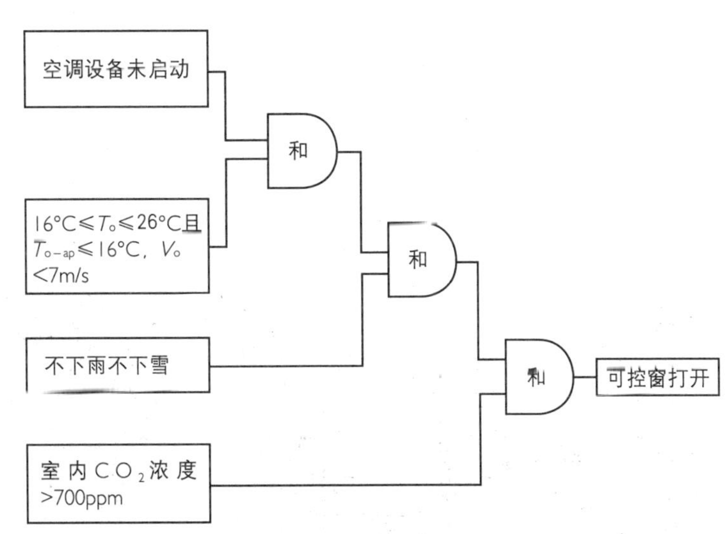

图5－8 过渡季节自然通风控制逻辑图

1)大空间设计大空间压差气流组织：以大空间为主要通风载体，大空间底部和中部设置为自然通风入风口，顶部为自然通风排风口，其中通风以大空间上下部的空气密度不均匀性流动为动力；

2)小房间设计局部脉动通风：大空间周边的小房间有通风的必要时可通过邻近的窗户实现局部通风，或可通过小房间内部开口与大空间实现贯通，强化热压通风效果；

3)东北部走廊中庭设计局部热压通风：建筑东南面七楼以上房间可以以走廊为中庭的局部实现热压和风压通风。

(3) 自然通风与室内环境智能监控

基于自然通风模拟计算的立面开窗设计及启闭控制模式，综合考虑了建筑节能及室内环境改善需求。项目设置了室内空气质量监测与通风联动控制系统，在未来探索馆展区、报告厅、多功能大厅、VIP接待等区域设置室内温湿度及CO_2传感器，在室外区域设置温湿度及风雨传感器，通过智能化监测分析，实现与空调新风系统或自然通风开窗系统的联动控制，有效改善室内热环境及空气质量。传感器与执行机构之间的控制逻辑如图5－8所示。

图5-9 改建工程立面点窗及局部高区玻璃幕墙

5.3.2 采光照明

(1) 被动式天然采光

主厂房尺度129m×70m×50m，建筑朝向南偏西31°。改建厂房保留原东、西、南向金属幕墙立面开窗，局部高侧幕墙改为玻璃幕墙，增强公共区采光，如图5-9所示。

建筑北墙紧邻和谐塔（原设计为游艺塔），因防火需求设置为混凝土实心防火墙，不能开设外窗。软件模拟分析显示，室内79.4%的主要功能区天然采光满足国家采光标准要求，如图5-10所示。

(2) 主动式导光

考虑到建筑室内空间的生态环境效应，改建工程在原厂房中心区设置了通高29m、面积约750m^{2}的生态中庭，通过生态绿墙及中庭花园营造宜人的休憩空间，达到调节室内微气候、美化环境的作用。由于原厂房立面开窗较小，中庭位于建筑深处，天然采光状况较差；为了解不同的采光口设计能够实现的室内采光效果，在设计前期进行了天然采光模拟分析，如图5-11所示。

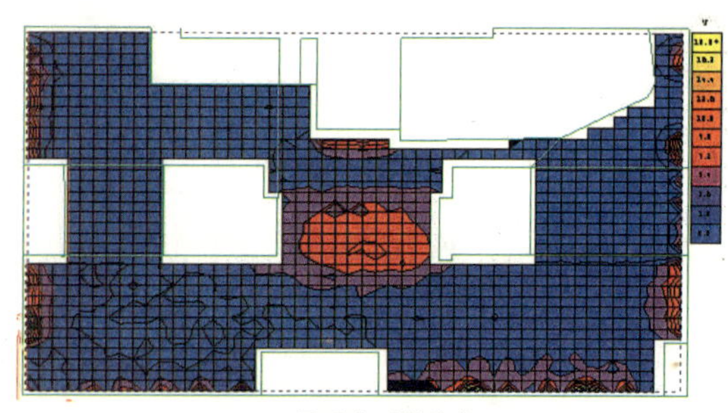
一层采光系数分布

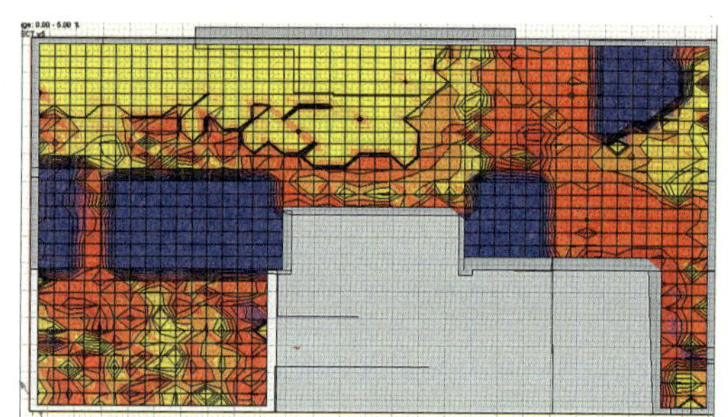
二层采光系数分布

图5-10 室内公共区采光系数分布图

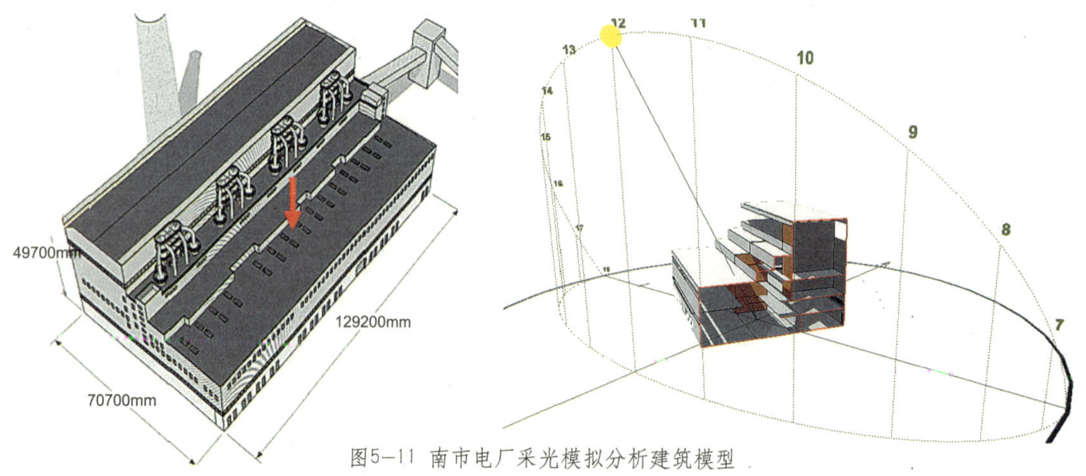

图5-11 南市电厂采光模拟分析建筑模型

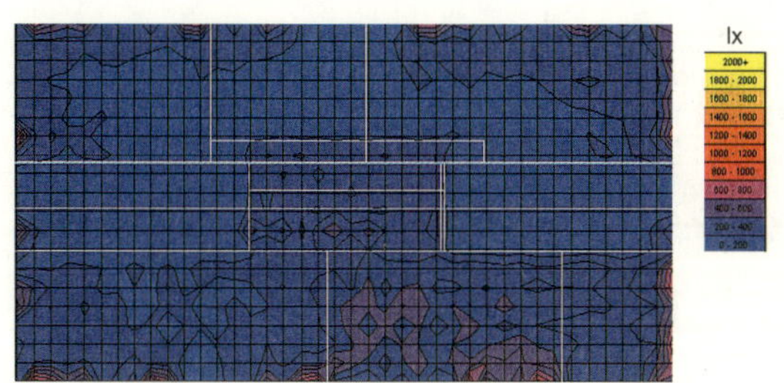

图5－12 底层平面天然光照度分布（无天窗）

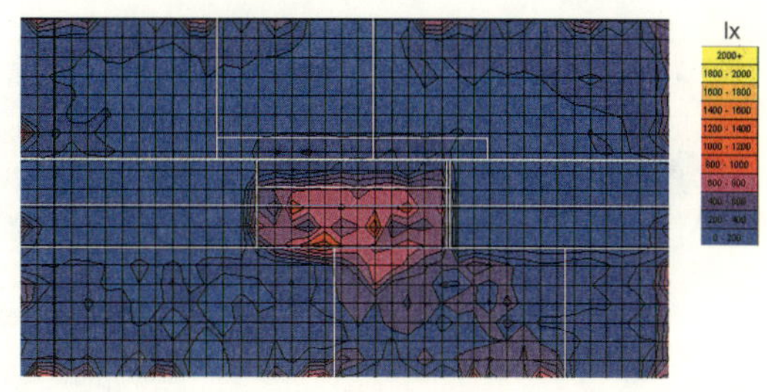

图5－13 底层平面的照度分布（有天窗）

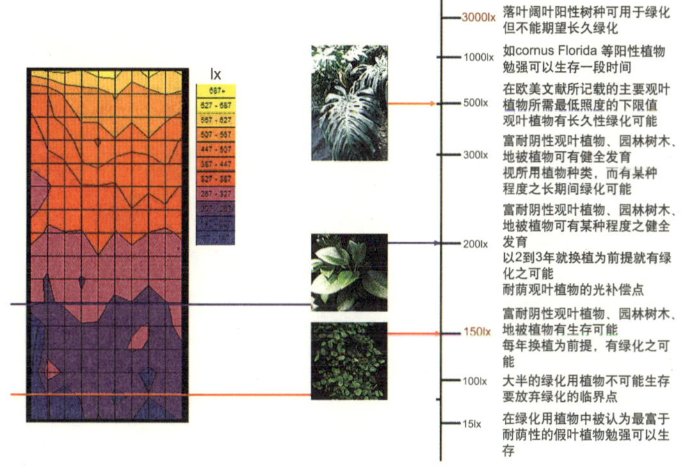

图5－14 中庭垂直绿墙平均照度分布及绿植生长所需日照分析

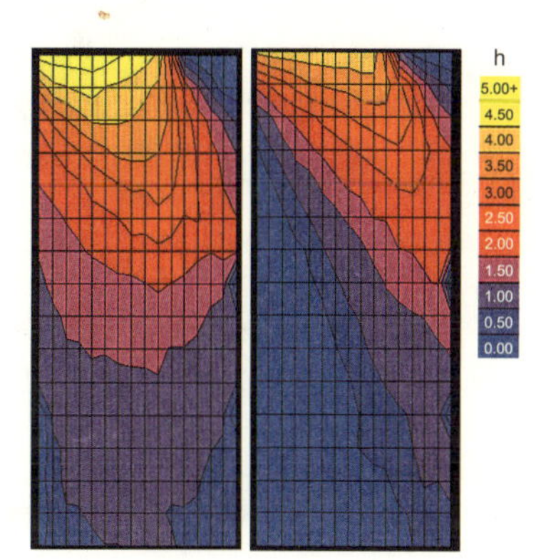

图5－15 中庭东西侧垂直绿墙平均日照时数分布不均（室外日平均日照5.5h）

模拟计算采用Ecotect软件建模，取上海地区区位（N31.17°，E121.42°）、主厂房建筑朝向（南偏西31°），选取典型日进行模拟计算。经分析得知：

①由于主厂房跨距较大，生态中庭位于距离南立面25～41.5m进深的区域，南立面原有的窄条式开窗无法将天然光引入生态中庭区域，无法满足生态中庭区域的天然采光需求（图5－12）。

②在中庭顶部设置长约37m、宽约10m的天窗，用软件模拟该状况下中庭区域的天然采光情况（图5－13）。经分析得知，中庭顶部设置平天窗以后，全阴天情况下中庭区域的照度有了明显提高，耐阴性观叶植物、园林树木和地被植物可以生长在这种环境下，但是大部分观叶植物仍无法长期生存。

采光分析同时计算了中庭东西侧绿墙的垂直照度分布及日照时数分布，并对适合室内生长的绿化植物（如黄金竹芋、纽扣蕨、荷兰洒金榕等）的采光需求进行了调研分析，如图5－14所示。

经分析，由于中庭区域通高29m，单纯的扩大天窗面积无法提高近地面的天然光照度，且因建筑呈南偏西31°，中庭两侧绿墙的日照时数差异较大（图5－15），为植物选种带来难度。因此，改建工程采用主动式天然导光技术来进一步优化中庭区域的采光，包括：

①延长中庭日照时间；

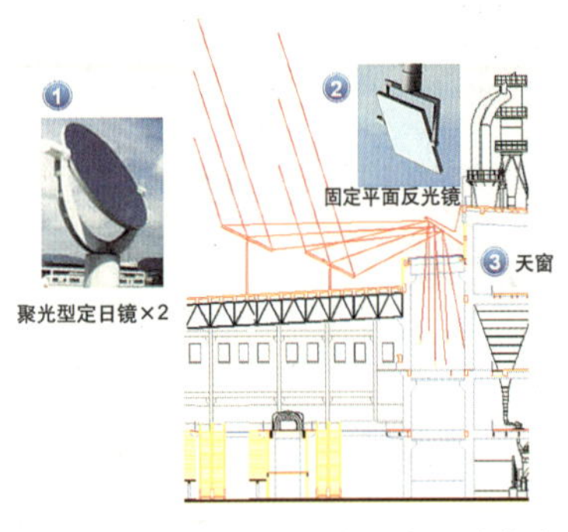

图5－16 南市电厂主动式导光系统构成

图5－17 导光系统实景：定日镜、二次反射镜（左）及风雨传感器（右）

②提高单位天窗面积的入射光量；

③提高中庭采光水平，改善光环境；

④为绿墙植物生长提供景观环境。

1）主动式导光系统形式

主动式导光系统包括三大组件：定日镜组件（5组10个，成前后排布置）、平面反射镜组件（5组）以及天窗组件（5组），如图5–16所示。定日镜能够根据太阳位置的改变不断进行角度调整，收集太阳光并反射至平面反射镜。平面反射镜接收到定日镜收集的太阳光，将其反射进天窗。天窗玻璃经过一定的光学处理，射入的光经过天窗的散射作用变成比较均匀的光对室内进行照明。

为了进一步提升系统效率，本项目采用了两组定日镜与一组反光镜相结合的系统方式，提升入射的天然光光量。

2）定日镜组件

与其他主动式导光系统不同，本项目的定日镜采用了超环面反射镜而非球面反射镜。球面反射镜的缺陷是当入射角较大时，相面的象散很严重，在一个方向上光斑会拉得很长，而超环面反射镜在两个相互垂直的方向上曲率半径有差别，能通过调整两个曲率半径，恰当地控制光斑形状。整个光学系统能很好地适应太阳光入射角的改变，改善投射到平面反射镜和天窗上的光斑，提升系统效率。

考虑到定日系统的安全性，屋面安装了风雨传感器，可在大风情况下将信号传递给定日镜的编码器，所有定日镜将自动调节至水平位置并锁定，减小风荷载影响。系统实景如图5–17所示。

图5－18 中庭采光实景：绿墙、天窗及漫射板

3）反射镜组件和天窗组件

自然光通过定日镜后反射至反射镜，再次反射后经天窗引入室内。为了使室内获得照度均匀的照明，本项目采用天窗与漫射板相组合的结构，避免局部眩光污染，如图5–18所示。

(3) 舒适展区照明

南市电厂内部设三大功能展区：城市未来探索馆、新能源馆及城市案例展厅。展区照明兼顾策展需求、光环境舒适度和照明节能三重需求，采用LED新型光源及防眩光灯具，展区光环境幽雅舒适，如图5－19所示。

图5－19 室内视野及展区环境

5.3.3 热湿环境控制

(1) 降低室外热岛

结合遮阳、绿化、透水路面设置控制室外热岛，辅以高温水雾降温技术，改善等候区热湿环境，如图5—20所示。

图5—20 遮阳棚 透水路面 喷雾降温

(2) 围护结构保温和遮阳

主厂房围护结构节能改造延续原工业厂房立面特质，基本保留原立面高侧窗、点式窗及条形窗，局部增设玻璃幕墙。外墙采用75mm金属面硬质聚氨酯夹心墙面板外墙外保温及30mm硬质聚氨酯泡沫塑料外墙外保温；金属屋面部分采用75mm金属面硬质聚氨酯夹心屋面板保温、钢筋混凝土屋面部分采用75mm硬质聚氨酯泡沫塑料保温；外窗、玻璃幕墙及天窗选用断热铝合金低辐射中空窗。建筑外窗可开启面积达外窗总面积的63.7%，有利于在过渡季组织自然通风。为兼顾工业建筑立面风格及西向外窗防晒，主厂房在西立面设置双层窗中置百叶可调遮阳，如图5－21所示。

图5—21 建筑西立面、双层窗中置百叶可调遮阳

(3) 分区可调空调通风系统

采用江水源热泵系统作为冷热源，溴化锂直燃机作为补充热源。水系统采用两管制异程系统，一、二次泵变频调速。根据房间朝向和使用特点，进行了合理的空调分区：一、二层各展厅、报告厅及多功能厅，分别设立独立的全空气系统，旋流风口顶送或喷口侧送；其他办公、贵宾休息、展厅用房，采用风机盘管加新风，便于独立控制；局部房间采用小型全热交换器满足新风、排风的需求。

(4) 室内环境智能化监控

设置室内空气质量监控系统，监控室内的温湿度、CO_2等参数，并通过空调新风系统和自动开窗系统

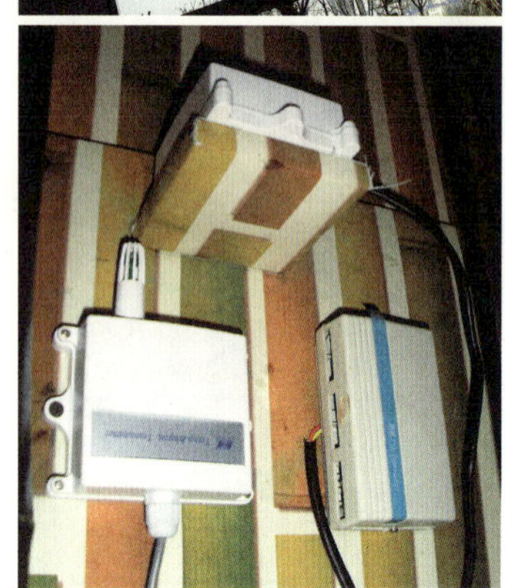

图5–22 智能开窗系统及室内环境监控

图5–23 南市电厂内外保留设备（烟囱、粉煤灰分离器、机车桁架、发电机组）

进行联动调节。功能分为两部分：1)空调新风系统调节（空调季节），空调机组回风管道装有二氧化碳传感器和电动调节阀，新风管道装有电动控制阀；2）室内二氧化碳传感器与自动开窗系统联动（过渡季节），在部分室内区域安装传感器，根据室内外温湿度、风雨传感器参数和CO_2参数与相应开窗器智能联动实现空气质量调节，如图5－22所示。

5.3.4 绿色建材

绿色建材指3R（可回收、可利用、可循环）材料、环保材料及当地化材料。选用绿色建材，可节约资源能源损耗，降低废弃物填埋或焚烧污染，降低室内环境污染。

改建工程保留建筑主体钢结构，通过性能优化进行插层及结构加固设计，避免了建筑拆迁对人居环境的污染并节约了建材使用量。大量选用钢、玻璃、金属（如金属面硬质聚氨酯夹心墙面板外墙及屋面）等可再循环材料，其使用重量占建材总量的11.95%。

改造工程保留了多项原煤电厂的设备，结合未来探索馆布展做主题展示，以再现传统工业文明意向。包括保留原厂房汽机车间内的吊车作为未来展厅中的观展工具；保留位于厂房中部的9号发电机组、13号炉的主要附属设备及屋顶平台粉煤灰分离器作为传统火力发电的主题展示，如图5–23所示。

项目保留并改造利用南市电厂原有的江水取排水管道和循环水泵房，用作江水源热泵系统取水管道及格栅井设施；收集厂房前期拆除的部分管道及配件，制作景观艺术小品用于白莲泾公园、特钢大舞台等地；对施工废弃物进行分类收集回用（图5–24），并采用3R装饰建材，体现可持续理念（图5–25）。

5.3.5 江水源热泵

工程利用基地紧邻浦江水源的优势，充分利用原煤电厂江水源冷却水取排水管道及隔栅井系统，建设江水源热泵区域能源中心，为世博浦西E05、E06—04、E08地块（含未来探索馆）的15万m2建筑提供冷热源供应，系统总制冷量达4.14万kW，如图5—26所示。

(1) 系统原理

江水源热泵系统原理如图5—27所示。夏季江水温度低于同期冷却塔出水温度，冷热源主机的制冷效率可大大提高，并省去了冷却塔补充水；冬季，系统能源利用率比传统锅炉和空气原热泵采暖大大提高。

(2) 系统规模

江水源热泵系统总制冷量41423kW。由一台离心式江水源热泵机组（制冷量9103kW/台、制热量10101kW/台，额定*COP*为5.21）、两台螺杆式江水源热泵机组（制冷量2096kW/台、制热量2272kW/台，额定*COP*为4.64）、四台离心式江水源冷水机组（制冷量为7032 kW，额定*COP*为5.34）组成。冬季江水温度过低情况下，采用3台制热量为4035kW/台的直燃型溴化锂吸收式冷温水机组作为补充热源。工程综合考虑世博会各展馆用能需求、建筑占地、管道长度、初期投资、系统效率、运营维护等因素，对三种可能的供能方式进行比选：

①以建筑为单位的分散式冷站+江水源冷却水系统水环形式；

②以街区为单位的分布式能源中心+独立江水冷却水供回水系统；

③完全集中的区域能源中心。

考虑到世博E片区的临时建筑比重较大，在会后会有与会展期间完全不同的整体规划等因素，为避免初期投资浪费，工程最终选定区域能源中心形式供能。

(3) 技术特点

原南市电厂发电机组的冷却水系统采用的

图5—24 施工废弃物分类收集回用

图5—25 环保3R装饰建材（椰壳、牛奶盒、树枝、贝壳）

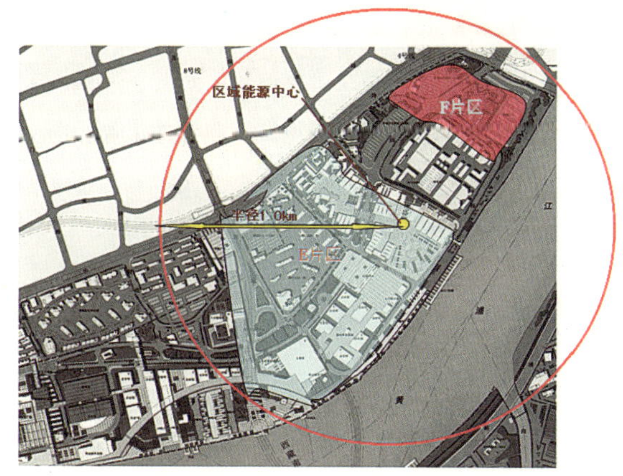

图5—26 江水源能源中心覆盖范围

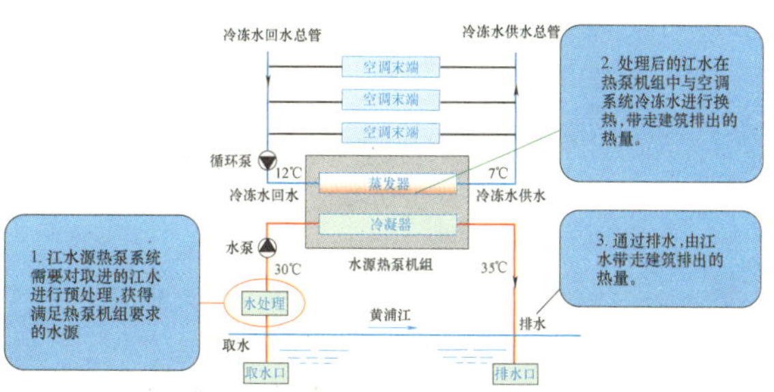

图5—27 南市电厂江水源热泵原理图

是黄浦江水，其取水排水系统可以直接利用。江水源能源中心工程经三根*DN*1600的取水管、通过三台流量各为10000m³/h的取水泵取水。

工程水质处理分粗过滤、中过滤和精过滤三步骤完成，其中粗过滤即利用原南市电厂的隔栅井，对直径10cm以上的杂物进行清除过滤，只增加了对水质进行预处理的设备，初期投资相比新建项目大大降低。

经环评报告分析，能源中心温排水量最大为14000m³/h，引起黄浦江平均温升约为0.037℃，排放口附近水域温升超过0.2℃的面积小于0.01km²，其水量和水温均远小于原南市电厂的温排水。

(4) 环保效益

能源中心全年用电约1808万kWh，耗气量约20.4万Nm³。折合全年用能6593t标煤（350g标煤/kWh，折合1.2999kg标煤/Nm³天然气）；对于常规离心机组+锅炉系统设计，全年估算用电约1473万kWh，耗气量约140.5万Nm³，折合全年用能约6981t标煤。因此，江水源热泵系统每年节约387.6t标煤。

5.3.6 光伏建筑一体化

上海地处太阳能资源Ⅲ类地区，多年平均太阳总辐射量为4497MJ/(m²·a)。通过有效的系统设计和运行，上海地区大规模光电系统的年发电量可达到或超过1000kWh/kWp装机容量。市政府在《上海市能源发展“十一五”规划》中明确提出：太阳能发展布局的重点是结合建筑物一体化建设，将崇明岛和世博园区建成新能源利用综合示范区，争取2010年光伏发电规模达到7M～10MWp。

南市电厂在光伏系统工程的技术定位、方案选型、一体化设计方面考虑了世博其他场馆的技术特点和特色，并结合主厂房的特征做了差异性定位，即突出自主研发光伏新产品的集成应用和多种形式建筑一体化的工程展示。工程结合主厂房阶梯状屋面布置523.6kW建筑一体化光伏发电系统（BIPV），如图5-28所示。

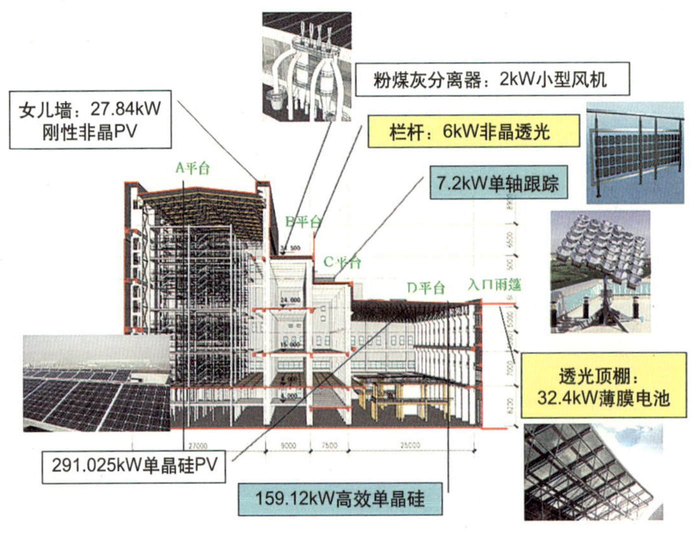

图5-28 南市电厂BIPV集成图

系统含单晶硅、高效单晶硅、单轴跟踪单晶硅、刚性非晶硅、透光非晶硅薄膜等多种太阳能电池组件，结合屋面、女儿墙、栏杆、入口雨篷等建筑构件一体化布置，见图5-29。系统经380V交直流逆变控制器及10kV升压装置，并入公共电网，提高系统效率；同时系统设置自动监测监控系统，可实时采集系统发电性能参数，有效分析不同光伏电池系统在上海地区的适用性。预计光伏发电系统年发电量逾50万kWh，年节约标煤180t。

图5－29 南市电厂BIPV实景图

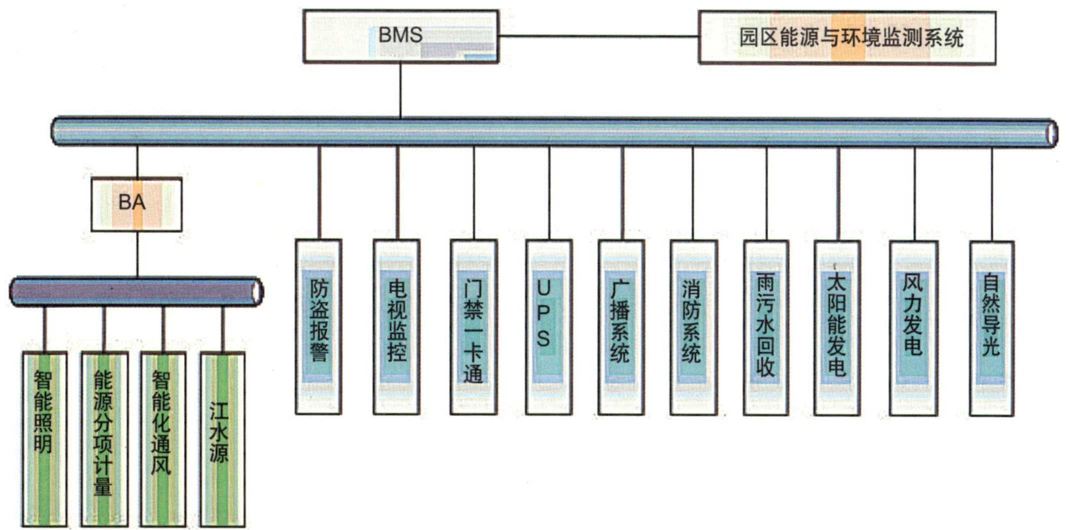

图5-30 南市电厂智能化集成平台结构图

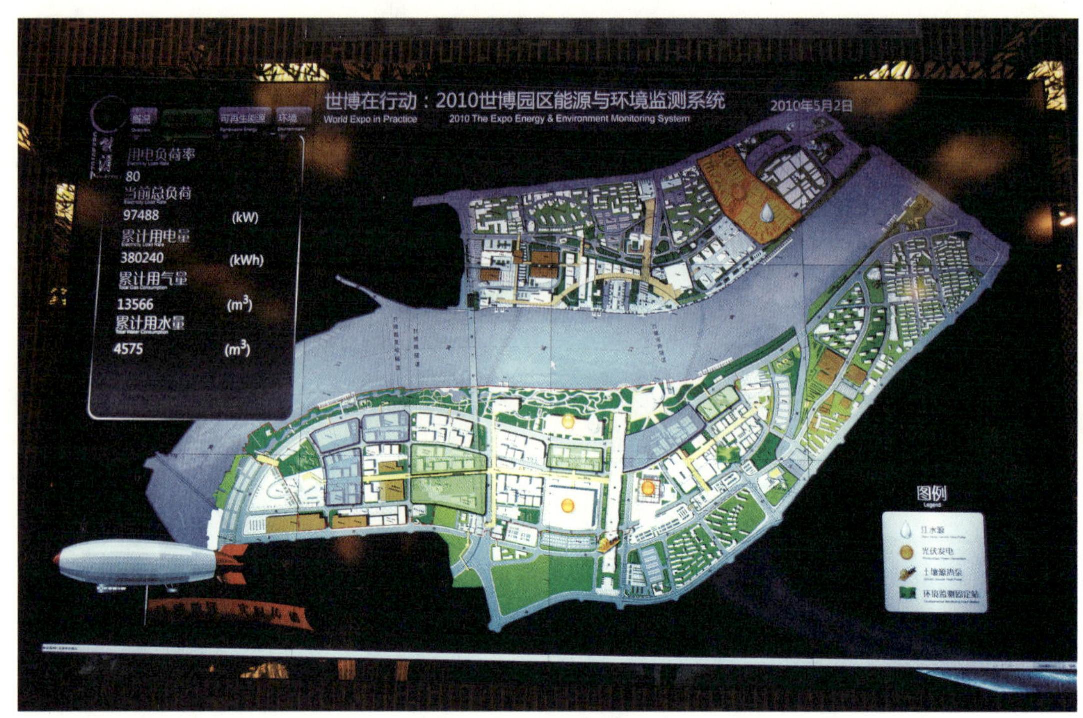

图5—31 能源与环境监测平台

5.3.7 智能化集成平台

结合能源分项计量及“世博园区能源与环境监测系统”实时监测展馆的能耗及环境现状。

南市电厂的集成管理平台（Building Management System，BMS）集成了能源管理系统、通风、采光、智能照明、雨污水回收、太阳能发电、风力发电以及电视监控、防盗报警、门禁一卡通、楼宇自控、UPS、消防系统、广播系统等，不但集成了传统智能化子系统，也集成了新能源、资源节约和利用方面的子系统，将南市电厂分散的、相互独立的智能化子系统整合成一个整体，用相同的环境、相同的软件界面进行集中监视和控制，为用户提供统一的管理平台，如图5—30所示。项目智能集成子系统将建筑能源和环境数据提供给世博园区能源与环境监测系统，并通过展示终端实时向公众发布，如图5—31所示。

BMS系统一方面可有效保障并提升项目在节能、安全运营和管理及生态环境方面的品质；另一方面可在世博期间作为展现新技术、新理念、新工艺的平台向参观者展示并传达节能减排、可持续发展的理念；同时，该系统还可在项目建成后的长期运营中提供新技术运行实时效果分析，为技术先进性评价及效益分析提供权威资料。

5.4 技术效果测试与评估

5.4.1 自然通风技术评估

采用CFD模拟技术验证分析建筑自然通风效果。计算依据由外到内的原则进行，即按照典型气象年的气候数据计算室外风环境，得到建筑表面压力等势场及立面开口处压强参数，作为建筑室内通风模拟边界参数。

以夏季为例，南市发电厂迎风侧为正压强，而背风侧处于负压区，两侧的风压有利于室内的自然通风。图5-32、图5-33中，外界风压导致室内南北区域出现一定的压降，最大8.2Pa，进风口主要集中在南立面通风口。

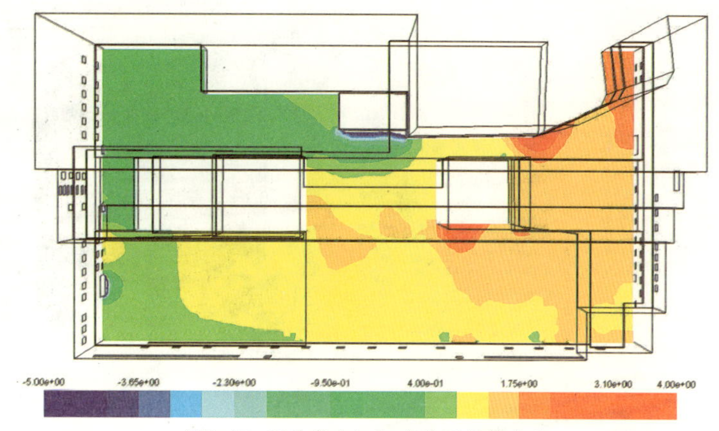

图5-32 夏季室内1.5m高处压强场分布

自然风从南侧通风口处流入，室内风速在0.1～2.2m/s之间，其中一层南北向形成一定的穿堂风，风速达到2.2m/s；其他层风速在0.1～2m/s之间，速度较低，且分布均匀，如图5-34所示。

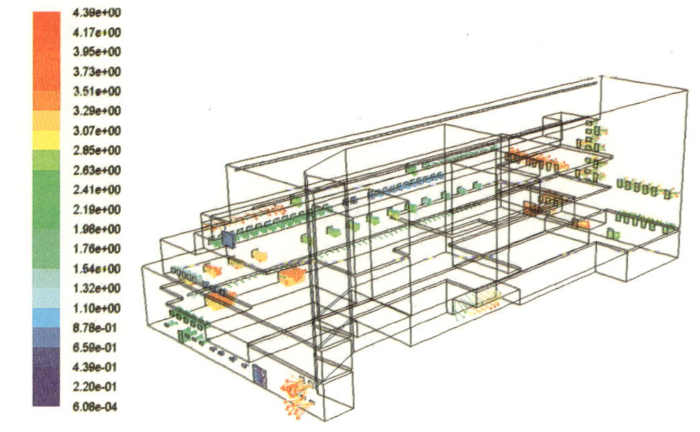

图5-33 夏季各立面通风口处风速矢量图

由室内气流剖面分析可见，自然风经过南向通风口进入室内，部分通过室内流向北向及西向风口，而大部分气流通过生态中庭垂直流向室内上部空间，形成的上升气流通过南侧幕墙上开窗流出，在三、四层高度处形成回旋，如图5-35所示。

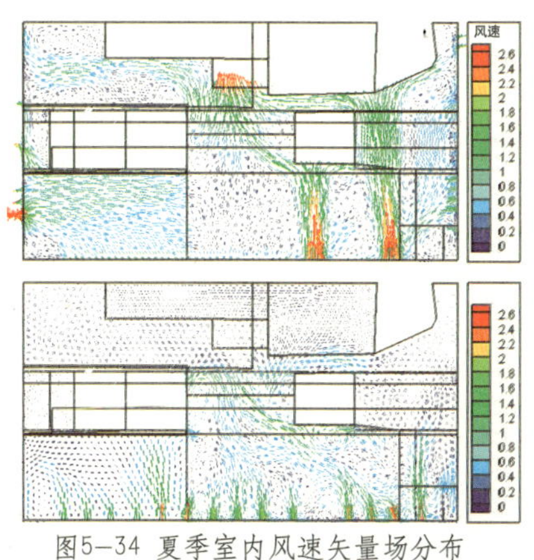

图5-34 夏季室内风速矢量场分布
（上）1.5m高处，（下）9.5m高处

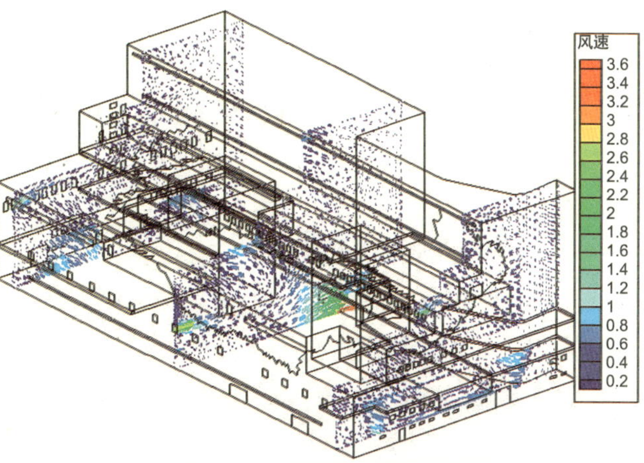

图5-35 夏季室内功能空间风速矢量图（剖面图）

图5-36 主动式导光系统现场测评

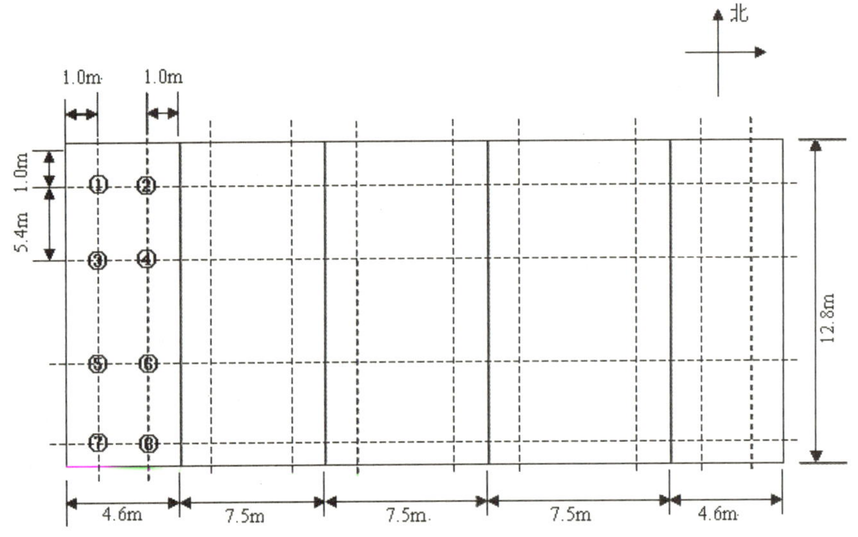

图5-37 主动式导光系统中庭照度测试布点

可见，南市发电厂剖立面呈阶梯形，中庭体量较大，贯通整个室内，可以有效地利用一、二、三层的立面开窗引入自然风，改善各个楼层风环境，并利用热压和风压，达到改善室内空气环境的目的。模拟分析表明，室内空间换气次数为4.7次/h。

5.4.2 主动式导光系统测试

为改善大进深、高空间室内中庭的天然光环境，为中庭绿植创造适宜的日照条件，项目在通高29m的生态中庭设置了主动式导光系统。为评估系统实施效果，特选择晴天（2010年5月24日，测试时段室外平均照度85.1klx）和多云天（2010年7月8日，测试时段室外平均照度46.0klx）两种工况进行室外照度比对测试（图5-36）。

测试选择在下午2:00～5:00时段，选用手持式照度计，在定日镜所在的室外平台和室内中庭区域同时进行。因项目主动式导光系统分为五组（每组包括两个定日镜、一个反射镜），经五跨天窗入射至生态中庭，故中庭测试相应的分五个区，每个区选取8个测点，见图5－37。测试分导光系统正常工作（ON）和导光系统不工作（OFF，即人为偏移定日镜不射入二次反射镜）两种工况进行。测试数据分析结果见图5－38。

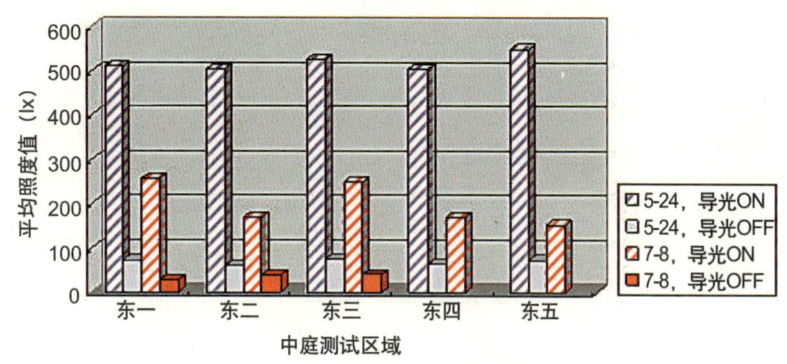

图5—38 主动式导光系统光学效果分析图
（室外照度：5月24日85.1klx；7月8日46.0klx）

测试结果表明，晴天及多云天气时，因厂房改建的中庭进深和高度较大，单纯的天窗采光，室内中庭区域的照度较低（20～75lx）；引入主动式导光系统之后，中庭照度明显改善，可达150～500lx。且中庭区域的照明均匀度较好。

5.5 经济性分析

作为十一五人居环境示范工程中唯一的改建工程案例，南市电厂的实践充分体现了利用原有建筑资源，减小拆迁改造对人居大环境破坏的原则。

以结构加固技术为例，工程选取了增加柱间支撑和位移型阻尼器结合的加固改造方式，经技术经济分析确定8%的阻尼比，以使梁柱及基础的加固工程量和阻尼器的成本达到最优组合。

工程应用的自然通风、天然采光等人居环境改善技术结合建筑一体化设计完成，可在提升建筑室内环境品质的同时有效节约建筑通风空调能耗和照明能耗。

工程定位于“传统能源中心向新能源中心转变”，沿用原电厂取排水管道和过滤设施设计建造区域能源中心，并结合厂房阶梯状屋面一体化布置太阳能光伏发电系统，经技术经济分析，江水源热泵系统预计每年节约标煤387.6t；光伏发电系统年发电量逾50万kWh，年节约标煤180t，节能减排效应显著。

5.6 应用推广价值

南市发电厂主厂房改造工程是世博园区建设中再生性建筑改造的一个典型案例，它创造性地将各项人居环境改善技术、节能减排及智能化技术进行一体化集成，延续了南市电厂的能源概念，将原来的污染大户煤电厂改造成新能源中心，主厂房改造成城市未来馆，已成为世博园区节能减排新技术的一个展示平台。工程所应用的部分技术已在夏热冬冷地区既有建筑改建工程中得以推广应用，如上海巴士一汽停车场改造、南京中航科技城。

6 “沪上· 生态家”

项目名称 /2010年世博会城市最佳实践区上海案例“沪上·生态家”

建筑类型 /展馆类公共建筑

建设地点 /2010年世博会城市最佳实践区北部模拟街区

建筑面积 /0.3万m^2

开发单位 /上海市城乡建设和交通委员会

技术支撑 /上海市建筑科学研究院（集团）有限公司

6.1 工程概况

中国2010年上海世博会城市最佳实践区上海案例“沪上·生态家”，是一座展示未来人居的都市住宅体验馆，用地面积 1300m^2，建筑面积 3147m^2，地上4层，地下1层，建筑屋面高度为18.9m，世博会期间作为上海生态人居展示案例，会后将改建为办公集群永久保留。

城市最佳实践区的设立，是世博会发展史上的一项重要创新，也是上海世博会最为耀眼的特色之一。城市最佳实践区位于上海世博会E区（图6-1），共15hm^2，参展者将以真实的实践案例多角度表达并展示对城市问题的解决方案。城市最佳实践区从南到北形成三个功能区域，南区通过南市电厂改造建设主题馆分馆和主题广场，中区利用老厂房改造形成城市最佳实践区的四组联合展馆，北区采取实物建设方式展示建成环境的科技创新，通过建筑、开放空间、基础设施等建成环境元素集成模拟生活街区，包括三组建筑，分别以居住、工作和休闲功能为主导。

“沪上·生态家”（图6-2），在2009年4月的实践区国际遴选委员会的案例评审中，从来自全球五大洲的106个申报案例中脱颖而出，成为15个实物建设案例之一。作为代表东道主中国参展的唯一住宅案例，与伦敦案例、马德里案例共同构成了城市最佳实践区北部模拟街区的居住组团。

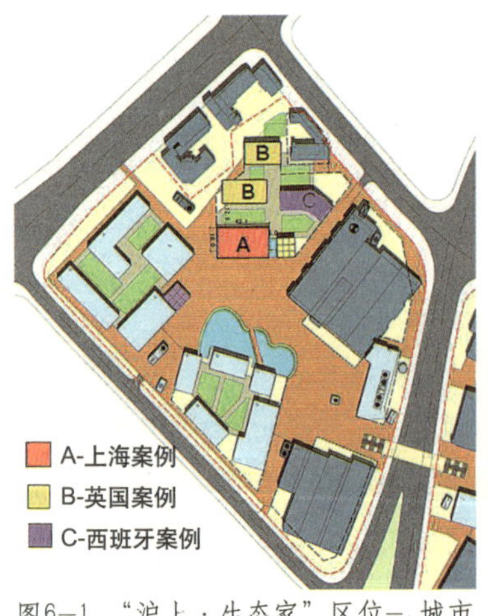

图6-1 “沪上·生态家”区位- 城市最佳实践区北区

图6-2 “沪上·生态家”实景图

工程所在地上海，年平均气温15.5℃，极端最高气温38.9℃，极端最低气温-10.18℃。上海地区年平均降水量1100.7mm（每年集中在4～9月，占全年降水量的68.0%），年平均蒸发量1271.2mm，年平均相对湿度82%，年平均日照时数为2090h，年平均风速为3.3m/s。

从气候、地域、资源等特点分析，上海在建筑热工分区设计图上属于夏热冬冷地区，建筑物面临着夏季隔热和冬季保温的双重挑战；在太阳能资源分布上属于资源一般的Ⅲ类地区，具备太阳能利用的潜力，但需在经济技术合理的前提下采用；在水资源分布上，尽管降水充沛，但仍属于水质型缺水城市，应采用水资源高效利用措施。与此同时，随着经济发展的加速，上海近年来在资源匮乏、能源短缺、污染加剧的情况下，面临着可持续发展的严峻考验。

6.2 项目特点及技术目标

"沪上·生态家"紧扣城市最佳实践区居住建筑案例需求，针对上海作为发展中国家之夏热冬冷地区、高密度大城市代表的地域气候特征和经济发展水平，开展了理念创意和建筑设计研究。案例既有浓郁的江南建筑韵味，又高度集成绿色科技，通过"生态"建造，展示"家"的"乐活人生"。

秉承"节约能源、节省资源、保护环境、以人为本"十六字生态建筑理念，呼应世博会"城市，让生活更美好"主题，在方案的策划和设计中注入人文内涵，遵循"天和—节能减排、环境共生，地和—因地制宜、本土特色，人和—以人为本、健康舒适，乐活—健康可持续的价值导向"的主题，提出"生态建造、乐活人生"的全新生态居住理念。

图6-3 "沪上·生态家"南立面实景

图6-4 入口石库门意向

"沪上·生态家"建筑设计充分汲取江南民居的传统文化精髓，将山墙、里弄、老虎窗等上海住宅要素融入其中。趋风避寒、流水不腐、以土养水、草木葱郁等本土生态手法也在建筑设计中得到了传承和演绎，例如，通过楼梯井形成竖向拔风，强化过渡季节建筑内部的自然通风，南面的景观水体通过生态浮床等技术实现水体自然净化，达到生态保持的效果；人行步道采用透水铺地，涵养地表水源；南向模块绿化、西墙爬藤绿化、屋面轻型绿化等立体配置的绿化策略，使建筑物融入绿色盎然之中（图6-3～图6-5）。

"沪上·生态家"以满足国家《绿色建筑评价标准》(GB/T 50378)三星级为目标，

图6–5 屋面老虎窗意向

通过30%前瞻技术研发集成和70%成熟技术应用，因地制宜地形成“节能减排、资源回用、环境宜居、智能高效”四大技术体系，达到建筑综合节能60%、固废再生的墙体材料使用率100%、室内环境达标率100%等技术指标。

1) 节能减排

采用无机保温砂浆复合保温墙体、双层窗体系、可调外遮阳等组成的夏热冬冷地区气候适应性节能体系，江水源热泵区域供冷采暖系统，以及太阳能和风能的建筑一体化应用等，实现建筑综合节能60%，可再生能源产生的热水量不低于建筑生活热水消耗量的50%，可再生能源发电量不低于建筑用电量的2%。

2) 资源回用

建筑主体结构材料全部采用城市固废再生建材，装饰装修材料全部采用3R材料，采用生活废水处理回用系统和雨水收集系统，减少建造过程和运营过程中的资源消耗。实现可循环材料利用率10%、可再利用建筑材料使用率5%等。

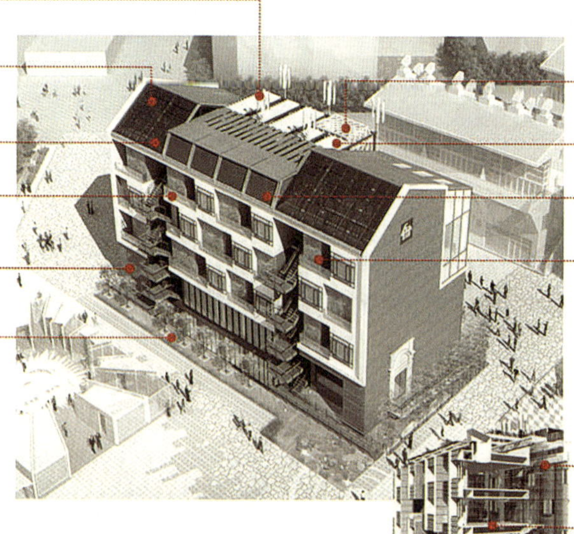

图6–6 建筑本体技术专项解析图

3) 环境宜居

采用被动设计实现自然通风和天然采光，通过建材控制和空调系统的高效运行营造健康舒适的室内热环境。实现室内环境参数达标率100%。

4) 智能高效

建成集能源管理中心、设备监控中心、环境监测中心以及信息发布中心于一体的智能信息管理中心。

"沪上·生态家"强调生态技术的建筑一体化设计，建筑本体应用的技术专项见解析图6-6。重点突出十大技术亮点：自然通风强化技术、夏热冬冷气候适应性围护结构、天然采光和LED照明、燃料电池家庭能源中心、PC预制式多功能阳台、BIPV非晶硅薄膜光伏发电系统、固废再生轻质内隔墙、生活垃圾资源化、智能集成管理和家庭远程医疗、家用机器人服务系统等。

6.3 人居环境控制与改善技术

6.3.1 自然通风强化技术

上海气候温和湿润，四季分明，全年平均风速3.3m/s，夏季盛行偏南风，冬季盛行偏北风，春季最多为东到东南风，秋季最多为东到东北风。在过渡季可通过自然通风可以提高室内的热舒适水平，同时有利于建筑节能。

本项目基地位于世博园浦西片区（图6-7），建筑面南朝北条状布置，迎合上海主导风向；建筑南面为开阔的广场区域，有利于春夏季通风；西部和北部有多幢建筑，可一定程度减弱秋冬季寒风。可见，场地选址条件为利用室外自然通风创造了良好的条件。通过模拟优化分析后，采用中庭生态核垂直拔风（图6-8）、水平贯穿风道和入口导风墙等措施提高建筑的自然通风效果，同时结合智能控制系统对中庭顶部的通风窗和电动风机进行智能控制，从而提高室内的通风效果。

图6-7 "沪上·生态家"总体区位图

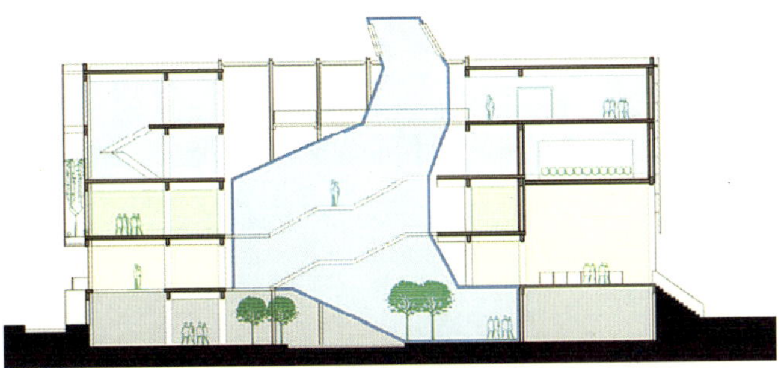

图6-8 建筑中庭生态核拔风效果示意图

为了加强热压作用引起的自然通风，"沪上·生态家"巧妙地将生态策略应用在了建筑北部的人行楼梯区域，通过在两侧布置菱形轻

(a) 中庭生态核　　(b) 通风塔

图6-9 中庭自然通风实景

图6-10 入口导风墙实景

钢网架结构辅以单元式绿化模块，模拟出自然通风的通道。同时，在中庭出屋面处增设了具有竖向烟囱效应的通风塔，增加自然通风效果(图6-9)。通风塔高出屋面2.5m，塔上四周安装通风窗，可根据室外气象条件和室内运行模式，调节电动百叶的开关，消防风机兼作自然通风拔风风机。

内部设置多路水平贯穿风道，南向外窗均采用双层窗结合中置百叶遮阳，北立面玻璃幕墙也在和南向外窗对应区域设置可开启扇，以此强化穿堂风效果。各层气流可通过中庭生态核从顶部排出，形成连续流畅的气流通道。

底层架空，形成通透的等候区，抽象于传统弄堂空间，并有角度地形成导风墙，诱导外界气流进入馆内(图6-10)。

6.3.2 夏热冬冷地区气候适应性围护结构

上海在建筑热工气候分区中属于夏热冬冷地区，建筑节能既要考虑夏季防热，又要考虑冬季防寒。同时，上海地区空气湿度明显偏高，相对湿度在70%以上的时间达到了全年的50%以上，六月更是超过了80%。

围护结构节能设计策略主要是基于夏热冬冷地区气候特征分析，综合考虑“沪上·生态家”的隔热、保温、调湿问题和资源再利用需要，根据综合节能60%的目标，对建筑的外墙、屋面、窗墙比、外

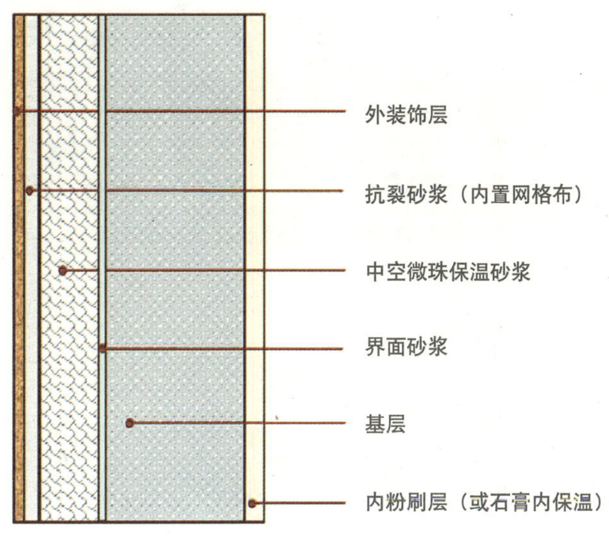

图6-11 无机保温砂浆节能体系示意图

图6-12 南向双层窗外部和内部效果

窗和外遮阳进行综合的节能计算分析，得出最优化的围护结构节能措施。

建筑外墙采用长江淤泥砖作为填充墙，外墙外立面采用隔热涂料或隔热砂浆，保温层采用无机保温砂浆，内立面采用相变材料与脱硫石膏复合系统，在保护环境的同时，使建筑外墙具有随室外气候变化而变化的自适应功能，如图6-11所示。

通过模拟分析确定后的围护结构节能具体的方案，包括建筑外墙平均传热系数为0.93W/(m^2·℃)，采用30mm无机不燃保温砂浆+30mm脱硫石膏保温砂浆外墙保温，建筑屋面平均传热系数为0.24 W/(m^2·℃)，采用140mmXPS外保温，东、西、南向外窗平均传热系数为3.0W/(m^2·℃)，北向外窗平均传热系数为2.5W/(m^2·℃)，采用断热铝合金Low-E中空窗。

项目综合考虑节能和自然采光等需求，采用了多种形式的外遮阳系统，南向窗体采用双层窗结合活动遮阳（图6-12），天窗设可控铝合金百叶遮阳系统（图6-13）。上述设计使得沪上·生态家能在各个季节实现围护结构的适应性调整，有效降低建筑能耗。

图6-13 透明屋顶活动百叶遮阳室内外实景

6.3.3 天然采光和LED照明

面南朝北的建筑平面布置，合理的进深和窗墙比设计，以及采光中庭保证室内各层主要功能区域的采光效果；老虎窗、采光天窗等借鉴上海传统民居天然采光手法，可对四层局部区域进行采光改善；地下空间通过地面跌水、南北向下沉庭院等策略，也实现了天然采光，减少人工照明的开启时间；南向立面增大透明窗体面积，直接引入太阳光。室内天然采光实景如图6–14所示。

(a) 采光中庭　(b) 下沉边庭

(c) 采光天窗与装修结合　(d) 采光天窗效果

图6–14室内天然采光实景

在充分利用天然采光的基础上，沪上·生态家在泛光照明和室内照明方面大规模应用了高效的LED照明光源。根据现代家居环境宁静、舒适、温馨、生态的要求，结合LED光源的特点，本项目室内LED照明的总体设计在满足照明基本功能的前提下，强调装饰性和美学效果。充分应用现代科学技术与美学艺术的结合，集照明、装饰和艺术于一体，与建筑物、家具和陈设件相融合，体现了照明领域的宜居和生态两大要素。

泛光照明，体现素雅的基调和海派的特色。照明方式主要使用柔和的内透光或间接照明为主，色温以3000～5000K暖色–中性光色为主，亮度适中，对重点突出对象通过点光、线光、适当彩色点缀（图6–15）。

室内照明，结合室内布局分设的“青年公寓、两代天地、乐龄之家”等家居生活展区的不同特点，采用了不同的室内照明设计方案，如植物补光灯、仿自然光灯具、精确显色灯等。

(a) 南立面

(b) 北立面

(c) 东立面

(d) 西立面

图6–15 外立面泛光照明效果

6.3.4 BIPV非晶硅薄膜光伏发电系统

上海地区地处我国日照资源可利用（Ⅲ类）地区，冬季及梅雨季节阴雨连绵、夏季高温频发，选用的光伏发电系统需具备良好的地域适用性。

通过对不同形式的太阳能电池转换效率随环境温度及日照辐射量的变化曲线的分析（图6–16、图6–17），晶体硅电池发电效率随组件温度的增加线性下降，而非晶硅电池发电效率随组件温度升高不呈线性下降，在温度较高的环境下工作时，非晶硅光伏电池性能较好，在弱光下具有更好的工作能力，故在实际使用过程中，当太阳辐射量较低时，相同功率的非晶硅电池年发电量高于晶体硅组件。

除了非晶硅组件对上海地区气候条件的适用性之外，还考虑到其便于建筑一体化设计、安装和调试的优势，故本项目选用非晶硅太阳能光伏发电系统。

太阳能光伏发电系统容量约11.3kW，分为光伏屋顶发电系统和南立面光伏发电系统两个部分，安装实景效果如图6–18所示。

屋顶部分光伏组件采用标准规格非晶硅薄膜组件72块（2.6m×1.1m），组件峰值功率8.28kWp，具体技术参数如表6–1所示。组件的安装倾角为30°，底部开敞通风，并通过预留板间缝隙（360mm）的方式引入屋面采光，并减小组件风荷载，系统设计防风等级达13级。

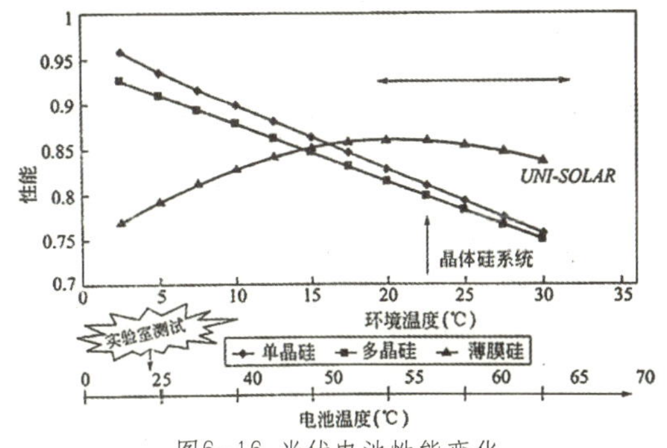

图6–16 光伏电池性能变化

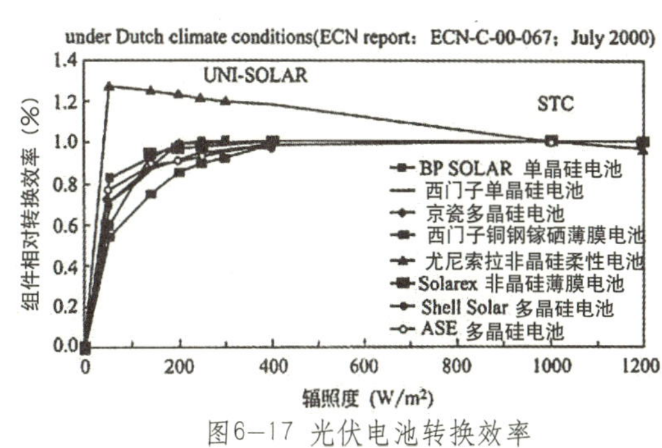

图6–17 光伏电池转换效率

图6–18 光伏发电系统安装实景

非晶硅薄膜光伏电池组件技术参数　　表6–1

位置	尺寸(mm)	重量(kg)	效率(%)	最大输出功率(W)	开路电压(V)	短路电流（A）
屋面	1300×1100	25	8.5	115±5%	142	1.22

6.3.5 平板集热太阳能热水系统

本项目的热水主要供应各层卫生间洗脸盆使用，热水需求量约900L/天。采用了平板式太阳能集热器与建筑一体化结合布置的分体式太阳能热水系统（图6-19），其由两套独立运行太阳能热水系统组成，一～二层由一区太阳能系统供给、三～四层由二区太阳能系统供给。一区太阳能系统水箱置于地下室、二区太阳能系统水箱置于屋顶阁楼。屋顶太阳能集热板也分为两区，分别与两个水箱换热。系统采用承压二次交换换热方式，蓄能水箱采用承压方式与自来水等压供水以保证用水压力稳定。

(a) 屋顶太阳能集热器　　(b) 屋顶蓄热水箱

图6-19 太阳能热水系统安装实景

“沪上·生态家”分体式太阳能热水中心具有如下特点：

1）集热器与屋顶一体化结合，替代了部分屋面，和建筑外观和谐统一。

2）有效消除“光污染”。集热器表面覆盖层采用钢化压纹玻璃用以消除光反射对环境的污染，对外来迎合面的冲击同样具备钢化玻璃窗的功能。

3）集热器建材构件化，集热器施工与安装中作为建材构件与施工阶段同步进行。

6.3.6 固废再生建筑材料

针对上海量大面广、利用率低的建筑垃圾和工业废渣等资源现状，提出了成套的绿色工程材料解决方案。

（1）再生骨料混凝土

利用粉煤灰、矿渣粉等工业废料代替部分水泥，利用旧混凝土粉碎后，筛选5～31mm 粒径的混凝土块取代大部分碎石作为再生混凝土的骨料，并采用高性能减水剂，混凝土强度等级达C20～C40。

本工程中共计使用了近2000m^{3}的再生骨料混凝土（图6-20）。

(a) 再生骨料生产线

(b) 现场拆模后的上部结构混凝土

图6-20 再生骨料混凝土应用

图6-21 固废再生墙体材料的集合展示

图6-22 石库门老砖的新生

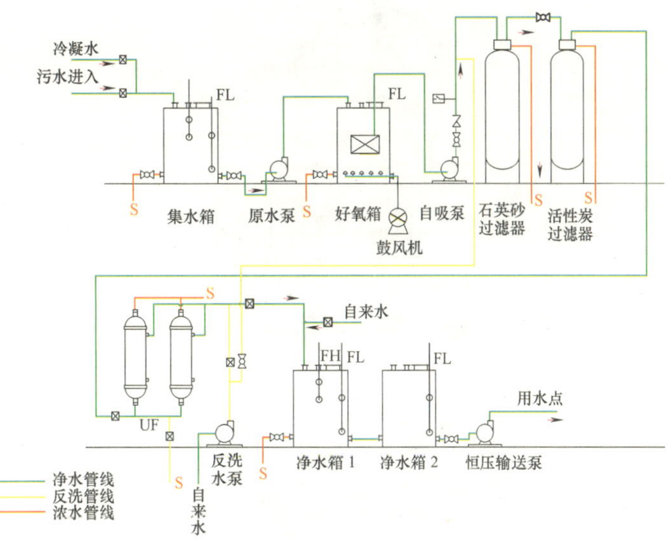

图6-23 水处理工艺流程图

(2) 新型墙体材料应用

填充墙墙体材料采用的淤泥烧结多孔砖。淤泥砖是以长江淤泥为原材料经过高温度烧制而成，通过毛细管现象，可在一定程度上调节室内空气温湿度。

内隔墙全部采用再生建材，包括利用脱硫石膏生产的轻质石膏板轻钢龙骨隔墙、利用长江口淤积粉细砂生产的蒸压灰砂砖、利用粉煤灰生产的粉煤灰加气砌块等、利用废旧混凝土生产的小型混凝土空心砌块等（图6-21）。

(3) 拆旧材料回收利用

约15万块石库门老砖砌筑建筑外立面和楼梯踏步（图6-22），旧厂房拆迁回收的型钢重新焊接加工成“生态核”、钢楼梯，再生石灰石打造花格窗窗楣部分，沪上·生态家通过将旧城拆迁中的废弃建材回购利用，不仅体现了资源循环的理念，也进一步体现了上海民居的文脉。

6.3.7 生活废水处理回用

考虑到污水水质、水量和中水回用水质要求以及工艺设施的造价、占地面积等因素，本项目中水处理采用的水制备工艺流程为：预处理系统+超滤系统+消毒系统，其工艺流程见图6-23，机房实景见图6-24。

图6-24 水处理机房实景

图6-25 南侧水池实景

图6-26 内庭水池实景

中水系统的污水来源为建筑内的优质杂排水（主要包括洗手、地面清洁所产生的废水），设计处理水量为$20m^3/d$，最大设计水量为$2m^3/h$。出水主要用于各层卫生间便器冲洗、地面冲洗、道路冲洗、绿化浇洒等。

6.3.8 景观水池雨水收集

采用雨水收集回用系统，屋面雨水收集后直接注入地下室水景水池，作为水景补水，超出部分排放。屋面雨水经雨水斗收集后，注入地下室水景池，同时该水池兼作雨水储存池。水景池面积约$200m^2$。

景观水池安装水处理过滤设备对水进行循环处理。水通过供水泵提升至砂滤过滤器内，由于过滤介质的作用，将截留水体中95%以上的悬浮颗粒以及其他不溶于水的杂质，过滤精度达到25目以上，可除去水中绝大部分的SS，保证水体透明度达到80cm以上。此外，通过投加净水微生物除去水中大部分的氨氮和其他有机污染物。

在水池中栽培生物浮岛植物，实现水质的进一步提高。人工浮岛技术是以水生植物为主体，运用无土栽培技术原理，以高分子材料等为载体和基质，应用物种间的共生关系，建立高效的人工生态系统，以削减水体中的污染负荷。地下一层共有三个人工浮岛，人工浮岛大小不一，主要有网纹草、镜面草、海寿花、水毛花、松叶菊五种植物组成。

通过以上措施，“沪上·生态家”水体主要指标达到地表水Ⅳ类水标准，透明度达到80cm以上，与自然生态景观融为一体，水池实景见图6-25、图6-26。

6.3.9 立体绿化

沪上·生态家全方位采取了建筑环境绿化措施以营造宜居环境，包括屋顶绿化、南立面模块绿化、西墙爬藤绿化和中庭单元式绿化等多种形式。

(1) 垂直绿化

沪上·生态家对南墙绿化和西墙绿化分别采用绿屏叠加绿化及最新研发的壁挂式植物种植模块绿化。

南侧墙面采用壁挂式种植模块绿化，以模块为种植单元，由植物材料和栽培介质及种植模块组成一个单体安装单元，具有安全美观、节能生态、随调随配、成景迅速及养管简便等优势，不仅使墙面在短时间内具有更好的景观效果，而且还具有吸收二氧化碳、释放氧气、减少夏季高温炎热等环境效益。通过植物的灵活运用，可以形成色彩鲜明的图案花墙效果。

沪上·生态家南侧墙面共有壁挂模块绿化12处，模块数各处不一，每处皆有三种植物组成，从西至

图6-27 挂壁式种植模块绿化

图6-28 西墙绿化

图6-29 屋顶绿化

东分别为橘黄崖柏，花叶常春藤和常春藤（图6-27）。

西侧墙面由于下午长时间受到强烈的西晒阳光照射，需要垂直绿化来隔热降温，因此不适宜不耐干热植物的生长。为兼顾冬季的景观以及落叶采光等要求，沪上·生态家西墙采用在墙基等处开槽种植藤本植物的绿屏技术（图6-28）。

(2) 屋顶绿化

屋顶绿化是以绿色植物为主要覆盖物，配以植物生存所需的营养土层、蓄水层以及屋面所需的植物根系阻拦层、排水层、防水层等共同组成。沪上·生态家采用景天类屋顶绿化、容器类绿化、壁挂绿化等形式，形成功能性屋顶花园（图6-29）。

(3) 中庭单元式绿化

沪上·生态家中庭的风笼是个亮点，结合中庭空间网架，设计双面观单元模块式绿化（图6-30）。风笼框架的尺寸共有七种，针对不同的风笼框架，定制了不同尺寸的种植槽，七种种植槽所能容纳的盆栽植物从十几盆到上百盆不等。

图6-30 中庭单元式绿化

6.3.10 智能管理中心

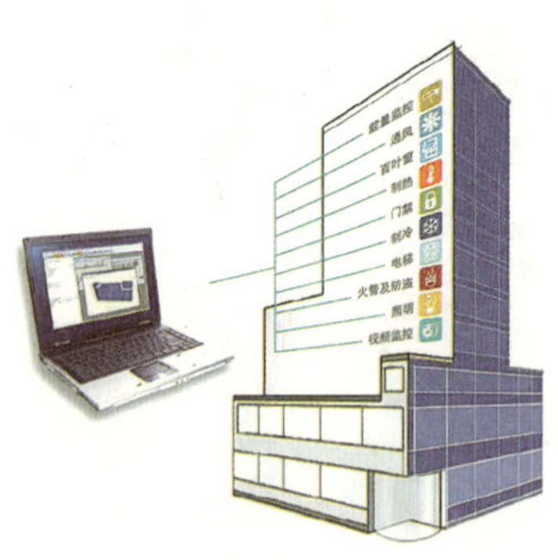

图6–31 智能集成管理系统示意图

沪上·生态家应用了集成能源管理、环境监测、设备管理和信息管理等功能的智能管理平台（图6–31）。

设备管理中心：对空调系统、送排风系统、给水排水系统、照明系统和遮阳系统等重点设备进行监控和管理。

能源管理中心：风机、水泵加装变频器，采用能源管理模块，对沪上·生态家的所有能源消耗（电、水等）以及再生能源进行管理。

环境监控中心：根据空气状态和日照强度动态调整空调、照明和遮阳系统运行状态。

信息展示中心：系统采集的信息通过大屏幕以及现场展示等各种方法向观众显示，体现节能环保的理念。

6.4 技术效果测试与评估

针对建筑自然通风、室内环境质量、可再生能源应用效果、水处理系统等进行了测试评估。

6.4.1 自然通风效果模拟评估

采用专业分析软件建立物理分析模型（图6–32），针对过渡季室内主要空间气流分布，压强关系及换气次数等指标进行计算分析，对建筑的自然通风效果进行分析评估。

关于边界参数的设置，参照CFD行业内共识做法，由室外到室内，室内边界参数借鉴室外分析结果的原则进行。项目初始边界参数设置主要分

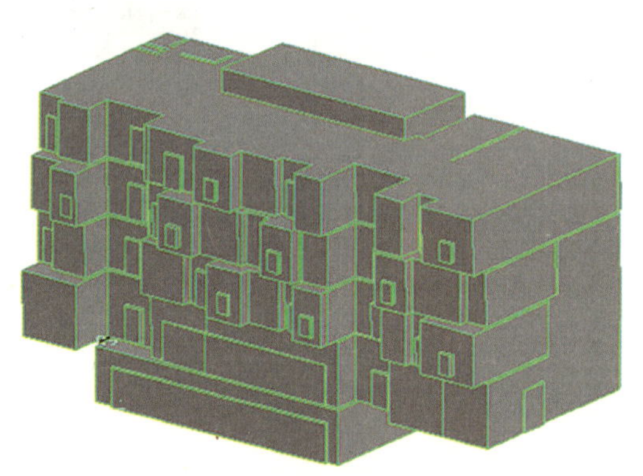

图6–32 物理分析模型

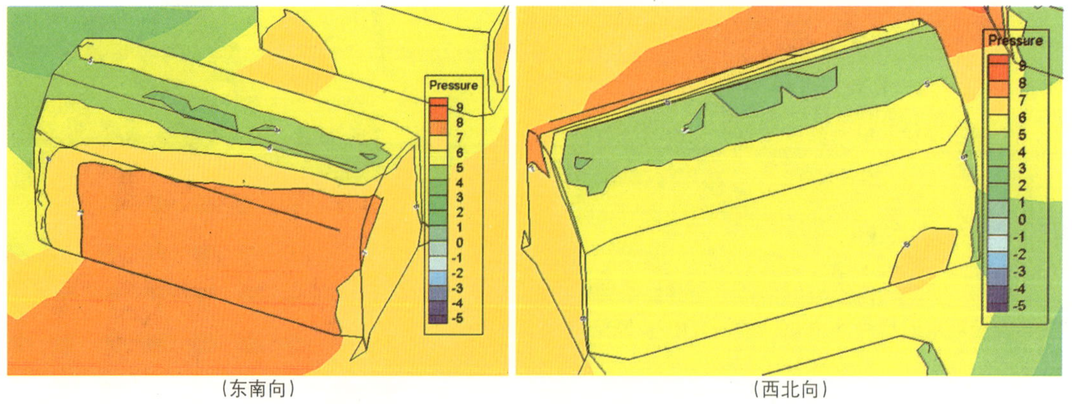

（东南向） （西北向）

图6–33 过渡季建筑外表面压强分布状态图

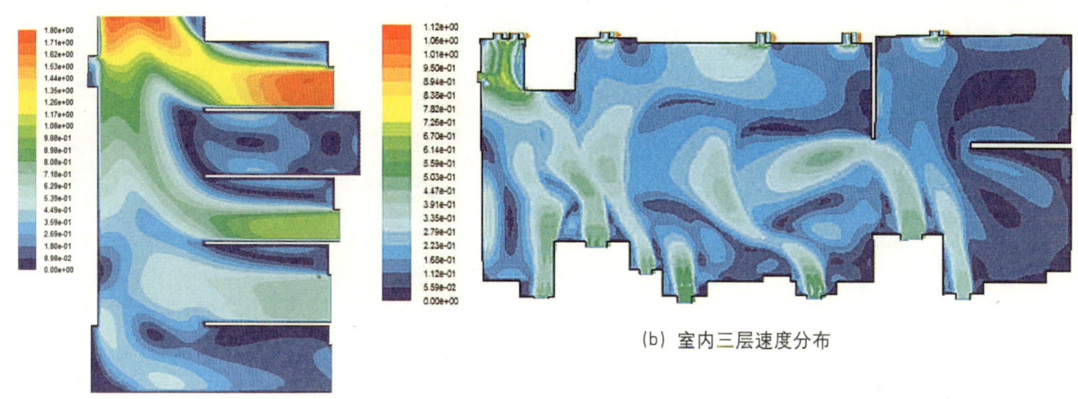

(a) 中庭剖面速度分布

(b) 室内三层速度分布

图6-34 内庭剖立面风速状态图

布在沪上·生态家外围护结构上的门窗开口处，依照以下原则进行取值：

室外风环境按照典型气象年的气候数据进行计算，选自《中国建筑热环境分析专用气象数据集》；

根据室外风场分析的压力场得出外立面上各开口处的压强参数，即室内计算的初始边界参数（图6-33）。根据上述分析原则，对沪上·生态家内部的自然通风效果进行计算评估，典型截面的模拟结果详见图6-34。

通过对室内风环境的模拟分析得知，该建筑通风口、生态中庭等被动设计，很好地解决了夏季及过渡季的室内自然通风。外界来流通过南向门窗、底层挑空等方式进入室内，经过室内北部通风庭院，并从屋顶出风口处流出。室内空气分布均匀，各区域的风速分布在0.18～1.57m/s之间，各功能空间没有明显的空气流动死角，有利于室内活动人员的舒适性。冬季时，建筑北立面较少的可开启风口，也有效地避免冬季冷空气的大量进入。

分析表明，室内空间换气次数为3.8次/h，满足现行国家标准的相关条文要求。

6.4.2 天然采光效果模拟评估

为了评估本建筑的天然采光效果，采用专业分析软件进行建模计算，模型如图6-35所示。各典型楼层的采光分析结果如图6-36所示。

根据各层采光模拟分析，95.14%的主要功能区面积的采光系数符合现行国家标准《建筑采光设计标准》（GB 50033）的要求，同时，采光中庭、下沉边庭等策略的应用，也显著改善了地下空间的自然采光效果。

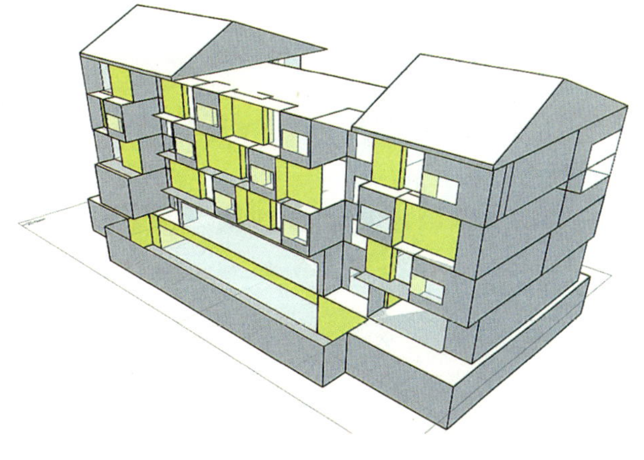

图6-35 采光模拟分析模型

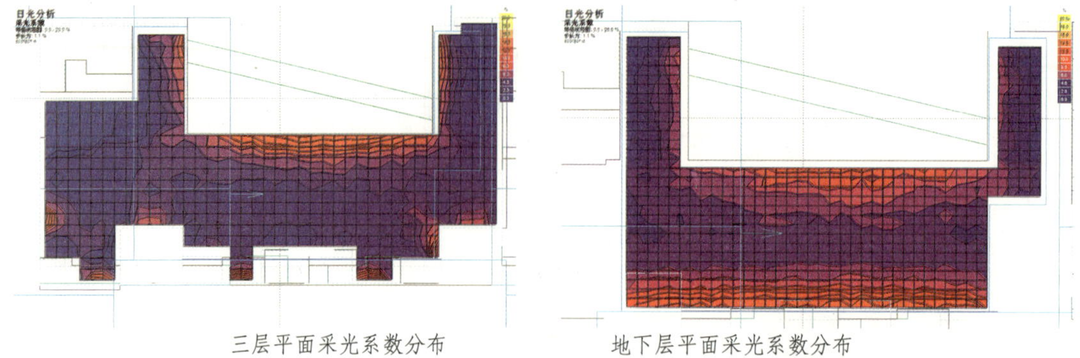
三层平面采光系数分布　　地下层平面采光系数分布

图6–36 典型层采光分析结果

6.4.3 太阳能热水系统性能测评

沪上·生态家太阳能热水系统采用平板式集热器，闭式循环系统，集热系统与水箱采用二次换热。检测了其中一个子系统，满足三楼以及四楼生活热水使用需求，该系统由12 块集热面积为1.13m^2 的集热板串联而成，集热器与建筑一体化形式安装，安装倾角为30°。

图6–37为检测人员现场布置测点以及各仪器设备安装的情况，检测的环境参数包括环境温度和环境风速，太阳能热水系统参数包括集热器面积、太阳辐照度、集热系统进口水温、集热系统出口水温以及集热系统循环水流量。

检测结果表明，集热系统效率为55.2%，全年常规能源替代量为3.45t标煤，CO_2减排量8.5t。

图6–37 太阳能热水检测现场布点情况

6.4.4 太阳能光伏系统性能测评

沪上·生态家光伏发电系统采用非晶硅薄膜组件，通过并网逆变器并入电网。系统配有监控系统记录环境参数、系统的瞬时发电功率及累计发电量。通过检测环境温度、环境风速、太阳辐照度、电网电压、电网电流、电网功率等参数并计算，"沪上·生态家" 8.28kWp屋面BIPV系统和3kWp阳台BIPV系统的初始年发电量约为3495kWh。按照系统20年衰减10%、25年衰减20%计算，系统25年生命周期的总发电量预计为78100kWh，常规能源替代量为31.6t标煤，CO_2减排量82.3t。

6.4.5 室内环境质量测试评估

(1) 室内空气质量检测

本项目B1层地面、墙壁涂刷涂料，内有办公家具；一层地面铺设玻璃，玻璃墙面，内无家具；二～四层展示区、VIP 室和经理办公室地面铺设地板，内有家具；三层影视厅地面铺设地毯，墙面为吸声材料。各空间采用的装饰装修材料均经过严格控制。

依据《民用建筑工程室内环境污染控制规范》(GB50325–2001)(2006版)，对空气中主要污染物浓度进行了现场检测，抽检房间共计8个，布测点总数共计15个。

经现场采样分析，结果如表6-2所示，满足国标要求。

室内空气质量测试结果　　表6-2

指标	甲醛 (mg/m³)	氨 (mg/m³)	TVOC (mg/m³)	苯 (mg/m³)	氡 (Bq m³)
最大值	0.04	0	0.4	<0.01	50
最小值	0.01	0	0.2	<0.01	40
标准值（≤）	0.12	0.5	0.6	0.09	400

(2) 室内照明质量检测

依据《照明测量方法》(GB/T5700—2008)，对室内照明质量进行了夜间测试，人工照明提供光照度，无自然光影响。测试中以每个楼面为独立展区进行检验。检测结果如表6-3和表6-4所示，符合相关标准要求。

室内照度检测结果　　表6-3

指标 / 测点	照度（lx）			
	最小值	最大值	平均值	标准值
2楼展区	185	291	231	200(地面)
3楼展区	162	288	211	200(地面)
4楼展区	159	366	284	200(地面)

室内统一眩光值检测结果　　表6-4

指标 / 测点	统一眩光值		
	UGR	标准值	观察者视角
2楼展区	19	22	随机参观者视角
3楼展区	18	22	随机参观者视角
4楼展区	19	22	随机参观者视角

(3) 室内背景噪声检测

依据《声环境质量标准》(GB3096—2008)，对室内各层的背景噪声进行了测试，测试中以每个楼面为独立展区进行检验。检测结果如表6-5所示。

室内背景噪声检测结果　　表6-5

现场测试部位	现场测试数据 (dB(A))	现场测试时间(交通高峰段)	GBJ118—88 规范标准(dB(A))
一层东部测点	43	15：00～16：00	≤45(一级要求)
一层西部测点	42	15：00～16：00	≤45(一级要求)

续表

二层东部测点	41	15：00～16：00	≤45(一级要求)
二层西部测点	42	15：00～16：00	≤45(一级要求)
三层东部测点	44	15：00～16：00	≤45(一级要求)
三层西部测点	45	15：00～16：00	≤45(一级要求)
四层东部测点	44	15：00～16：00	≤45(一级要求)
四层西部测点	43	15：00～16：00	≤45(一级要求)

根据《民用建筑隔声设计规范》进行评价，在所选择的8处检测区域中，声压级全部满足一级标准，可见楼内主要功能区域的背景噪声较低，建筑外门窗构件的隔声性能和室内建筑材料表面对噪声的吸收效果良好，对室内声环境起到了改善作用。

6.4.6 再生水水质检测

为保障建筑内非传统水源的水质安全，对废水组合膜法净化回用水设备水质进行了检测，测试指标包括：pH值、氨氮、动植物油、化学需氧量、金属、五日生化需氧量、悬浮物等。主要指标检测结果如表6-6所示。

水质检测结果　　表6-6

指标	单位	处理器进水	处理器出水
pH值	—	5.88	7.65
氨氮	mg/L	2.55	0.133
悬浮物	mg/L	1.51×10^3	5
阴离子表面活性剂	mg/L	2.54	0.241
总余氯	mg/L	—	>0.2
五日生化需氧量	mg/L	168	10

测试结果表明，中水处理系统的出水可达到国家现行标准《城市污水再生利用 城市杂用水水质》(GB/T 18920)和《生活杂用水水质标准》(CJ/T 48)的相关要求。

6.5 应用推广价值

“沪上·生态家”通过关键技术研发、集成和应用，建立了应对夏季高温高湿气候、高密度居住形态、资源能源短缺的技术集成体系，实现了节能减排、资源回用、环境宜居、智能高效等四大技术目标。

基于对上海地区气候、资源和经济发展水平的分析，量身定制了自然通风强化技术、夏热冬冷气候适应性围护结构、天然采光和LED照明、BIPV非晶硅薄膜光伏发电系统、固废再生建筑材料、智能集成管理平台、模块式立体绿化等专项技术。世博会期间，“沪上·生态家”已经吸引参观人数约

100万人次，将对绿色低碳建筑技术在未来的发展起到巨大的普及和推广作用。其中绿色低碳建筑和乐活人居关键技术的应用可直接促进相关产业的发展。根据现有该类产业总量和技术水平的初步分析，由相关领域技术进步所带来的附加值约为10亿元，带来的间接经济效益100亿元。

本示范工程的研究成果推广之后，可帮助上海的新建建筑减少能源资源消耗、减少污染物质排放，有效改善上海市生态环境质量，有力推动上海市可持续发展战略的进程，使上海在建设"生态城市"方面继续引领国内发展，并且将大幅度提升绿色低碳建筑建设和运行管理水平。利用信息技术所提供的室内环境综合调控、能源管理系统、智能家居系统和社区信息服务系统，体现"以人为本"的宗旨，为用户提供便捷、高效、舒适、健康的居住环境。

7　广州亚运城综合体育馆

项目名称 /广州亚运城综合体育馆
建筑类型 /体育场馆
建设地点 /广州市番禺区
建筑面积 /6.55万m^2
开发单位 /广州市重点公共建设项目管理办公室
技术支撑 /广东省建筑科学研究院

图7-1　综合体育馆外立面效果图

7.1　工程概况

7.1.1　工程介绍

2010年11月，第16届亚运会将在广州举行，这是我国继2008年奥运会后承办的又一大型综合性国际体育盛会。广州亚运城综合体育馆(图7-1、图7-2)为亚运会提供标准的体操比赛和训练场地，承担体操、艺术体操、蹦床三个项目，赛后改造为篮球馆，是广州新城的中心体育馆。本项目的建设单位为广州市重点公共建设项目管理办公室，设计单位是广东省建筑设计研究院。广州亚运会提出了绿色亚运的建设目标，秉承绿色、环保、科技和节能的亚运理念，为亚运场

图7-2　综合体育馆外立面局部实景图

图7-3 亚运城地理位置

馆使用者（运动员、裁判员、亚运官员和广大观众）提供健康、舒适、高效、与自然和谐的比赛运动场所和活动空间，同时最大限度地减少对能源、水资源和不可再生资源的消耗，不对场址、周边环境和生态系统产生不良影响，并争取加以改善。

7.1.2 地理位置

广州亚运城综合体育馆位于广州亚运城西南面。亚运城项目位于广州南部番禺片区中东部，莲花山的南麓、莲花山水道西岸，北临清河路，西靠京珠高速公路，东临莲花山水道，用地面积2.73 km^2(图7-3)。地理几何中心为北纬22°52′，东经113°24′。

7.1.3 自然条件

本工程位于我国东南沿海的广州市番禺区，属于夏热冬暖地区。该地区为亚热带湿润季风气候（湿热型气候），气候特征表现为夏季炎热漫长，冬季温和短促；长年高温高湿，气温的年较差和日较差都小；太阳辐射强烈，雨量充沛。广州市，能源主要依赖外地进口，经济水平高，是中国的一座历史文化名城。

7.2 项目特点及技术目标

7.2.1 示范工程建筑介绍

广州亚运城综合体育馆规划建设用地10.11万m^2，建筑占地总面积3.11万m^2，建筑总面积6.55万m^2，主要包括体操馆和综合馆，建筑结构为钢筋混凝土+玻璃幕墙/金属幕墙+金属屋面。综合馆地上2层、体操馆地上4层、建筑总高度33.80m，室内局部见图7-4。项目于2007年2月立项，2010年7月完工，总投资79516.41 万元。

图7-4 综合体育馆室内局部实景图

广州亚运城综合体育馆为

亚运会提供标准的体操比赛和训练场地，其功能布局满足亚运竞赛项目的各种功能和使用要求，实用高效，易于管理。功能区包括出入口停车场、场馆运行区、普通观众区、赛事管理区、运动员及随队官员区、贵宾及官员区、赞助商区、新闻媒体区等。适当考虑把一部分赛时的使用空间转变为赛后的服务空间，提高场馆功能多样性和灵活性，成为将来广州新城集体育、商业、公共服务等多功能于一体的建筑综合体。

7.2.2 示范工程综合性能控制目标

（1）本项目遵循可持续发展原则，充分体现绿色平衡理念，通过建筑设计、绿化配置、自然通风、自然采光、低能耗围护结构、太阳能利用、雨水利用等技术措施，实现节地、节能、节水、节材和环保的绿色建筑目标。

（2）充分体现“激情盛会，和谐亚洲”的亚运理念，保持岭南水乡特色，强化岭南文化内涵。

（3）注重绿色环保、生态节能：采用发展成熟、安全可靠的建筑新技术和新型材料，推动绿色亚运理念。

7.2.3 示范工程技术目标

广州亚运城综合体育馆集成围护结构节能、空调通风系统节能设计和运行技术、照明配电设备节能、楼宇自控、自然通风与采光利用等，在室内外环境控制高标准要求的前提下，控制建筑设计总能耗低于国家批准和备案的节能标准规定值的80%，即节能率为60%及以上。同时，注重材料和资源的节约，以及实现建筑智能化。

7.3 人居环境控制与改善技术

7.3.1 室外环境改善技术

(1) 利用场地自然通风模拟技术改善室外风环境

本项目在建筑设计阶段，通过计算机模拟对建筑方案进行分析，采用CFD模拟计算软件FLUENT，结合广州市的气象资料，对夏季、冬季及过渡季节两种情况进行分析，主要分析了：在现有建筑总布局情况下 1）室外自然通风情况；2）建筑周围的风压分布情况及其对室内自然通风的影响。广州市夏季以东南风为主导风向，夏季平均风速1.8m/s。夏季室外自然通风模拟情况见图7–5。

广州冬季以北风为主导风向，平均风速2.2m/s。冬季室外自然通风情况见图7–6。

模拟结果表明：

1）室外风速基本处于舒适风速范围内：场地内没有出现大于5m/s的区域；夏季，主要的活动区域（如广场和人行道）没有出现小于0.5 m/s的弱风区，有利于散热。

2）体操馆和综合馆在总平面中的布局有利于夏季室外的自然通风，将气流引入两馆之间的区域，在此处形成较好的自然通风效果，平均风速约为1.6m/s，风速舒适。

(2) 利用场地景观绿化技术改善室外热环境

亚运城综合体育馆绿化率为17.6%。绿化景观工程总体规划因地制宜、经济美观、以人为本、合理搭配，与现代体育建筑相协调，以简洁、明快、大方的绿化布局衬托主体建筑(图7−7)。通过采用地面绿地、庭院绿化、道路绿化、屋顶绿化，形成错落有致、自然活泼的绿化景观。

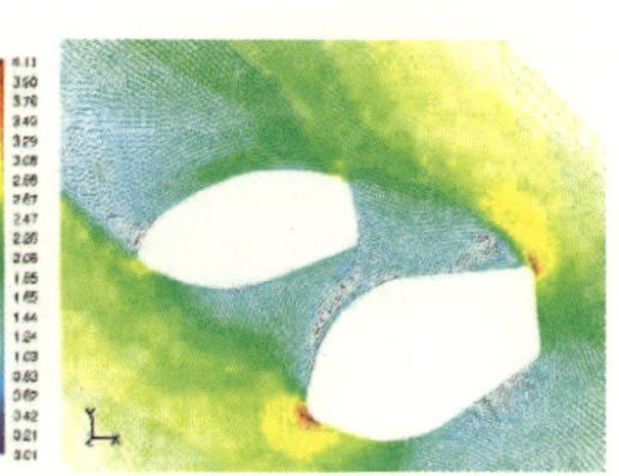
图7−5 夏季人行高度处空气流速分布

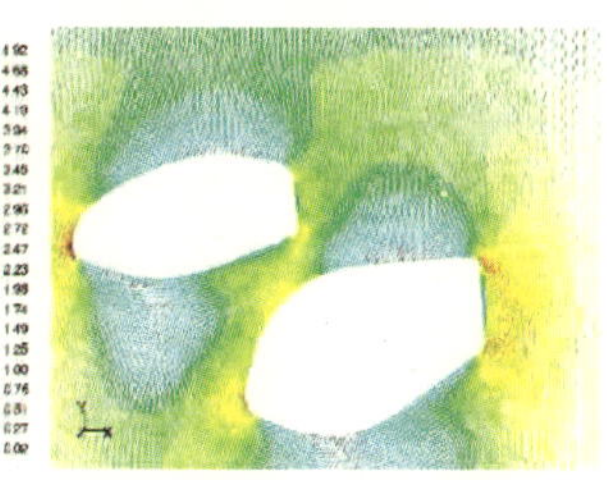
图7−6 冬季人行高度处空气流速分布

体育主题花园是广州亚运城综合体育馆主要的绿化景观工程内容，体育主题花园的设计除与主体建筑相协调外，还作为吸引游客休闲度假的主要体育旅游景点。主题花园由体育雕塑、花圃、草坪、喷泉及相应的功能设施组成。场内不同的建构筑物之间，通过绿化景观有机结合(图7−8)。

注重与自然景观相协调。绿化景观工程除考虑场内的设计布局外，还注意到与周边的莲花山著名风景区、沙湾水道的珠三角河网等自然环境相协调，进而使得亚运城综合体育馆在青山、碧水、蓝天、绿树、鲜花的衬托下，充分展示出勃勃生机的中国体育事业和“祥和亚运”、“绿色亚运”的鲜明特色。

植物景观设计。以观叶、观花为主，常绿为辅，打造充满绿化活力的时尚综合体育馆区域景观。主要突出缤纷花城，以自然式种植为主。在植物搭配上，遵循开花乔木与常绿观叶植物、棕榈类植物相互穿插、渗透，来突出体现“活力亚运、缤纷花城”的景观特色。

整体绿化技术的应用，通过对场地景观绿化室外热环境模拟，可知建筑绿化可明显降低建筑物周围环境温度（0.5～4.0℃），而建筑物周围环境的温度每降低1℃，建筑物内部空调的容量可降低6%。

图7−7 广州亚运城综合体育馆绿化景观总平面

图7−8 广州亚运城综合体育馆绿化局部实景图

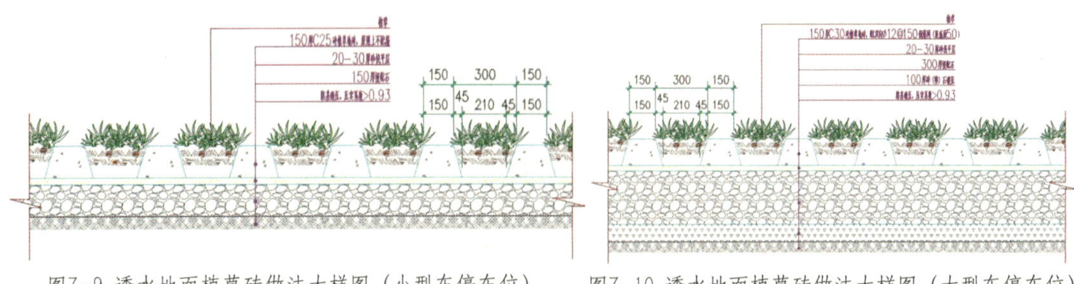

图7-9 透水地面植草砖做法大样图（小型车停车位）　图7-10 透水地面植草砖做法大样图（大型车停车位）

本项目也采用室外透水地面作为减少热岛效应和建成后雨水地表径流的技术手段：路面采用植草砖铺砌，铺装的构造见(图7-9、图7-10)。透水路面植草砖厚度为150mm，垫层厚度按200mm。透水地面使雨水径流量减少，对于减轻城市雨水管网的负荷及亚运场馆的防洪排涝工作有积极的意义(图7－11)。

7.3.2 室内环境改善技术

(1) 室内风环境改善技术

1) 空调送新风

本项目在设计过程中，利用计算建模对体操馆场馆区和座位观众区的空气速度场、温度场在采用现有的新风系统下进行了模拟(图7-12)，从最初的仅设顶部送风方案调整为最终的高处送风与坐椅送风的复合模式，促使室内空调送风的风速场和温度场分布均匀。

由于体操馆室内空间接近对称，在模拟的时候进行了简化，选取场馆的1/4 进行模拟。如图7-13～图7-15所示。

坐椅送风模式使得比赛场地区域温度分布都比较均匀，并无明显的高温区，PMV指标也显示该区域处于比较舒适的范围（图7-16)。

图7 －11透水地面植草砖实景图

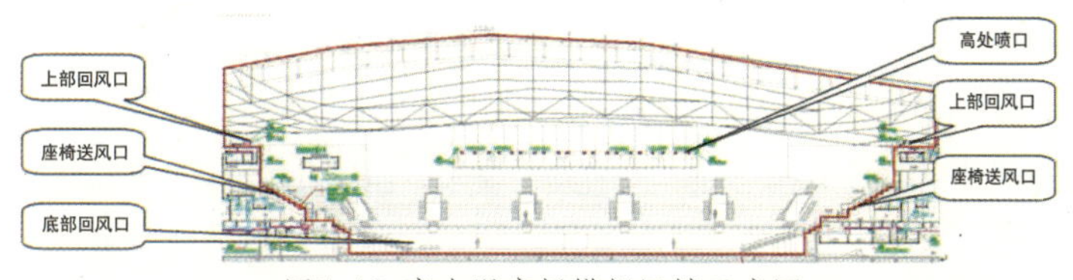

图7-12 室内温度场模拟区域示意图

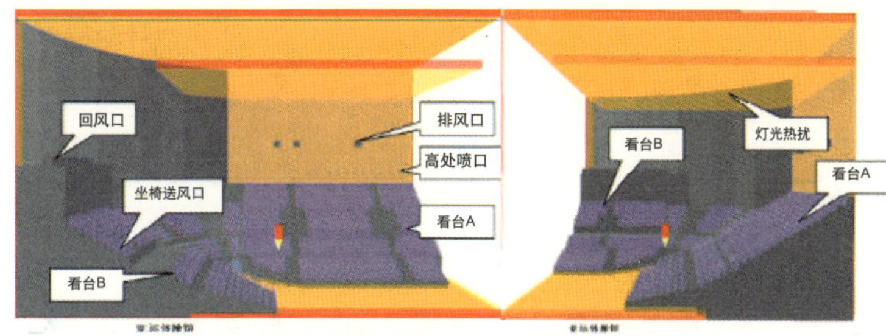

图7-13 计算模型示意图

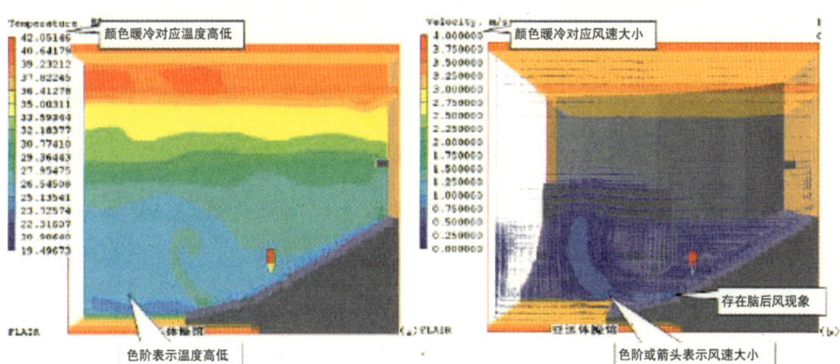

图7-14 看台截面温度分布图与看台截面风速分布图

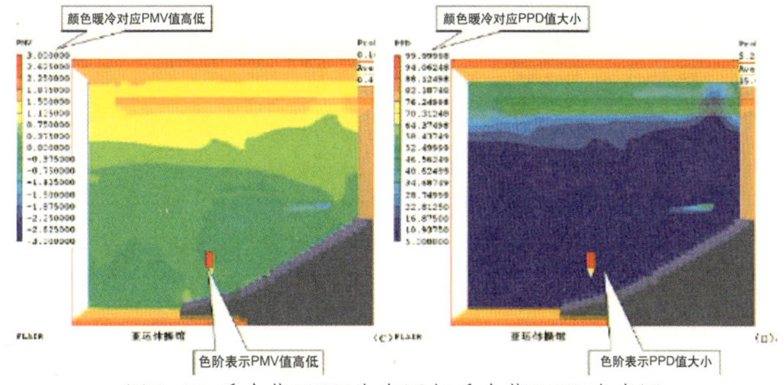

图7-15 看台截面PMV分布图与看台截面PPD分布图

图7-16 看台坐椅送风口分布实景图

图7-17 看台上部高处送风口分布实景图

由于坐椅送风的存在，不论是在高处喷口送风及不送风工况，PMV-PPD指标显示，在有空调送风的观众区域，人体的下肢部位处于稍凉的情况，高处喷口不送风时观众区及比赛区已经处于比较舒适的范围，所以高处喷口送风是为了让舒适的范围扩展到体育馆更大的空间当中（图7-17）。

2）自然通风

本项目在设计过程中，利用计算流体力学Phoenics3.5软件进行综合体育馆室内自然通风环境模拟和分析（图7-18），并指出了现有设计中自然通风的不足，并提出了相关的改进方案。

综合馆区中的体育馆赛时和赛后空调能耗巨大，需要考虑自然通风来减少空调设备的开启时间，达到最优的节能目的。因此，在设计分析中为体育馆赛后使用提供可以充分利用自然通风的设计方案。

从建筑方案和模型中可以看出，体育馆底部的观众走道具有一定的通风潜力，但二层观众接待休息大厅缺少足够空气流动的通道，因此在设计中考虑到在观众接待休息大厅南侧金属幕墙上设计开口。综合体育馆二层南侧金属幕墙部分的开口可以有效改善二层观众休息大厅的自然通风效果，大厅内平均风速为0.5m/s，

图7-18 简化后的模型

观众可以感受到空气流动，相对没有开口的方案，大厅空气流速提高5倍以上；同时对首层观众活动区域以及比赛场地的自然通风都有所帮助。

由模拟结果(图7-19～图7-21)可知，夏季，体操馆南面处于正压区，北面处于负压区，一层南北入口的压差达到了2.7～5.3Pa，二层南北入口处压差达到了4.5～6.3Pa，给室内自然通风提供了较好的条件。综合馆一层南北压差较小，二层南北压力差达到3.5Pa以上，二层室内自然通风条件比较好。过渡季节体操馆和综合馆北面处于正压区，南面处于负压区，一层、二层南北入口处压差均达到了4Pa以上，两馆室内自然通风条件均良好，过渡季节应充分利用自然通风。

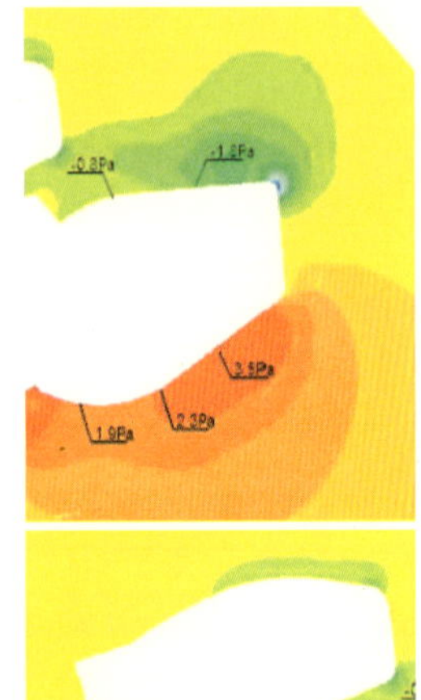

图7-19 体操馆夏季一层各入口（通风口）处和综合馆一层各入口（通风口）处风压分布

(2) 室内声环境改善技术

应用噪声模拟软件，对场馆声学环境进行模拟评估分析，结合分析结果科学设计噪声高效屏障措施和建筑吸声材料，加强门窗和部件的隔声效果。总的声学功能设计，达到较高的语言清晰度，快速语言清晰度指数RASTI应达到0.6以上；保证音质，声场均匀，避免回声、颤动回声及声聚焦等；设计中的扩声系统，达到体育馆体育场馆比赛语言一级、音乐扩声二级指标；声学处理方案结合结构形式，满足荷载及装饰要求；声学材料满足防火、防水、防潮、防霉变、环保等技术要求；满足背景噪声限值的要求。满足结构隔声要求；体育馆屋顶的隔声量达到45dB。在原屋顶下做隔声处理，所有通风及采光口均应加以砌实密封，观众厅对外门均应按隔声门设计，确保隔声量。

(3) 室内自然采光优化技术

广州亚运城综合体育馆除门窗实现一定的自然采光外，采用开天窗的形式把自然光引入室内，天窗的总采光面积达到220m^2，具体分析布置见(图7-22～图7-26)。利用自然采光，不仅可以节约能源，并且在视觉上更

图7-20 体操馆与综合馆夏季二层各入口（通风口）处风压分布

图7-21 体操馆与综合馆过渡季二层各入口（通风口）处风压分布

为习惯和舒适，在心理上能和自然接近、协调，可以看到室外景色，更能满足精神上的要求，通过合理的设计，日光完全可以为用户提供一定量的室内照明(图7－27、图7—28)。

7.3.3 出入口和公共交通的改善与优化技术

(1) 出入口设计

根据综合体育馆的设计规划，亚运会期间，除观众以外的各类人员都拥有专用上下车站或专用停车场，各类人员凭证进入不同的出入口。场地东侧及西侧各设两个出入口，其中东面两个出入口主要为机动车出入口，主要人流从西侧的两个出入口进出。同时在5m标高通过空中景观漫步廊连通轨道交通4号线海傍站，方便观众进出场馆(图7—29)。

场馆运营人员有专用的出入口，停车场设置于赛时后院。赛事管理人员有专用的出入口和停车场，也可与场地运营人员

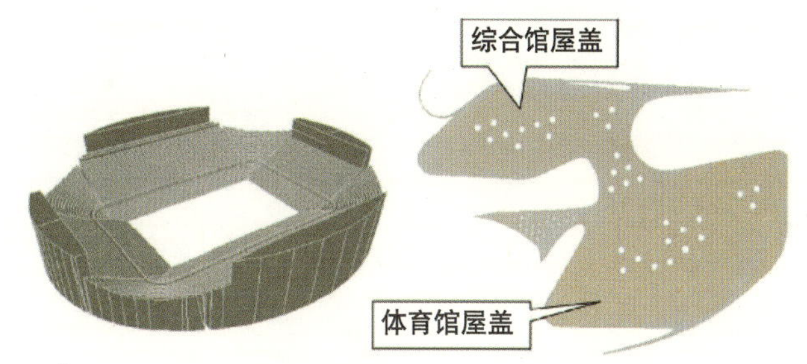

图7—22 广州亚运城综合体育馆天窗布置模拟分析示意图

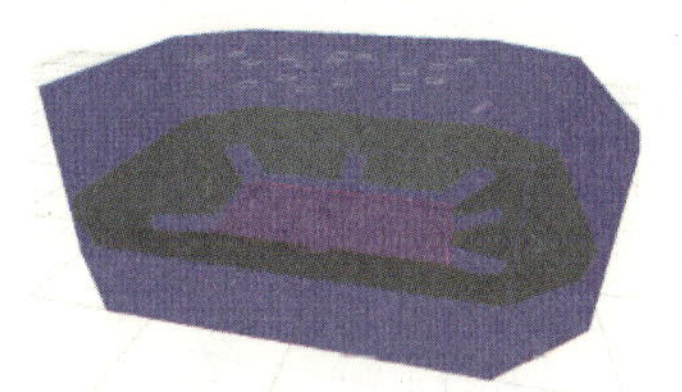
图7—23 计算模型（三维）

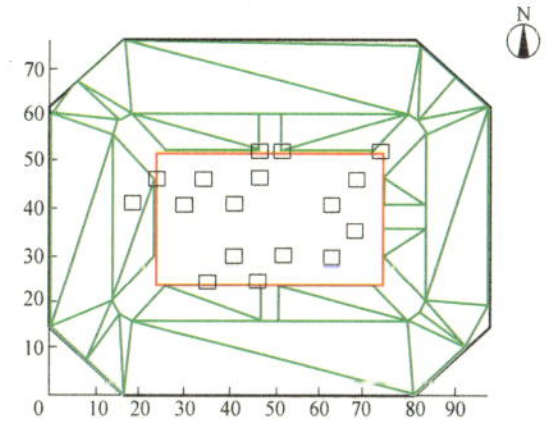
图7—24 计算模型（平面）

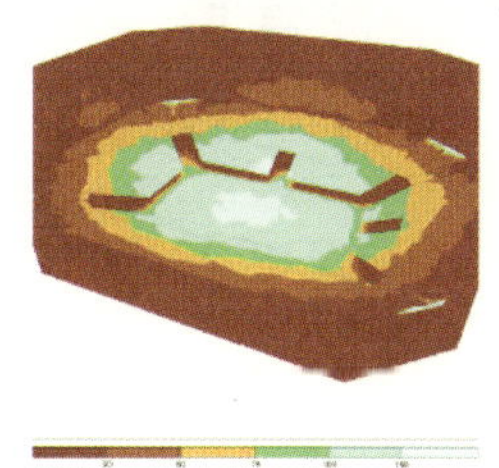
图7—25 三维照度分布图

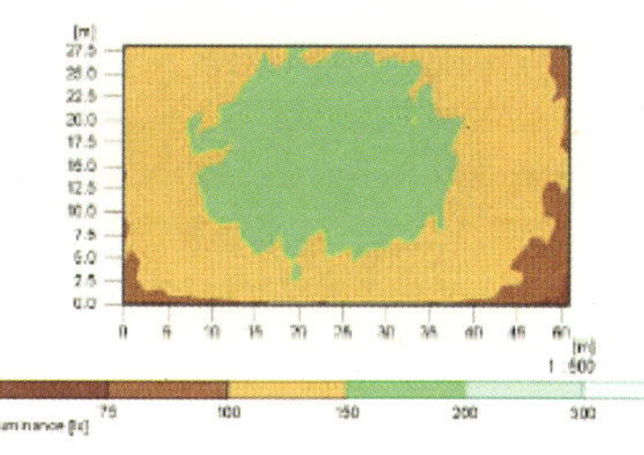
图7—26 比赛场地照度分布图

图7—27 体操馆天窗百叶闭合时的实景图

图7—28 壁球馆天窗开启时的实景图

使用相同的出入口，停车场设置于赛时后院。运动员及随队官员的专用上下车站在其专用出入口附近设置，其间的通道要与其他人员流线分开，停车场设置于赛时后院。贵宾、官员和赞助商有专门的出入口和上下车站，并邻近贵宾及官员看台。其中要员专用停车场可容纳27辆小轿车同时停放，并紧临主席台区入口、要员休息室及紧急避险处。新闻媒体有专门的出入口和上下车站，并设有电视转播车停车区，邻近转播用房，停车场设置于首层媒体出入口附近。

(2) 公共交通

在举办亚运会等各类比赛期间，普通观众主要通过公共交通方式抵达广州亚运城综合体育馆，赛时在规划用地范围内不考虑普通观众停车场，主要出入口距公交和地铁站的距离不超过500m。场内交通实现人车分流：车流全部从场地东侧进入，能方便快捷的进入相应的停车场和到达场馆首层的各个入口(图7—30)。

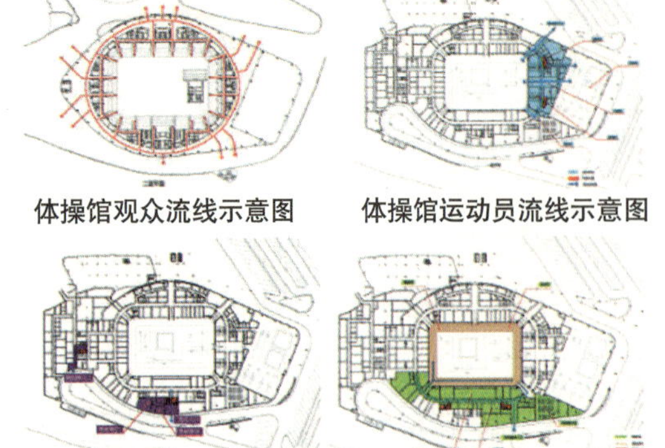

图7—29 广州亚运城综合体育馆各类群体流线示意图

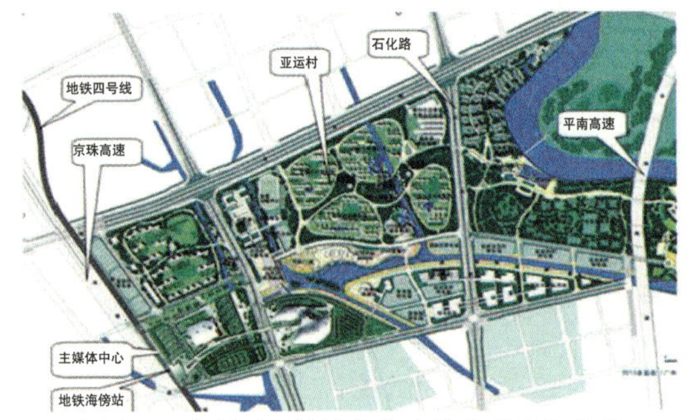

图7—30 广州亚运城综合体育馆交通组织方案

7.3.4 节能技术的应用

(1) 被动式节能技术

综合建筑规划、建筑设计及建筑布局，结合太阳能、风力、水资源等天然冷热资源，以气流组织和室内温湿度场模拟与优化结论为依据，根据广州亚运城综合体育馆所在地气候特征，采用建筑本体被动式节能技术改善室内热湿环境。具体包括建筑设计考虑自然通风； 采用种植屋面和轻质隔热屋面(图7—31)；幕墙玻璃采用高性能中空Low—E玻璃(图7—32)；场馆大厅通过高窗和低窗通风换气；幕墙非透明部分采用防火保温棉；外墙砌体部分采用蒸压加气混凝土砌块；建筑外窗可开启面积不小于外窗总面积的30%，建筑幕墙具有可开启部分或设有通风换气装置。建筑外窗的气密性不低于国家标准《建筑外门窗气密、水密、抗风压性能分级及检测方法》（GB/T 7106—2008）规定的6级要求。

(2) 空调系统节能技术

1）选择合理的冷源搭配方案

冷源系统设计方案应综合考虑节能、可靠性及经济性，且考虑赛时、赛后及不同季节的经济运行和维护需要。整个亚运城综合体育馆除少数设备用房等房间外均采用中央空调系统。

本项目中空调面积约40020m^2，本项目中央空调系统所需最大空调冷负荷为8718kW（2480冷吨），

图7-31　场馆轻质隔热屋面实景图

图7-32　场馆幕墙中空Low-E玻璃安装实景图

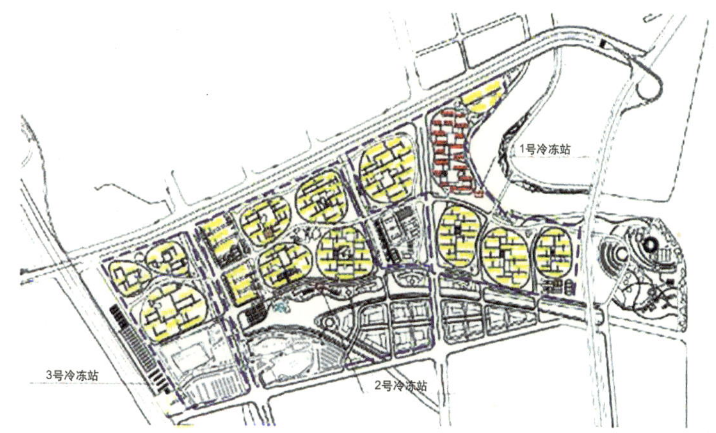

图7-33　广州亚运城综合体育馆区域内太阳能及水源热泵供冷供热系统分布图

单位面积冷负荷218W/m²。由3号能源站提供给体育综合馆的冷量为2505kW，供回水温为6℃/14℃（图7-33）。考虑充分利用3号能源站可提供的部分冷量，且通过合理分析和计算尽量降低装机容量，同时希望能源站可提供冷量的区域用冷的时间越长越好。结合本项目各区域的负荷构成及赛后的使用时间，冷源选择方案为：体操馆及综合馆周边附属用房、亚运历史博物馆这些赛后用冷时间长的区域均采用集中能源站提供的冷量，且为直供方式；而赛后用冷时间很短的体操馆及综合馆的比赛场馆内和观众休息大厅等大空间区域分别自设冷水机组；24小时设备机房独立设置多联空调或分体空调。这样既能充分利用能源站冷量，同时将场馆与周边附属用房分开系统也更有利于今后的运营管理。

2）通过水源热泵技术提高空调系统整体能效比

亚运城综合体育馆的空调纳入整个亚运城太阳能和水源热泵供冷供热系统中，利用亚运城周边砺江江水为水源热泵冷源，代替冷却塔，由3号能源站提供部分冷量。砺江夏季取水温度在26±2℃，比传统冷冻塔冷冻水设计温度32℃低4～8℃，降低了蒸发器冷却温度，大大提高制冷机组能效比，约可降低制冷机能耗15%～30%。

3）自设冷源的空调区域选用高效的空调主机

空调系统的冷源机组能效比优于《〈公共建筑节能设计标准〉广东省实施细则》（DBJ 15-51-2007）的要求。体操馆内冷源水冷离心机组制冷性能系数（*COP*）达到5.6（设计工况：冷却水6/14℃，

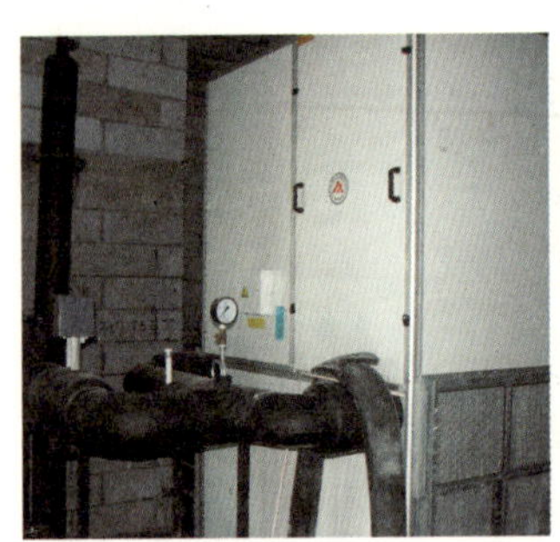
图7-34 广州亚运城综合体育馆立式空调机组实景图

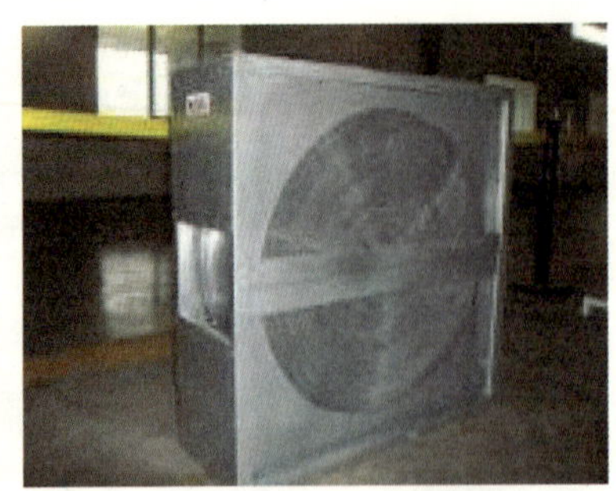
图7-35 转轮热回收装置

冷却水37/32℃），水冷螺杆机组制冷性能系数（COP）达到5.0（设计工况：冷冻水6/14℃，冷冻水37/32℃）；综合馆内冷源采用新型风冷蒸发式冷凝螺杆冷水机组，能效比（EER）达到4.1（设计工况：冷冻水6/14℃，且含冷凝侧冷却系统耗电量）立式空调机组实景见图7－34。

4) 利用排风对新风进行预热（或预冷）处理，降低新风负荷

回收利用排风中的能量可以取得很好的节能效益和环境效益。因此，本项目中全年用冷时间长的周边附属用房区域考虑优先回收排风中的能量，新风与排风采用独立的管道输送，设置集中全热回收的转轮热回收装置(图7-35)。总的排风回收量为46000m^3/h。

5) 采用高效的空调通风设备及空调水泵

体育馆采用的通风空调系统风机的单位风量耗功率和冷热水系统的输送能效比优于《〈公共建筑节能设计标准〉广东省实施细则》（DBJ 15-51-2007）的要求。本项目各空调通风系统中风机的单位风量耗功率均不超过0.42W/(m^3/h)，且全空气空调系统中空调系统的风柜均采用变频变风量控制；普通通风系统中风机的单位风量耗功率均不超过0.32 W/(m^3/h)。

6) 空调系统100%全新风运行，强化通风降温效果

根据广州地区的气候条件，全年约有12%～20%的时间（且大多在下半年）适宜采用通风措施满足室内温湿度要求。因此，全空气集中空调系统采用焓差控制的方式，具备全新风运行能力、以充分利用自然条件降温、最大限度实现运行节能。新风负荷约占建筑物总负荷约30%～40%。变新风量所需的供冷量比固定的最小新风量所需的供冷量少20%左右。新风量如果能够从最小新风量到全新风变化，在春秋季可节约近60%的能耗。

7) 合理划分空调区域

综合考虑房间的朝向、使用时间等因素，细化空调区域，以减少系统在部分负荷下的运行时间，提高系统NPLV值。比赛场馆中，观众区与比赛区空调系统分开设置，并且观众区空调系统分区设置，以满足不同区域的空调要求。体操馆自设冷源部分采用了大小机组相结合的配置，调节性能好，能有效地适应负荷变化的要求，防止了大马拉小车的浪费现象。

建筑在绝大部分时间内是处于部分负荷状况的，或者同一时间仅有一部分空间处于使用状态。面对这种部分负荷、部分空间使用条件的情况，区分房间的朝向，细化空调区域，区分不同楼层的使用功能，分别进行空调系统的设计，就是一种节约能源的有效措施，系统设计能保证在建筑物处于部分冷热负荷时和仅部分楼层使用时，能根据实际需要提供恰当的能源供给，同时不降低能源转换效率。

8) 大空间分层空调设计技术

使空调系统作用于工作区域，在建筑屋顶设置排风机，及时排出上部热空气，降低室内冷负荷。为了便于日常使用减少运行能耗，体操馆固定看台观众区气流组织采用坐椅送风（图7-36、图7-37），用二次回风调节送风温度，送风温度保持在≥19.5℃，且不设再热。采用该送风方案可以减少空调负荷。

图7-36 场馆坐椅送风施工过程

图7-37 场馆坐椅送风竣工实景图

(3) 照明系统节能技术

为了真正达到“绿色亚运”、“科技亚运”的效果，亚运城综合体育馆照明系统的节能目标是：在《〈公共建筑节能设计标准〉广东省实施细则》（DBJ 15-51-2007)要求的基础上能耗减少20%。

按照《建筑照明设计标准》（GB50034-2004），严格控制各个场所的照度值与照明功率密度值，对于《建筑照明设计标准》中对照明功率密度值有明确要求的场所均按不高于目标值进行设计(表7-1)。

一般照明采用直接照明为主方式，所有照明灯具、光源、电气附件等均选用高效、节能型，提高照明效率。办公室、会议室、控制室等高度较低房间采用细管径T5直管形荧光灯（图7-38）。比赛场地、大空间照明采用金属卤化物灯，并由灯具自带功率补偿装置（要求每个灯具功率因数不小于0.9）。火灾疏散指示照明灯采用高光效LED光源，并采用集中控制系统控制。场馆周边离建筑物较远的部分路灯采用风光互补路灯。所有直管形荧光灯均配电子镇流器或

表7-38 场馆采用的细管径T5直管形荧光灯

场馆照明功率密度设计指标 表7-1

房间或场所	照明功率密度 (W/m^2)	照明度（lx）
办公室、会议室、贵宾室、接待室、医务室、警卫室、运动员用房、裁判用房等	8～9	300
计算机房、广播机房、转播机房、电信机房、计时记分控制室、灯光控制室、安防中心等	13～15	500
记者室、评论室、检录室、兴奋剂检查室等	13～15	500
高、低压配电室	5～7	200
风机房、空调机房、变压器室等	3～4	100

图7-39 广州亚运城综合体育馆夜景图

节能型电感镇流器。采用智能照明控制系统，对场地、走廊、门厅、楼梯间、室外立面及环境等照明进行集中监控和管理，并根据环境特点，分别采取定时、分组、照度/人体感应等实时控制方式，最大限度地实现照明系统节能。体育馆夜景如图7-39所示。

7.3.5 可再生能源利用

(1) 太阳能热水系统

太阳能热水系统主要供应广州亚运城综合体育馆首层运动员、裁判员淋浴间的热水需求。最高日用水量约为46.2m^3/天；最大时用水量约为28.9m^3/h。设计小时耗热量：610kW。

由亚运城内能源站为综合体育馆提供热源。热网的供水温度在夏季为55℃，回水温度为50℃。热力检修期的备用热源仅考虑亚运会后商业运营的生活热水的连续供热负荷。空气源热泵作辅助加热设备，供热水温度不足时用。

首层热水站设变频给水泵供生活热水。热水系统竖向分区与冷水分区一致。热水贮热水箱位于首层的热水站内，设保温不锈钢热水箱1座，共35m^3。集中热水系统采用机械循环管道系统。生活热水回水管道在热水站内设2台热水循环水泵，一用一备。热水管采用薄壁紫铜管，焊接。热水干管采用橡塑海绵保温。管道补偿采用金属波纹管，补偿范围两端加固定支架。

(2) 风能/太阳能光电技术

在体育馆停车场出入口等处设太阳能路灯。利用太阳能发电为停车场照明提供电源。光源选用高效节能的LED灯。太阳能发电的结合可满足停车场各季节照明用电，既节约能源也为体育馆人员疏散提供可靠的照明。太阳能路灯安装区域见(图7-40)。

图7-40 风光互补路灯拟安装位置示意图

7.3.6 雨水综合利用技术

根据气象资料，广州年降雨量大约1682mm，雨水资源丰富，且全年都有降雨。广州市1961～1990年的气象资料显示，从3月到10月降雨量都在80mm以上，降雨分布比较均匀，非常适合雨水的收集利用，是非常好的杂用水水源。

根据前期对亚运场馆周边雨水资源的分析与研究，亚运场馆及周边区域中，可收集利用雨水的下垫面根据其特征可以分成以下几类：体育场馆的屋面；场馆周边的道路和广场等硬化地面；场馆周边的绿地；场馆周边道路两侧的人行道。从亚运场馆雨水利用范围来分析，在建筑设计和施工符合雨水收集利用的条件下，亚运场馆的雨水收集利用首先可以考虑采用屋面雨水收集利用。同时，利用场馆周边的绿地，场馆周边道路两侧的人行道，通过雨水渗透加以利用(图7–41)。

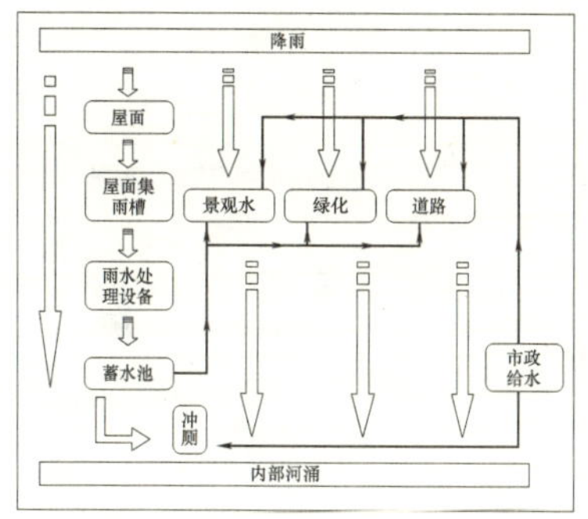

图7–41 广州亚运城综合体育馆雨水综合利用方案示意图

屋面雨水的储存和净化处理设施都建设在建筑场馆中及周边地区，雨水的回用用途主要考虑建筑场馆及周边地区的绿地浇灌和路面浇洒。

实施亚运场馆雨水利用措施，通过水资源的合理配置和调度，实现水资源的可持续利用，改善和保护生态环境条件。

图7–42广州亚运城综合体育馆免装饰清水混凝土墙体样板

7.4 技术效果测试与评估

对围护结构部分完成了相应的测试(图7–42、图7–43)，均满足要求。其中，自保温材料导热系数0.16W/(m·K)；清水混凝土墙体传热系数3.02W/(m^2·K)； Low–E中空玻璃可见光透射比58%，传热系数1.66W/(m^2·K)。

图7–43广州亚运城综合体育馆玻璃安装实景图

7.5 经济性分析

(1) 技术经济指标

本示范工程资金概算约为79516.41万元，其中示范总增量成本1265万(表7–2)。

结合本项目在围护结构、通风、遮阳、空调、照明、及可再生能源建筑应用方面采取的节能措施，通过综合分析和模拟计算，再加上可再生能源建筑应用的贡献，据估算，本项目按赛时负荷折算，每年可节约用电37.6万度。

本项目完工后，可实现减排指标如表7–3所示。

(2) 社会经济指标

1) 节约社会能源和社会资金

采用有效节能措施和综合环境改善技术，在亚运会期间和后期场馆使用过程中，降低的建筑能耗产生的直接经济效益巨大，综合节电率达50%以上，可节省大量用电。

示范建筑增量成本 表7-2

增量发生项目	分项增量成本（万元）	建筑面积（m^2）
围护结构节能措施	485	6.55万
自然通风/照明及空调	300	
雨水收集利用	260	
太阳能光热和光电应用	200	
绿色建筑专项研究和技术服务	20	
小计	1265	
折合单位建筑面积增量成本193.13（元/m^3）		

减排指标（单位：t/年） 表7-3

节煤	减排CO_2	SO_2	NOx	烟尘
150.40	342.46	10.20	5.11	93.20

2) 成为缓解当前电力紧张的有效手段

广州市近年频频发生电力缺口，拉闸限电的现象，多发生在夏季制冷的用电高峰期。亚运会期间，不仅要保证场馆的用电量，也要确保居民和企业的用电。除了科学制定错峰用电方案外，采用上述技术，能有效的节省空调和采暖设备的用电量，缓解电力的供求矛盾，同时建筑冬暖夏凉，舒适性大为提高，空调负荷可降低一半，电力建设投资也可大为减少，电力工业的经济效益可大大提高，安全运行也更有保障。

3) 是改善空间环境的重要途径

改善室内热环境。室内热环境是对室内温度、空气湿度、气流速度和环境热辐射的总称。适宜的室内热环境可使人体易于保持平衡，从而使人产生舒适感。空调设备运转率下降，可有效改善室内空气质量，特别是对于体育馆这种人口平均密度较高的公共建筑来说，上述技术显得尤为重要，从而节约对健康及医疗的投资。

4) 减少对环境的污染

从宏观角度来看，开展场馆建筑节能工作，降低建筑能耗，缓解当前能源紧张局面的同时，还可以减排粉尘、灰渣、二氧化硫、二氧化碳等有害气体，减少环境污染，改善大气环境，对保护和净化环境十分有利，从而节省环境保护的治理费用。

5) 促进了建筑业及相关产业的发展，创造更多的就业机会

建筑节能涉及加强建筑物本身的保温、隔热性能、门窗的气密性，提高用能设备的效率以及增强节能意识和管理理念。如果亚运场馆均按节能建筑标准建造和改造，建筑节能市场：如新墙材开发应用、太阳能照明、发电技术推广等将会有大量商机涌现，同时将会创造更多就业机会。

7.6 应用推广价值

7.6.1 综合效益影响价值

广州亚运城综合体育馆充分结合广州当地的气候、资源、自然环境、经济、文化等特点与本工程的实际需要，通过与项目业主，设计单位，施工单位，监理单位，物业管理单位的密切配合协作，应用研究任务与工作目标将按期、保质、保量完成，并实现以下预期的社会、经济、环保等效益。

1）节约大量社会能源和社会资金。采用有效节能措施和综合环境改善技术，在亚运会期间和后期场馆使用过程中，降低的建筑能耗产生的直接经济效益巨大。

2）有效缓解当前电力紧张的形势。

3）改善室内热环境。适宜的室内热环境可使人体易于保持平衡，从而使人产生舒适感。空调设备运转率下降，可有效改善室内空气质量，特别是对于体育馆这种人口平均密度较高的公共建筑来说，上述技术显得尤为重要。

4）减少了对环境的污染。从宏观角度来看，开展场馆建筑节能工作，降低建筑能耗，缓解当前能源紧张局面的同时，还可以减排粉尘、灰渣、二氧化硫、二氧化碳等等有害气体，减少环境污染，改善大气环境，对保护和净化环境十分有利。

7.6.2 工程绿色建筑示范价值

设计能耗模拟结果 表7–4

	设计建筑	参照建筑	节能率
年总能耗(kWh/m^2)	99.47	105.21	60.1%
年耗冷量(kWh/m^2)	99.47	105.21	

经能耗模拟计算，本项目的能耗指标如表7–4所示。

结合本项目在围护结构、通风、遮阳、空调、照明以及可再生能源建筑应用方面采取的节能措施，通过综合分析和模拟计算，再加上可再生能源建筑应用的贡献，本项目的综合节能率为60%左右。在今后的营运过程中，可大量节约运行成本，同时大大提高室内外环境质量，营造绿色环保办公环境，有利于身体健康和和谐发展。

本项目在绿色建筑的增量成本为193.13元/m^2，作为公共建筑，其利用率高，经济效益回收快，故值得广泛地推广应用。据估算，本项目按赛时负荷折算，每年可节约用电37.6 万度。

7.6.3 工程市场推广价值

从广州市体育设施建设的情况看来，广州的体育设施在数量上居于广东省乃至珠三角的前列，但目前对体育设施的建设不能仅满足于单纯数量上的追求，还应满足亚运会对体育场馆的需求。目前广州符合群众体育活动要求的场所六、七千个，符合国际比赛要求的场馆50多个，尤其形成了以广东奥林匹克中心、天河体育中心、广州体育馆等为中心的大型体育设施的分布格局。

运动会产业不但给世界带来经济增长，给国家带来发展的机遇，对每个城市来说也是一个加速城市化的契机，城市通过举办城运会、全运会、奥运会等体育赛事兴建体育场馆来带动场馆周边区域经济、土地升值、改善投资环境、包括提升区域板块的形象甚至城市的品牌，形成城市新的功能中心。通过广州亚运城综合体育馆建设以及“亚运经济”的带动，广州新城的发展也必将得到提速。

广州新城作为未来新的城市副中心，对区域文体设施的需求将十分迫切，广州亚运城综合体育馆建成后，将满足整个广州新城人口发展对体育设施建设的要求，将成为区域文化和群众体育的活动中心乃至整个广州地区的重要文体活动场所，满足广州新城对文体设施的需求以及整个广州地区文化活动和全民健身的需求。

示范工程的建成和研究成果在本工程的实现推广，符合绿色、环保、科技和节能的亚运理念，它的成功建成和“十一五”国家科技支撑计划重大项目“城镇人居环境改善与保障关键技术研究”各课题研究成果的有效实践，对其他类似工程项目和整个社会起到良好的示范作用。

7.6.4 示范技术推广应用价值

广州亚运城综合体育馆作为极具表现力的大型城市公共建筑，不仅重视自身环境的创造，更遵循环境的特点展开设计。通过合理的场地设计、绿化园林设计，室内热工设计，实现对周边环境和室内环境的保护和改善。对场地及周边环境的动植物原有生态状况进行调整，以尽量减少建设活动对原有生态环境的破坏。通过对绿化率的控制、具体的绿化园林设计技术手段来维护乃至改善原有的生态环境，同时也可以有效提高室外环境的舒适性。通过在室外停车场设计绿化遮阳，铺设透水性地面等措施，提高舒适性的同时改善区域生态环境。建立清晰易识的道路指引标识系统，提高道路的使用性能与效率。场馆在其建设、运营以及拆卸过程中，不破坏当地文物、自然水系、湿地、基本农田、森林和其他保护区。施工过程中制定并实施保护环境的具体措施，控制由于施工引起各种污染以及对场地周边区域的影响。

广州亚运城综合体育馆自然通风技术专项研究技术推广，工程中采用风洞实验和CFD相结合的方法进行自然通风专项研究，从理论体系研究到通风理论在本工程中的应用，形成本项目的自然通风专项技术成果。有利于保证良好的风环境，保证舒适的室外活动空间的自然通风条件，减少气流对区域微环境和建筑本身的不利影响。广州亚运城综合体育馆建筑物理环境综合控制技术研究与示范推广，通过在设计、施工、运行中对本工程建筑物理环境综合控制技术研究与应用，形成广州亚运体育馆建筑物理环境综合控制技术成果。

按照城镇人居环境改善与保障综合科技示范工程标准打造的亚运城综合体育馆属于大型公共建筑，项目所采取的人居环境改善与保障综合技术措施都经过反复的论证和研究，经过详细的技术可行性、经济可行性以及适用性分析，具有较强的示范推广意义。亚运城综合体育馆在满足2010 年亚运会体操比赛项目赛事要求的同时，赛后将作为广州市一流的体育设施，成为集体育竞赛、文化娱乐于一体。随着工程技术示范的深入实施和推广，本项目将成为城镇人居环境改善与保障综合科技示范技术措施在体育场馆的典范。

住宅类示范工程

8 绿地东岸涟城

项目名称 /绿地东岸涟城

建筑类型 /住宅建筑

建设地点 /上海市浦东区临港新城环湖西三路古棕路168号

建筑面积 /23.4万m^2

开发单位 /上海绿地湾置业有限公司

技术支撑 /上海市建筑科学研究院（集团）有限公司

8.1 项目概况

临港新城是上海重点建设的“三大新城”之一，它作为上海国际航运中心的组成部分，将充分依托集装箱国际深水枢纽港、国际航空枢纽港和国家级现代装备业园区，建成充分体现新世纪上海建设水平，相对独立，功能完善的综合型海滨新城。

绿地东岸涟城项目位于上海市东海之滨临港新城，北纬31° 14′，东经121° 29′，属北亚热带季风区，年平均气温16.5℃，气候温和湿润，降水丰沛，四季分明。日照条件较为充足，年日照时间2014h左右，太阳辐射量在4501MJ/(m^2·a)左右。春季始于3月；夏季自梅雨开始，进入盛夏后，高温干燥，形成伏旱；秋季金风阵阵，秋高气爽；冬季晴朗少雨，北方冷空气南下，偶有寒潮侵袭。春夏多雨，秋冬季日照充分，太阳能资源较为丰富。

同时，临港新城位于上海东南长江口与杭州湾交汇处，气候环境具有海洋性和局地性。冬季盛行偏北风，从西北偏西到东北，各风向的出现频率总和达半数以上。夏季盛行偏南风，从东南偏东到西南各风向的出现频率总和也达半数以上。盛行风向冬夏反向交替运行，1月最冷平均为3.6℃，7月最热为27.8℃，季风特征明显，风力资源丰富。

本示范工程作为临港新城的第一个住宅商品房项目，项目占地21.8万m^2，建筑面积23.5万m^2。项目用地四周被城市绿化与景观河道包围，生态环境得天独厚。遵循“以人为本”的设计原则，从实际出发无论空间布局还是细节处理均体现对各类人群的尊重、体贴与关怀。提倡应用新技术、新工艺和新材料，提高能源与资源的利用效率，建设成一个节能、节地、节水、节材、环保的生态居住小区（图8—1）。

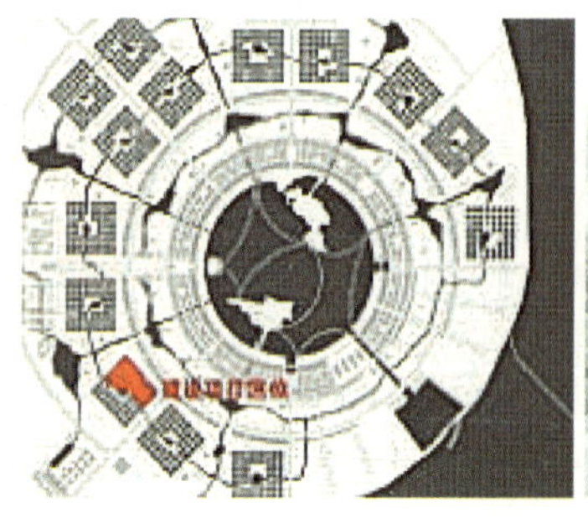

图8—1 绿地东岸涟城效果图与实景图

8.2 项目特点及技术目标

该项目强调自然生态环境的设计理念，运用生态学及建筑技术科学的方法，合理地安排并组织建筑与其他邻域相关因素的干系，使其与环境成为一个有机的整体。在规划上沿用德国GMP事务所的总体规划构思，创造出具有围合感与宜人尺度的邻里居住空间，适应传统的居住方式，为所有住宅提供良好的日照和景观。通过运用新技术、新工艺及提高能源与资源的利用效率，创造出绿色生态、舒适宜人的室内外环境空间，是该住宅小区的最大特色。

综合应用目前国内外先进的人居环境控制和改善关键技术，研究建立了结合和谐宜居的室外环境技术、舒适健康的室内环境技术及高效经济的能源利用技术等三方面关键技术集成体系，并在生态小区中实现关键技术与建筑的一体化集成应用。实现小区建筑综合节能率50%，室外透水地面面积比达到40%，小区管道分质供水技术100%，舒适高效的室内外环境质量的整体技术目标；以及公寓建筑综合节能率60%，其可再生能源的使用量占建筑总能耗的比例大于10%、非传统水源利用率不低于10%、建筑装修一体化率100%的单体建筑技术目标；从而综合形成“舒适环境、节能技术、综合节水、自然采光、能源利用”的五大技术亮点（图8-2）。在示范工程的基础上，建立体现临港新城当地资源特点、产业优势、设计和管理模式在内的适宜推广应用的人居环境控制和改善关键技术体系，在临港新城生态人居建设项目中加以推广应用。

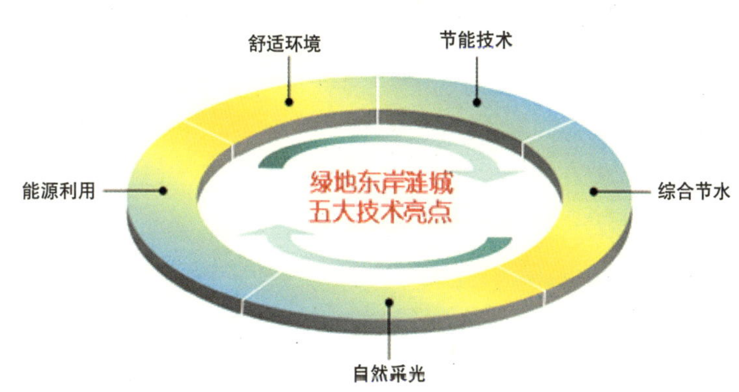

图8-2 绿地东岸涟城技术亮点示意图

8.3 人居环境控制和改善技术

8.3.1 和谐宜居的室外环境技术

绿地东岸涟城项目作为临港新城首个开发的商品房项目，开发建筑面积23.4m^2，绿地率43.6%，集中绿化面积5.9万m^2。针对该项目制定室外环境技术应用原则，通过绿地土壤改良利用技术、宜居景观环境改善技术、场地水资源综合利用技术等措施，使该项目的多层次复合景观绿化与周围城市绿化和景观河道一起构筑起优美的室外生态人居环境。

(1) 宜居景观环境改善技术

1) 宜居景观绿化定位分析

①提倡“生态绿化”的概念。在绿化规划设计中，摒弃以前过分注重人工构筑物、过分重视建筑小品的传统，尽量提高绿地面积，注重发挥绿色植物净化大气、防风、防雷、防噪的作用。通过绿色植物改善局部小环境，为小区居民创造安静、舒适、优美的居住环境，提高居住者的生活舒适度。

②注重绿化植物的合理配置，并选择安全性较好的绿化材料。避免使用带刺的植物、多花粉和其他易使人过敏的植物。多选择一些对人的健康有益的树种，特别是具有较好的防病、治病和健身等功能作用的树种，通过人与植物群的相互作用获得自然保健效益。

③因地制宜的选择绿化物种。根据临港新城当地的气候状况和水源条件，因地制宜地选择绿化材料。尽量多使用本地化乡土物种。

④实现植物的复层混交，改善局部热岛效应。在绿化设计中应该注重提高单位面积绿量，重视建立相对稳定而多样化的植物复层种植结构，用以改善植物空间分布的状况，尽量减少养护与管理费用，力争形成一个稳定的生态结构，使之避免因群落不稳定而造成的经济损失。

⑤注重立体绿化设计。建筑的墙面、屋面经过绿化后，夏季室温可降低20℃左右，所以在夏热冬冷地区，立体绿化显得尤为需要。设计中充分利用楼顶、阳台、错层布置空中绿化来加大立体绿化覆盖率。

2) 宜居景观绿化的应用实践

①景观绿化在整体布局方面，强调自然生态环境的设计理念，运用生态学及建筑技术科学的方法，合理地安排并组织建筑与其他邻域相关因素的干系，使其与环境成为一个有机的整体（图8–3）。

②合理配置绿化物种，多使用上海地区及临港新城当地的本地化植物。在此物种选择的基础上，使乔木、灌木、草本植物共生在一个群落中，以改善植物空间分布的状况，从而充分利用阳光、空气、土地、肥力，充分发挥生态功能，尽量减少养护与管理费用。

居住区：①主干道以常绿树种香樟为行道树，形成四季常绿的绿色通道；②宅间次干道以落叶树为行道树，如：栾树、榉树、无患子、银杏等。既丰富了居住区景观的季相变化，又达到一定的遮阴效果。冬日里不会影响阳光照射入户；③集中绿地以组团种植群落为主，于建筑群中创造绿色围合空间，寓休憩、娱乐于一体，彰显人性化的景观空间（图8–4）。

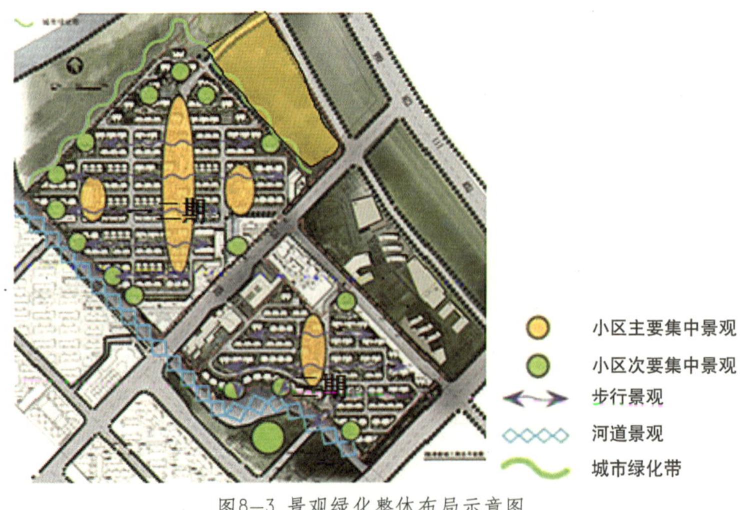

图8–3 景观绿化整体布局示意图

小区公园：①因势而植，在地形低凹、转角处密植乔灌木组团，坡地或高处散植大乔木或小组团片植；②组团群落式种植，突出层次感，以常绿树香樟、女贞、桂花等为基调，渲以银杏、榉树、无患子、栾树、枫树类等有色树种；③以人为本，园区种植以道路为主动线，形成一个绿色走廊，或开或合、或扬或抑（图8–5）。

③ 注重立体绿化设计。强化45°“城市岛”居住小区的独特性，以楔形绿地与正南北向的居住单元，形成趣味的外部空间，强调建立立体网络化的绿化系统，从小区滨江公园到街坊间的楔形绿地再到居住单元的内部庭院，从地面绿化到屋面绿化，形成自外而内、自下而上的立体绿化网络系统（图8–6、图8–7）。

屋面绿化是立体绿化的有机组成部分，绿化的屋面可提高屋面的保温性能，同时美化了屋面，给住户提供较好的视觉环境。该项目中一、二、三期所有多层包括单身公寓的屋面都设有绿化，屋面面积约4.5万m^2。屋顶均覆100mm厚种植土，种植佛甲草，佛甲草在环境恶劣的屋顶上生长，株距密集、枝繁叶茂，四季常青，实用绿化覆盖高达90%以上，尤其佛甲草的呼吸作用，经科学验证，晚上吸入二氧化碳，白天放出氧气，且能量比一般植物大30倍。大面积屋顶种植，对平衡大气中的氢和二氧化碳起到积极的作用。同时形成绿色的屋顶环境，给小高层上的住户提供良好的视觉感受，同时改善小区微气候，降低热岛效应带来的负面影响（图8–8）。

3) 透水路面改善热岛效应措施

许多小区在景观规划设计中，对道路的铺装往往只关注美观程度或仅考虑经济性，大量采用水泥、柏油、混凝土等封闭地表，取代原有的土壤表面；对人行道、露天停车场、庭院及广场等公共场所，也喜欢用

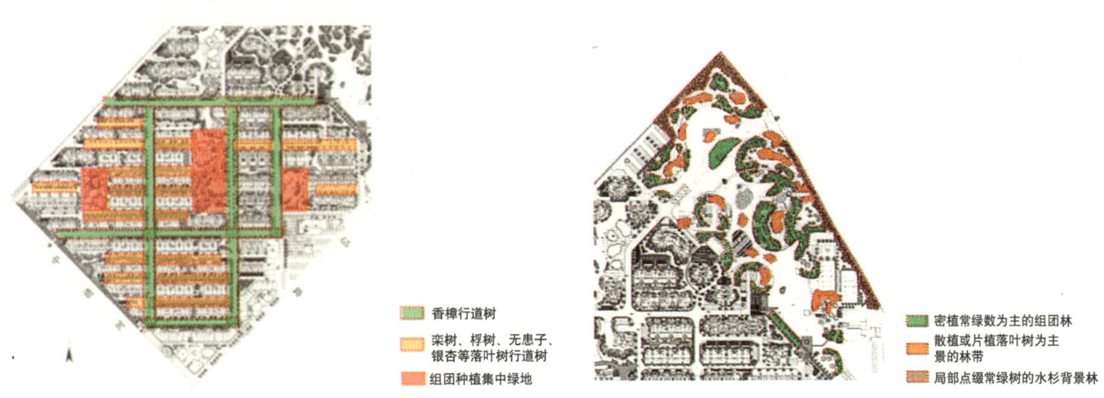

图8–4 居住区植物配置示意图　　图8–5 小区公园植物配置示意图

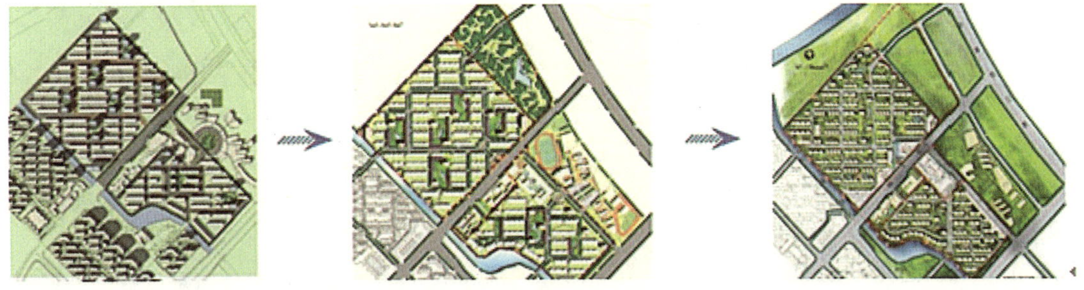

图8–6 立体绿化网络分析图

图8-7 景观绿化网络示意

整齐漂亮的石板材或水泥彩砖铺设。封闭地表在改善交通和道路状况、美化环境的同时，也对城市生态和气候环境产生显著的不利影响。而透水路面在这种大背景下以其具有的独特生态意义，在绿地东岸涟城项目中发挥了巨大的作用。

绿地东岸涟城项目中大量使用透水路面材料，一方面增加了视觉美感，另一方面起到改善小区热岛效应及路面排水的作用，从而提高了场地的保水性。该项目中除景观绿化地面外，在停车位、人行走道等处采用透水地面材料如透水砖、植草砖等，室外透水地面面积达到40%，路沿石也同样采用了与透水砖相同的材料，不仅起到收集路面雨水的作用，同时可进一步达到改善室外热环境的效果，提高居民在室外活动的热舒适度（图8-9）。

(2) 场地水资源综合利用技术

1) 雨水收集利用技术

上海属于水质型缺水地区，临港新城位于东海之滨、上海东南长江口和杭州湾交汇处，年降雨量1164mm。在绿地东岸涟城小区建设中，发展雨水收集和利用工程，把原来被排走雨水留下来利用，既增加了水资源，也是节约自来水的好措施。同时，通过雨水收集利用的广泛开展，由于雨水被留住或回渗地下，减少了排水量，减轻了洪水灾害威胁，因此，地下水得以回补，水环境得以改善，生态环境得以修复。

根据雨水收集利用设计方案，绿地东岸涟城项目主要收集了一、二期住宅的屋面和道路雨水，经处理后用以提供二期大型公共绿地景观用水和整个二期绿化浇灌和道路清洗用水。北侧大型公共绿地采用

图8-8 多层住宅的屋顶绿化

图8-9 停车位、人行道及小区道路采用植草砖及透水砖

喷灌的节水灌溉方式，进一步实现了节约水资源的效果（图8—10）。

图8—10 北侧大型公共绿地采用喷灌的节水方式

2) 旱溪处理技术

小区景观河道利用雨水收集，并做旱溪处理，利用中涟河道水补充小区公园湿地用水，采用生态法+生态箱方法处理水质。在下雨时可以收集雨水，不下雨时为无水状态，减少对排水系统的压力（图8—11、图8—12）。

(3) 室外风环境控制技术

上海地处亚热带季风区，同时位于中国东南沿海，气候环境还具有海洋性和局地性。盛行风向冬夏反向交替运行，1月最冷平均为3.6℃，7月最热为27.8℃，季风特征明显。上海市的自然通风对于建筑节能有一定的贡献，尤其在过渡季节，不但节能效果明显，而且能有效改善室内环境空气质量。项目根据上海夏热冬冷地区特点，结合冬夏季主导风向对住宅建筑的影响，兼顾日照的需求，在小区平面规划时采用正南北向布局，以满足居民室外风环境控制要求。

图8—11 利用中涟河取水

图8—12 小区公园的景观旱溪

(4) 土地资源节约与控制技术

为了优化调整土地利用结构和布局，合理配置资源，体现土地利用效益的最大化。

绿地东岸涟城项目在节约土地资源方面采取的主要措施有：

1）根据国家和地方的相关规定，$90m^2$以下户型的面积占总量的比例达到74%，提高了土地的使用效率；

2）大部分住宅采用异形柱框架结构体系，并使用混凝土空心砌块等非黏土制品砌筑填充墙；

3）小区充分利用地下空间，设置了四个地下车库，均可设置双层机械停车，其中两个为人防地库。另外小高层设有地下室作为非机动车停车库，方便人们的使用。

8.3.2 舒适健康的室内环境技术

住宅平面设计考虑到地域性及相对的市场状况，并结合层次的多样性，设置多种户型。住宅起居室采用南北通风采光的合理功能布局，并保证所有户型都实现三明。住宅皆有两个居室以上向南采光。平面布局遵从动静，净污分区原则，在满足使用功能及法规的前提下尽量减少公共空间面积。单元出入口处均设置残疾人无障碍坡道。

(1) 气候适应性节能设计技术

1) 围护结构节能设计

围护结构节能设计策略主要是根据该项目的综合节能目标，对建筑的外墙、屋面、窗墙比、外窗和外遮阳进行综合的节能计算分析，同时考虑经济成本的因素，从而得出最优化的围护结构节能措施，而不是追求单一指标如外墙或外窗的传热系数做到最低。通过建筑综合节能评估分析，选取了适宜的外墙、屋面等的传热系数，并对南向的窗墙比进行控制。

该项目住宅均采用外墙外保温技术，墙面使用胶粉聚苯保温颗粒，屋面使用挤塑聚苯板；门窗选用断热铝合金中空玻璃，凸窗选用断热铝合金Low-E镀膜中空玻璃，所有门窗及阳台门的气密性等级达到6级。根据节能计算，综合节能达到50%、公寓住宅达到60%的标准要求。

2) 活动外遮阳利用

在窗户上安装遮阳设施可以有效地降低建筑的太阳辐射得热，从而降低室内空气温度。另外，固定的外遮阳设施没有调节的可能性，一般只能阻挡来自太阳的直接辐射。而所有活动的外遮阳设施都可以根据需要调节进入室内的太阳辐射量，不仅可以阻挡太阳的直接辐射，还可以阻挡来自地面的反射辐射和来自天空的散射辐射。由图8-13可知，安装活动外遮阳可阻挡80%的太阳辐射量，而未安装外遮阳的窗户，在同等情况下，会有80%的太阳辐射量进入室内。

考虑临港的风比较大，绿地东岸涟城项目经过技术方案对比，确定在全装修公寓主要房间朝南、东、西向外窗设铝合金叶片卷边+侧轨百叶手动遮阳系统，安装铝合金百叶活动外遮阳后，在夏季可明显减少阳光对室内的热辐射，降低空调能耗，节省资源（图8-14、图8-15）。

(2) 因地制宜通风采光技术

1) 自然通风采光的天井设计

天井是江南地区传统民居中常见的空间形式。传统民居的空间形态非常丰富，一般从巷道进入大门后，先进入一进天井院落，接下来进入堂屋空间，条件较好的传统民居房间较多，由天井将其分隔，一进接连一进，由此形成丰富多变的内部空间（图8-16）。天井作为被动式的节能设计手法之一，在居民中的主要作用是解决部分辅助用房的自然采光、通风问题，并能加大建筑的进深，节约用地（图8-17）。天井可以设置在单元的中间，也可以设置在单元与单元之间或将天井扩大成院。天井空间既是室内空间的外延，又是室外空间的继续，它在平面中起承上启下的作用，活跃空间气氛，在传统民居中占非常重要的位置。

2) 地域性天井应用实践

绿地东岸涟城项目地处上海临港新城区，在该项目单身公寓的建筑设计中，融入了江南传统民居常

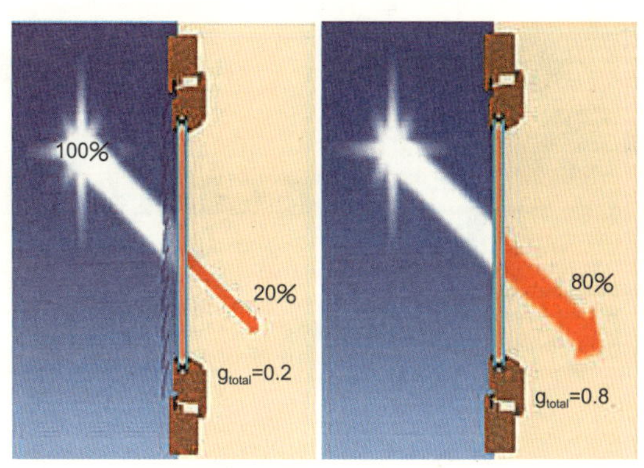

图8-13 安装活动外遮阳与未装外遮阳太阳辐射量对比

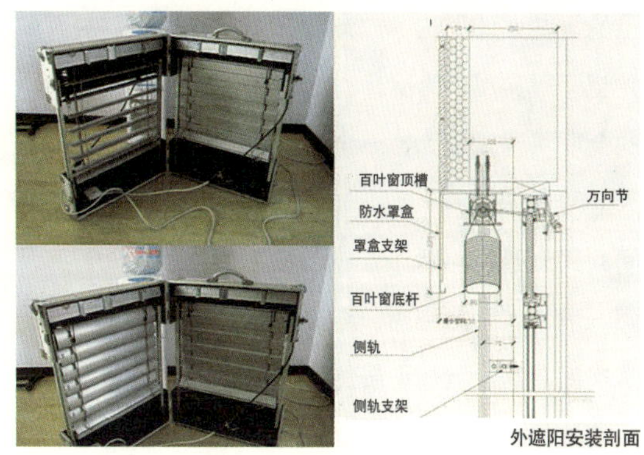

图8-14 活动外遮阳样品及安装详图

图8-15 活动外遮阳现场安装图

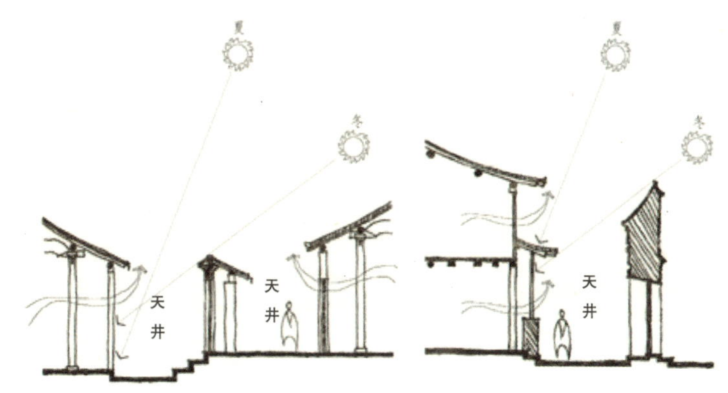

图8-17 天井具有通风及采光作用

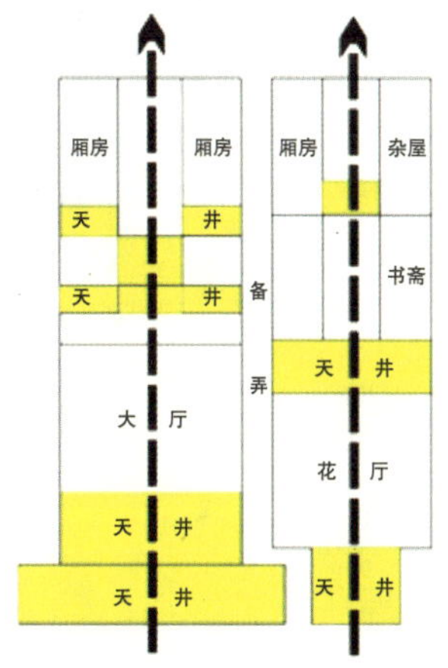

图8-16 某明清古民居平面布局与天井关系分析图

图8-18 施工中的天井空间

见的天井设计手法。一方面，天井空间可实现公寓厨房、卫生间的全明可通风设计，一个楼层的天井可解决两户4个辅助功能房间的采光通风问题；另外，在走廊一侧加入天井空间，丰富了建筑空间布局，增加了居住者的生活情趣(图8–18)。

(3) 变压止逆排气烟道技术

变压止逆阀烟道又称变压防串烟倒灌排气道，吸取了变压式烟道和止逆阀烟道两种烟道的优点，一方面通过改变烟道的截面形式和风帽结构，利用烟气流动的各种物理规律，使气流保持向上运动，并保证各楼层烟道口处风压为负压或在零压左右；另一方面在烟道口加装一个防气流逆行止逆阀，机械封堵住烟道气流不外串(图8–19)。本项目根据自身特点，在住宅的厨房中配了两种规格的专利烟道，PQC–7(320mmx250mmx800mm)用于多层住宅，PQC–14(320mmx300mmx2800mm)适用小高层住宅，并在屋顶安装了旋转防倒灌铝合金风帽(图8–20)。配合空气动力学的合理诠释，结合为一种具实际效果的烟道产品，解决了住户因烟道反串味而带来的烦恼。

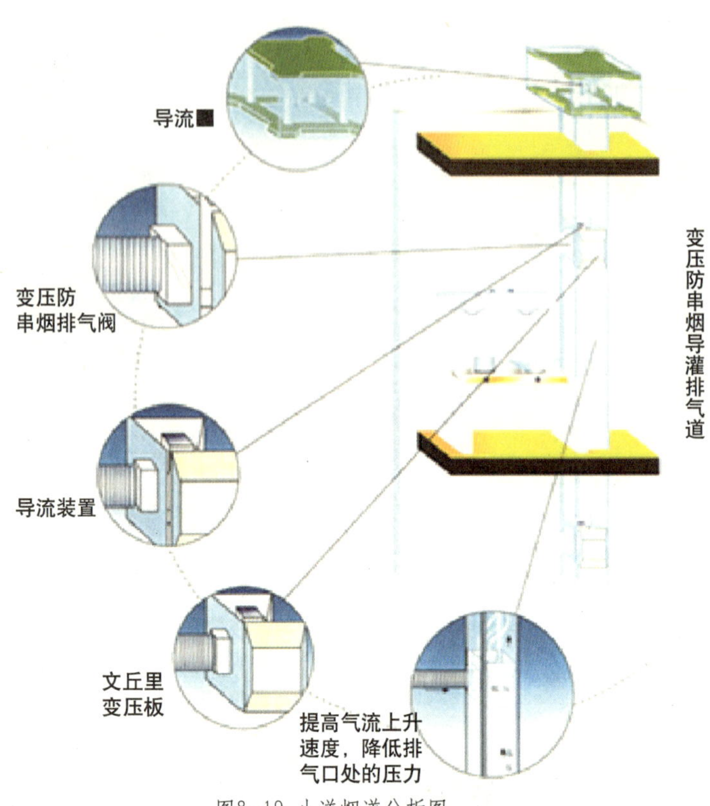

图8–19 止逆烟道分析图

图8–20 旋转防倒灌铝合金风帽

(4) 室内环境隔声控制技术

按国家标准最低要求，住宅卧室、客厅的允许噪声白天应小

图8-21整体厨房与卧室实景图

图8-22定制鞋柜与玄关柜实景图

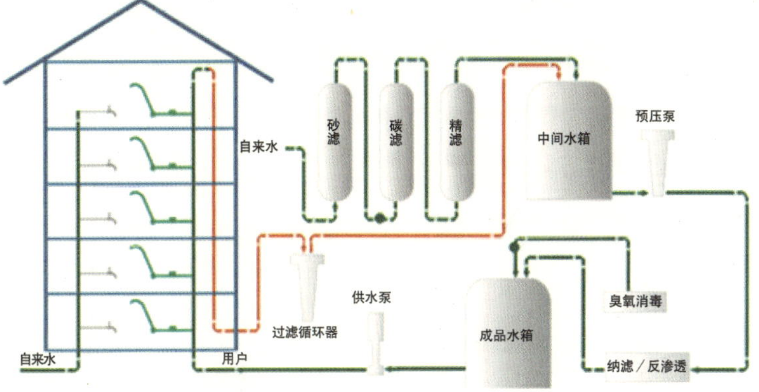

图8-23 住宅管道纯净水工艺流程图

图8-24全装修厨房管道纯净水实景图

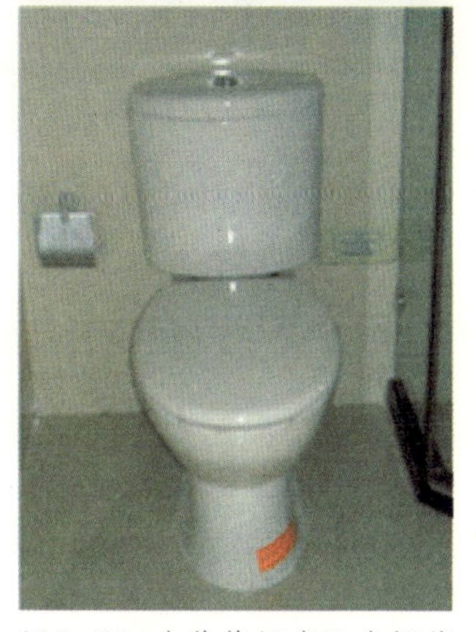
图8-25 全装修厨房卫生间节水器具实景图

于或等于50dB，夜间应小于或等于40dB。该项目通过室内环境隔声控制技术，避免室外交通噪声的影响和不同居住空间之间的相互影响，提升室内空间的声环境品质，对门窗、楼板、地面、天花、室内隔墙均采用构造措施做隔声降噪处理设计，探索营造舒适居住空间声环境的途径。

该项目采用的主要噪声防治措施有：

1）对交通干线两侧的建筑围护结构采取有效的隔声、减噪措施；

2）本项目所有门窗及阳台门的气密性等级达到6级，可以隔离70%～80%的噪声，隔声性能是普通单层窗的2倍；

3）户门采用双层金属门板，中间填充15mm玻璃面板，隔声效果良好；

4）全装修单身公寓铺设木地板，并在架空地板下铺设隔音地垫，使楼板隔声达到宜居要求。

(5) 环保节材与全装修设计技术

该项目在节约材料资源方面采取的主要措施有：

1）框架结构均采用混凝土空心砌块、加气砌块做内外墙材料；

2）采用环保低能耗建材，不用含有铅、铬及其化合物的颜料和添加剂。材料在使用过程中不产生对人体和环境有害的物质，同时减少建筑材料生产与使用过程中对资源和能源的消耗；

3）利用建筑破损砖石、砌块、瓦片用作道路垫层，屋面找坡层等。使用了1%左右的回收建材，效果较好；

4）项目中有251套公寓户型采用全装修交付标准。

公寓户型在室内装饰设计时已考虑采用工厂化生产的整体厨卫设施和家具(图8－21、图8－22)，采用环保建材、止逆变压烟道、节水器具、管道净水系统等，并配以相应的软装和家电后，达到客户可拎包入住标准。工业化全装修减少了现场的湿作业，而且能确保使用环保材料，杜绝了二次装修污染。

(6) 管道分质供水与节水技术

1) 管道分质供水技术概况

新建住宅管道分质供水技术是指在新建住宅中采用独立管网向住户输送经过净化处理、达到有关标准的饮用水。本项目小区所有住户全部采用管道分质供水技术配置管道净水，提供住户日常饮用净水。制水时产生的非饮用水，接入景观绿化用水（图8－23、图8－24）。

2) 节水器具应用实践

该项目全装修单身公寓的厨卫出水器具全部选用节水型产品(图8－25)，包括防渗漏龙头和3/6L坐便器。

8.3.3 高效经济的能源利用技术

(1) 可再生太阳能热利用技术

上海位于北纬31°14′，东经121°29′，日照条件较为充足，年日照时间2014h左右，太阳辐射量在4501MJ/(m^2·a)左右，太阳能资源较为丰富。

太阳能的热利用是开发新能源与可再生能源的重要内容，绿地东岸涟城项目为了普及和推广太阳能热利用技术，对太阳能光热转换和光电转换两大领域分别进行了示范与应用研究，包括太阳能热水系统与太阳能光伏发电系统两部分。

1) 太阳能热水系统

本项目采用了两种类型的太阳能热水设备，一种为集中式系统，一种为单机式热水器。全装修公寓采用集中式太阳能热水系统，屋顶设置多个集热器，通过循环干管连接各户，可实现分户计量（图8－26、图8－27）。叠拼户型采用单机式太阳能热水器，每户单独安装，适宜产权分割（图8－28）。

2) 太阳能光伏与风力发电互补系统

小区内采用风光互补路灯，住区绿地内设太阳能草坪灯，节约能源并塑造鲜明的海边绿色节能小区形象（图8－29）。

(2) LED节能照明控制技术

LED被认为是21世纪的照明光源，工作电压低，而且能耗低，同样亮度下，LED能耗为白炽灯的10%，荧光灯的50%。绿地东岸涟城在公寓户型采用了LED节能照明门牌，夜间用于走廊照明，方便居民，节能省电（图8－30）。

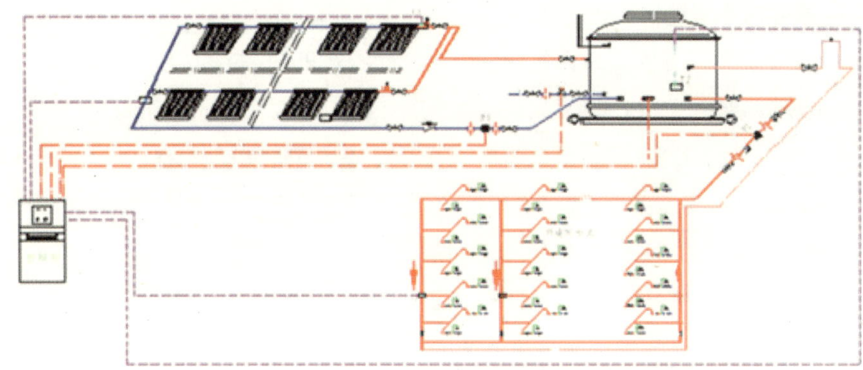

图8-26 全装修公寓集中式太阳能热水系统示意图

图8-27 全装修公寓集中式太阳能热水系统实景图

图8-28 叠拼户型单机式太阳能热水器

图8-29 太阳能草坪灯及风光互补路灯

(3) 永磁同步节能电梯利用技术

在国际电梯工业中，最先进的电梯控制技术是微机网络控制技术在电梯信号传输和控制中的应用，而最先进的电梯驱动技术应用则是交流变压变频调速技术。同时，永磁同步电机驱动的无齿轮曳引机(PM)技术代表着目前电梯界最先进的曳引技术。鉴于日益要求降低建筑物的建筑成本和改善建筑采光及外观的需求，以永磁同步无齿轮曳引机(PM)驱动的无机房或小机房电梯将成为新一代的电梯技术主流。绿地东岸涟城项目采用的这种新一代小机房电梯，具有以下优点：

1）采用更加合理的土建布置，使机房面积达到最小，大大节省了机房空间，可以适应对外观的特殊要求，同时降低建筑成本；

2）采用新型永磁（PM）电机驱动的无齿轮曳引机结合当前最前沿的技术，极大地减小了扭矩波动程度，大大降低机房噪声。这种低噪声、低振动的特性与高效率的驱动回路相结合，提高了系统效率，减少了系统能耗，同时避免了传统曳引机使用齿轮油带来的环境污染问题，优化了环境；

3）可节电达30%。

(4) 生化压缩垃圾处理技术

随着生活垃圾处理技术的不断发展，有机垃圾生化处理作为现代生物工程与传统环境工程相结合的一项新兴垃圾处理技术已受到人们的关注。以有机垃圾生化处理机为代表的一类有机垃圾生化处理技术，以其能实现分类垃圾就地处理、实现垃圾源头减量，尤其是在推行源头垃圾分类收集的新形势下，而在以上海为代表的各大城市得到了不同程度的推广应用。

绿地东岸涟城项目采用的生化压缩垃圾处理技术主要有：

1）小区内垃圾采用袋装分类收集，设固定垃圾房，并配置有生化压缩处理机（图8–31）；

2）垃圾收集分类后进行密闭处理，将有机垃圾生化处理、无机垃圾压缩处理、再生资源循环利用"三合一"配套处理。

8.4 技术效果评估

本项目中，采用模拟技术对规划设计方案进行了优化分析并提出优化建议，并再次对采纳优化建议的方案进行了评估，主要包括室外风环境、室内自然通风和室内采光模拟验证分析。

图8–30 公寓户型LED门牌

图8–31 有机生化处理机及生活垃圾压缩处理机

8.4.1 室外风环境评估

根据《中国建筑热环境分析专用气象数据集》中的上海市气象数据，取全年夏季主导风向为东南风，平均风速3.4m/s，冬季西北风，平均风速3.3m/s，进行模拟验证分析(图8–32、图8–33)。

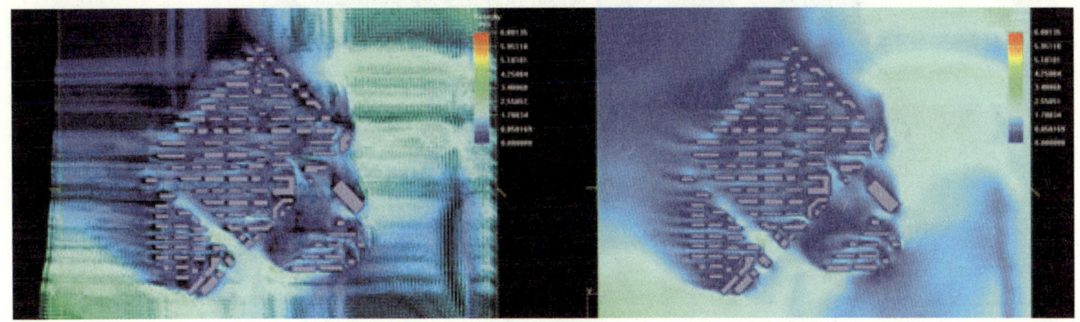

图8–32 夏季主导风向1.5m高度处流场和速度场图

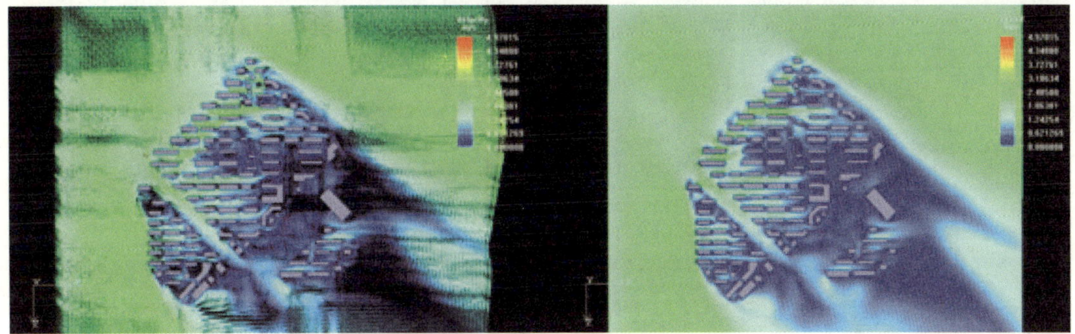

图8–33 冬季主导风向1.5m高度处流场和速度场图

夏季室外风向为东南风时，由于周围建筑物的遮挡关系，项目所在区域的风速较为均匀，基本都在0.85～2.5 m/s之间；冬季室外风向为西北风时，项目所在区域的西北向前几排建筑周围风速较大，约为3.5 m/s，南向和北向风速约为2.3 m/s。由此可知，经优化后的建筑规划方案室外1.5m高度处的冬夏风速均不超过5m/s，人体感觉比较舒适。

8.4.2 室内通风评估

本项目中，首选通过建筑布局营造良好的室内通风环境。经优化调整后，9个户型通过调整门窗的开关情况均能做到室内大部分区域有室外新风流通，满足通风要求。部分户型的模拟验证分析见(图8–34～图8–36)。

8.4.3 室内采光评估

本项目中，建筑方案经优化改进后，选取较为典型的2号楼、3号楼，采用Ecotect软件对室内自然采光进行了模拟分析（图8–37、图8–38）。

结果表明卧室、起居室(厅)、书房、厨房等房基本满足国家标准《建筑采光设计标准》(GB／T 50033)中关于采光系数和室内临界照度的要求。

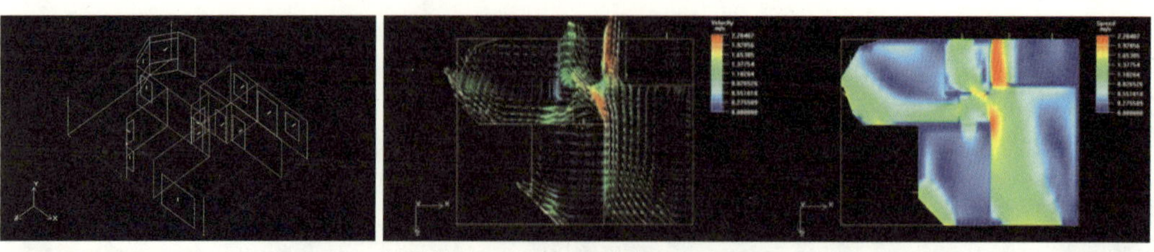
图8–34 X–1户型模型图、1.5m高度水平方向流场及速度场分布图

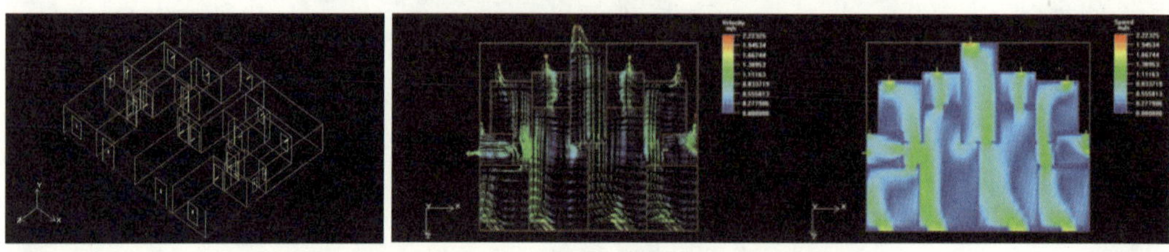
图8–35 H–4户型模型图、1.5m高度水平方向流场及速度场分布图

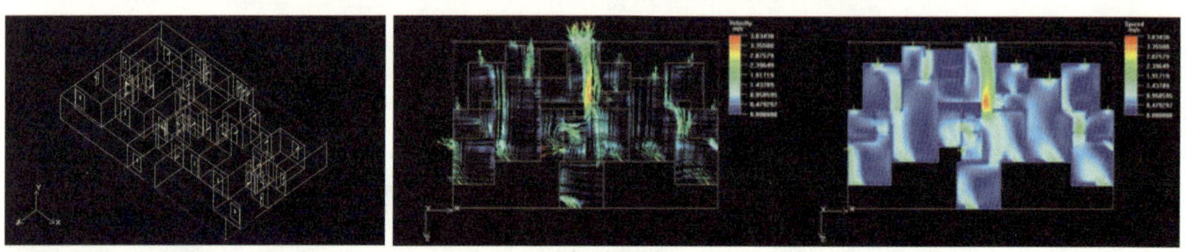
图8–36 G–2户型模型图、1.5m高度水平方向流场及速度场分布图

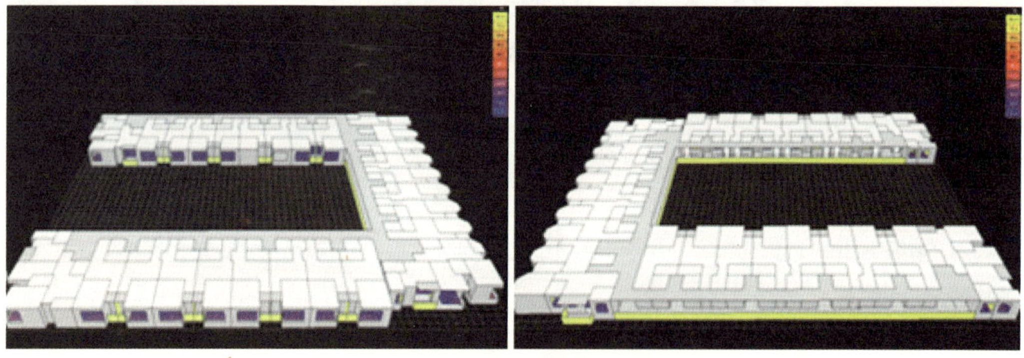
图8–37 3号楼三楼南、北立面的模拟结果

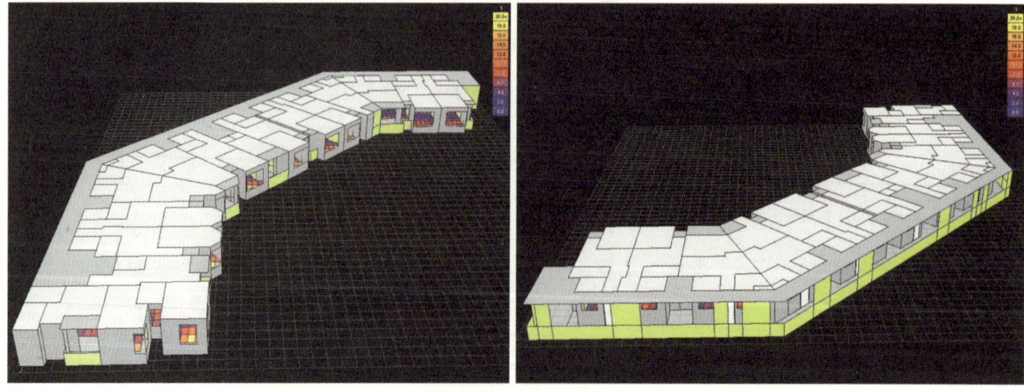
图8–38 2号楼三楼南、北立面的模拟结果

8.5 经济性分析

本项目的人居环境改善技术投资可以分为两大类，一类为模拟技术，另外一类为技术材料。本项目所采用的模拟技术有室外风环境模拟、室内自然通风模拟和室内采光模拟分析，这类技术是应用项目整体，单位面积的增量投资也较小，但能够直观的预测项目建成后的某些环境品质。

技术材料投资方面，部分技术材料投资见表8–1和表8–2。

8.6 应用推广价值

该项目的设计理念与技术集成始终坚持“以人为本”的原则，强调地域性特色与气候适应性原则，在“低成本、高效率”的思想指导下，注重人居环境改善和保障综合技术，并与资源节约技术集成应用，形成适宜于夏热冬冷地区住宅类建筑的人居环境改善与保障综合技术集成体系。

首先，土地资源节约与控制技术、变压止逆排气烟道技术、室内环境隔声控制技术、管道分质供水技术、室内环境湿度控制技术、生化压缩垃圾处理技术等突出了“以人为本”的技术集成原则；其次，绿地土壤改良利用技术、宜居景观环境改善技术、室外风环境控制技术、气候适应性节能设计技术、因地制宜通风采光技术、可再生太阳能热利用技术等都充分体现了地域性的人居环境改善技术特色；最后，环保节材与全装修设计技术、LED节能照明控制技术、永磁同步节能电梯利用技术、生化压缩垃圾处理技术等则说明控制成本、提高效率的技术集成思想。

因此，绿地东岸涟城项目通过结合临港新城当地资源特点，集成运用和谐宜居的室外环境技术、舒适健康的室内环境技术与高效经济的能源利用技术，合理将气候适应性、地域性、低成本、高效率等人

绿地东岸涟城部分人居环境改善技术单位面积增量投资 表8–1

序号	技术名称		单位面积增量投资（元/m^2）
1	屋顶绿化专项		80
2	地面透水砖专项		50
3	围护结构	外遮阳系统	600
		外围护保温系统	80
4	节能电梯		40
5	管道纯净水系统		12
6	生态智能化及控制系统		90
小计			952

绿地东岸涟城部分人居环境改善技术增量投资　　表8–2

序号	技术名称	增量投资（万元）
1	太阳能热水供应系统	150
2	雨水回收利用系统	50
3	有机生化垃圾处理系统	80
4	风光互补路灯	30
小计		310

居环境营建特点融入各项技术，使其成为临港新城地区具典型人居环境示范意义的生态型居住小区，具有极强的推广应用价值。

技术集成体系是促进绿色建筑发展的综合创新体系，根据绿地东岸涟城项目的应用实践，在人居环境关键技术的推广应用中，应注意参考本项目的技术运用原则与思想，避免不适宜技术或高技术的堆砌与浪费，造成高成本、低效率的“伪绿色建筑”的产生，充分发挥绿色建筑在人居环境构建方面发挥的巨大社会与经济效益。

9 三湘四季花城

项目名词 /三湘四季花城

建筑类型 /住宅建筑

建设地点 /上海市松江区

建筑面积 /52万m^2

开发单位 /上海城光置业有限公司

技术支撑 /上海市建筑科学研究院（集团）有限公司

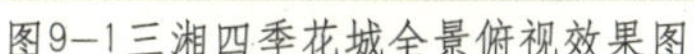

图9-1三湘四季花城全景俯视效果图

图9-2 紧邻地铁9号线松江大学城站

图9-3 紧邻的市政广场

9.1 工程概况

“上海三湘四季花城”地处上海市松江新城广富林路1599弄，由上海城光置业有限公司开发建设。小区占地约25.9hm^2，总建筑面积约52万m^2，容积率1.65，总地上面积427350m^2，建筑密度16.3%，绿化率达40.8%，是一个居住人口逾万人的规模型住宅社区(图9—1)。本着统一规划、分期开发的原则，小区共分为四期开发：一期——玫瑰苑、二期——桂花苑、三期——紫薇苑、四期——玉兰苑。示范工程全部为高层住宅，共有17幢18层住宅楼、30幢14层住宅楼。

工程位于上海市政府重点开发的“一城九镇”，卫星城镇规划中的“一城”——松江新城，与小区一路之隔的是轻轨九号线松江大学城站及配套的交通枢纽中心(图9—2)，规划中有近42条中短途公交线路(图9—3)。周边生活配套设施齐全，规划中46万m^2的超大型商业购物中心近在咫尺。与上海外国语大学，东华大学，对外贸易学院，华东政法大学等7所高等学府相邻。距离目前申城规模最大，医疗设施设备最为完善的三级甲等医院—上海市第一人民医院松江分院仅1.5km路程。

工程所在地上海市松江区属于亚热带季风侯区，是东南亚季风盛行的地区。气候宜人，四季分明，雨量充沛，无霜期长，光照足。年平均气温17℃，极端最高气温38.9℃，极端最低气温-10.18℃，在建筑热工分区设计图上属于夏热冬冷地区，住宅建筑面临着夏季隔热和冬季保温的双重挑战。

松江区位于我国太阳能资源第Ⅲ类分区，太阳年总辐照量大约为4580MJ/(m^2·a)，年日照总时数为1892.8h，日照百分率44%，太阳能资源较为丰富，太阳能热水应用潜力很大。

松江区年平均降雨量1058.6mm，年平均湿度为79%。区域人工群落所覆盖，主要为农业植被，形成以耕地为主的生态环境，目前区域内的大气为二类功能区，水为三类功能区，噪声为二类功能区。三湘四季花城的建设与松江区域的整体功能规划协调一致。

9.2 项目特点及技术目标

上海三湘四季花城位于松江区、临近上海大学城。随着城市的新一轮发展，郊区在不断城镇化的同时，还将负担起中心城人口疏散的重任。本地块紧临轨道交通枢纽站，更将成为松江接纳市区人口郊迁的主要聚居点。

本工程充分利用良好的区位条件，遵循可持续发展原则，本着以人为本的中心思想，采用先进的生态技术与产品，强化区域生态系统，利用生态技术调整和改善居住空间的健康和舒适程度，旨在建设环保宜居的绿色生态住宅小区，同时也符合上海市建成人与自然协调和谐的现代化生态化型城市的总体目标。

本工程处于夏热冬冷气候区，根据气候特点、居住习惯和经济水平等因素，确立改善夏热冬冷地区居住小区室内外环境的四大技术集成体系，包括居住区域室外环境改善技术、过渡季室内热湿环境改善技术、冬夏热湿环境舒适度改善技术和居民生活舒适度的改善技术。

9.3 人居环境控制与改善技术

9.3.1 室外人居环境控制与改善技术

(1) 便捷宜居的规划设计

工程秉承松江新城的城市风貌，充分关注地块东南角的3hm^{2}市政广场及嘉松南路东侧46万m^{2}的交通枢纽站，以东高西低的总体布局形成具有城市尺度的外部形象，以轴线对称的总体规划布局，呼应松江区作为英式风貌区的规划定位，同时形成鲜明的小区整体形象。

小区建筑形态以小高层、高层住宅和商业建筑为主体，公建配套齐备，室内温水游泳池，壁球馆、智体活动中心以及儿童活动场、网球场、篮球场、健身场等室外运动系列场地和居委会行政用房，合理分布小区南面设施，近300m的步行街，方便居民生活（图9-4、图9-5）。为适应上海社会人口结构老龄化的趋势，在规划中注重老年人设施的设置，贯彻无障碍设计的原则。

(2) 尺度合理的楼宇布局

小区以小户型的房型组合为主，在有限土地资源及较高容积率的条件下，在总体规划中通过建筑物的错落布置形成建筑之间的大栋距，获得相对较低建筑

图9-4社区服务中心

图9-5 英伦风格商业街

密度，最大限度的优化住宅环境空间，实现每家每户都有充足的日照。通过单体组合适当合理地扩大了住宅间距，楼间距为45～80m之间，在充分满足采光日照通风要求的同时，既避免视线干扰，维护住户的私密性，又保证主要居室的良好视野，提高居住品质。大栋距也有利于高层及小高层住宅太阳能资源的利用，在日照、通风、采光、私密性等多方面体现小区生态、健康、舒适的生活主题(图9-6)。

图9-6 大栋距的布局

(3) 土方平衡的竖向设计

场地周围道路交叉点标高4.00m，小区出入口标高3.6m，场地现状平均标高为3.2m，场地平均设计标高设计为3.85m，平均高出周围道路0.25m。结合上海市松江区现有的施工条件，在施工组织设计中考虑将施工对环境造成的不利影响降至最低，施工方案保证不对小区内部环境造成永久性破坏；通过基础施工方案的优化，整个小区土方量在工程中尽量做到小区内部平衡。通过绿化景观覆土的方法，调整小区土方总量。经土方平衡计算，达到设计标高，土方基本平衡，剩余土方用于绿化造坡(图9-7)。

图9-7土方平衡和绿化造坡相结合

(4) 一纵三横的河道利用

用地中规划有一条10m宽的天然河道，位于距龙马路围墙3m距离的位置，与松江的河道系统连成一体，具有非常好的水源资源，南北方向流经社区，工程从调节小区微气候，提高室内外环境质量，降低能耗需求量方面考虑，将此天然河道引至社区中央。南北方向与集中绿地结合，沿河道两岸设计优美的

图9-8 天然河道为轴线

亲水驳岸，同时还增加了东西方向的两条河道，长350m，形成了东西及南北三条天然河道景观轴线(图9-8)。

小区以天然河道为小区轴线，技术上采取了“以水为媒”的构思手段，将区外自然河道引入园内。在小区北段开掘占地约6600m^{2}的“中央湖”作为主要的水体景观。通过大面积的蓄水为整个小区提供足够的水源，并由此围水造景，形成浩大的水景阵势，起到“提纲挈领”作用。由中央湖向南再开掘一条1000m的河道贯穿小区南北，两边岸线一路成景，组成河滨景观道，成为“一纵”，再以河道主轴东西延伸出“三横”景观轴线，将小区各大组团绿化有机地联系在一起，使所有林木花卉草坪得到充分的滋润，构筑起生物植物的循环系统，保持小区四季葱郁，绿意清新的生态意蕴。

(5) 丰富多样的绿化景观

小区绿地率为44%，集中绿地率为25.3%。整体绿化环境坚持为“一苑一景致，景景多姿态，起伏高低成自然，花木葱茏绿水涧”规划思想，以不同的元素组合形成不同的表现方式，通过多级化，序列化的层次关系处理，展示“大公园→小花园→私家花园”的联系与递进。乔、灌、草合理搭配，强调观花与观叶品种相结合、落叶与常青品种相结合(图9-9)、水生与陆生品种相结合，速生品种与慢生品种相结合。通过绿化达到小区保水、调节小气候、降低污染、隔绝噪声等目的，为居民提供亲近自然的室外空间，同时满足小区生态环境功能、休闲活动功能、景观文化功能的需要。

通过住宅的围合形成一片片大型集中绿地。集中绿化与步行系统相结合，使住户在绿色中蜿蜒而行，欣赏周边的美景。由于楼与楼间距较大，由此形成的空间尺度和视野环境，让住户充分享受绿色环境。通过合理的绿化配置和设计，小区内形成了优美和谐的生活环境。

(6) 便捷安全的交通组织

小区道路交通系统规划以加强内部功能组织和便利内外交通联系为原则，同时将交通系统组织与居住区内设计相结合，共同创造良好的内外部空间景观。

小区内道路的布置做到了方便居民，同时车道与行人分流，小区车行道沿周边布置，做到方便的同时亦有安静宜人的中心绿化。住宅组团内交通采用人车分流的方式，机动车从组团的一侧进入，人流沿集中绿化进入组团。在住宅群体内部与组团集中绿地设计相结合规划步行系统，使绿化延伸至住宅楼边，人行系统在绿地中穿行，分散到各楼座，确保了居民步行的趣味性和安全性。

图9-9 多样式绿化景观

为了满足停车位需求又尽可能减少对住宅小区的干扰和景观影响，在组团的集中绿地（室外活动场地）下设地下停车库（图9-10），住宅地下室与车库相连，停车后可直接到达电梯。住宅楼下设置了非机动车停车库，方便住户车辆存放，鼓励绿色出行（图9-11）。

(7) 高效利用的淡水资源

小区设置了中水系统，主要来源于冷却用水、淋浴排水、盥洗排水、洗衣排水和厨房排水。中水的回收利用既减少了新鲜淡水的取水量，又使环境免受污染，其环境、社会和经济效益非常可观。

中水处理的工艺流程：→格栅→集水器→小污物聚集器→机械搅拌反应器→初次沉淀池→曝气调节池→一级接触氧化池→二级接触氧化池中间沉淀池→中间水箱→高效过滤器→消毒→中水回用水池→用水点。该过程采用生化处理技术，生物处理与接触氧化同时存在，保证了中水的水质，同时还采用了机械隔栅，进口高效过滤器和噪声小的水下曝气机，尽量减轻对业主的影响。处理后的中水能达到国家杂用水的标准，可以用来洗车、冲厕、浇灌植物和作为景观用水。

上海市降雨量较大，在住宅区内铺设透水砖等利用雨水回渗措施可以在雨量充分时补充地下水，在气候干燥时还可以增加空气中的水分，改善局部小环境。在通往各栋楼的小路上铺设透水砖可以使居住环境更加舒适（图9-12）。而主干道、屋顶和下沉广场上的雨水可以进行收集，净化处理后可以满足人们的生活需要。

小区的天然河道，当中水和雨水供应不足时可以将河水过滤后拿来浇灌植物和清洗道路。大部分情况

图9-10 机动车地下车库

图9-11 非机动车地下车库

图9-12 透水砖铺装

下，雨水和中水已经可以满足人们的生活需要，不会抽取太多的河水，这样也保护了生态环境。

9.3.2 室内人居环境控制与改善技术

(1) 布局合理的户型设计

小区的建筑单体设计和周围的城市空间、文化特色和景观基本保持一致。户型设计有一梯两户及两梯四户，平面紧凑、分区明确、日照通风良好，层高2.9m。在空间布置上，充分考虑私密性。从入口到次卧，特别是主卧室，避闹就静，将公共空间与居住空间完全分离。两间卧室均朝南，主卧室设置转角观景窗，采光充分，收入室外景观。在关照私密性的同时，又考虑到通风流畅，次卧与书房、客厅与餐厅南北通透，保持室内空气清新。双阳台，大客厅宽敞明亮，以避免因光线不足或没有风景而产生的压抑。

房型设计中讲求经济实用、以人为本、紧凑合理，在有限的面积范围内尽量合理地安排可用空间，做到户户全明、有玄关，南北通透，在室内通风上，保持原有建筑的宽门大窗，使其形成有效对流（图9-13）。在部分两梯四户房型设计中，为避免北户走道冗长沉闷的缺点，除南阳台外，在户型北入口旁设计一个7m^{2}左右的花园阳台，使之成为一个情趣空间，种花养草不再仅仅是底层居民的专利，配合良好的物业管理措施，有效提升居住品质，成就诗意生活。住户也可根据不同的功能需求作个性处理，同时提供房型的自由改造度，为室内空间的二次塑造留有余地（图9-14）。

(2) 地下空间的优化利用

小区住宅楼下全部都有地下室，作为自行车库和储藏功能。底层储藏室及非机动车库采用顶层大挑空设计，有效提升了居住功能，实现建筑的均好性。住户在地下自行车库可直达家中，方便快捷(图9–15)。

地下车库结合地下庭院的设计达到部分自然通风和采光，使通风竖井减少三分之二的数量，排风竖井结合绿化一起设计，以上两部分使景观大为改善，同时节约了白天地下车库的照明能耗(图9–16)。

图9–13 采光通风良好的居室环境

图9–14 可自由改造的开放式露台

图9–15 地下储藏室及自行车库

(3) 舒适美观的太阳能利用

太阳能光热系统在高层建筑的应用，充分的发掘建筑围护结构，利用阳台板放置太阳能集热器，利用原来放置空调机位的地方放置承压储热水箱，在建筑设计施工中就合理考虑太阳能系统的位置及管线布置，做到太阳能与建筑一体化。

图9–16 地下车库的自然采光

与传统太阳能热水系统相比它有五大优点：1）太阳能的集热器与水箱分离，这样大大降低了太阳能热水器在高层建筑中使用的限制，使太阳能与建筑容易结合；2）分体式太阳能热水器采用闭式承压水箱，与传统太阳能热水系统所采用的非承压水箱相比，系统运行更稳定，热水出水压力与冷水等压，水温稳定、便于调节，不会产生使用当中水温的忽冷忽热问题，提升使用过程中的舒适度的要求；3）分体式太阳能热水器采用了包含CPC聚光栅等多项技术的中高温太阳能集热器，在高层住宅有限的阳台集热面积状况下能充分保证热量的采集；4）分体式太阳能热水器采用强制循环的换热方式，与传统的自然循环的太阳能热水器相比，即保证了太阳能热水器的分体设置，更增加了系统的换热效能，提高换热效率。主要采用太阳能光热系统承担建筑物的生活热水负荷，此项技术提高了太阳热水系统的使用效率，使其高达44.9%，远远超过普通太阳能系统的10%左右，节能效果显著，有助于充分地利用当地可再生资源，非常具有示范及推广价值。5）与普通

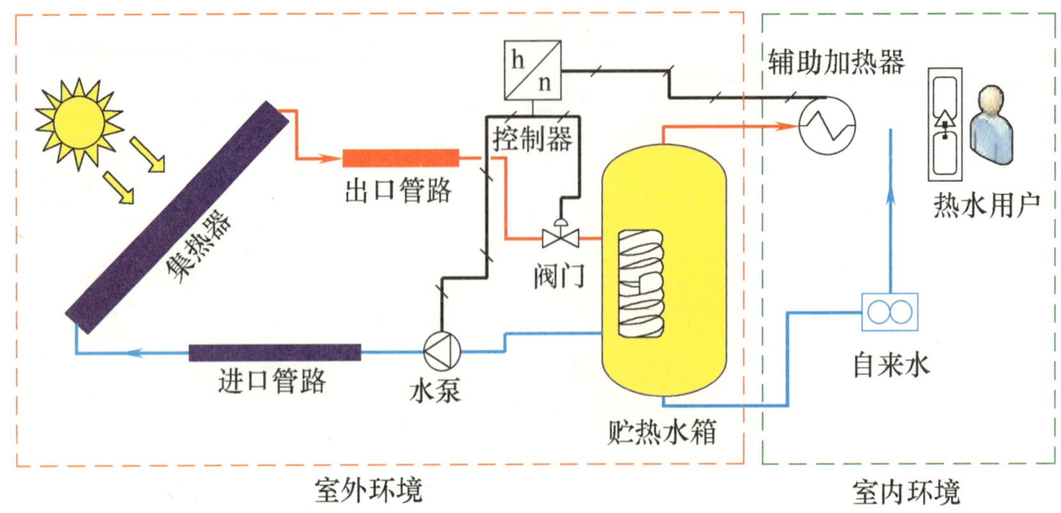

图9-17 太阳能热水系统原理图

图9-18 三期、四期太阳能集热器倾角对比

图9-19 太阳能光伏路灯

的太阳能热水系统相比，在太阳能的应用上充分考虑住户的情况，增加一套循环泵系统，用户在使用热水的时候，只需要按一下延时开关，过一会，打开水龙头就可以使用热水，真正达到节能、节水(图9-17)。

小区三期紫薇苑的阳台太阳能集热器采用了90°垂直安装，为提高集热效率，四期玉兰苑采用了75°倾角安装。模拟分析表明安装倾角75°时，比90°倾角时集热效率提高了21.6%(图9-18)。

除了太阳能光热的利用，小区还采用太阳能光伏照明技术，以太阳能光电转换提供电能，供草坪灯进行照明。太阳能LED灯是一种低能耗的照明系统，所需能量全部由太阳能提供(图9-19)。

(4) 节能环保的围护结构

本示范项目通过采用高效的围护结构节能技术，如墙体采用外墙外保温构造，使用聚苯板作为保温材料，住宅分户内墙采用JX保温砂浆，门窗采用隔热断桥合金双层中空玻璃构造，屋顶采用挤塑聚苯板保温层面，有效改善了冬夏热湿环境的舒适度。

(5)生态环保的装修设计

小区三期紫薇苑中有38号、43号、45号三栋建筑为全装修房，共计建筑面积31161.05m^2，总套数322套，占总套数的37.1%。

在全装修房的室内设计中，均采用了简约主义的设计风格，整个空间实用、耐看、精致，并合理提高了空间的利用率，同时也减少了装饰材料的使用。设计完成后给使用者留下了很大的布置空间，以展示其个性与品位，使其从中得到更大的心理愉悦，体现了设计与使用的良性互动。

以绿色为定语的“绿色设计”，其核心概念就是符合生态环境良性循环的设计系统，本案一系列室内设计作为微观的绿色设计之一，不仅仅是简单的使用绿色环保的材料、还从设计的理念和思想、室内空间与气氛的营造、各种材料的选择及搭配、通风和控温、采光与照明等多方面因素作深入考虑。

在材料的选择上，设计师遵循了两大原则：一是使用可重复使用、可循环使用、可再生使用的3R材料；二是选用无毒、无害、无污染，有利于人体健康的材料，例如：在墙面设计上，以环保的乳胶漆、墙纸搭配装饰；在地面设计上，均采用了表面硬度高、环保、健康、便于铺设的实木复合地板；而在吊顶设计上，则采用了纤维石膏板等生态建材，合理的搭配了装饰材料，并充分考虑了室内空间的承载量和通风量，依据绿色、生态、环保、节能的原则，营造出舒适、生态、文化、艺术的家庭居住环境。

工程从生态设计的角度，坚持人居环境的健康性、自然环境的亲和性、居住环境的保护性和健康住宅的保障性。在材料的使用上，采用了各类绿色环保材料，引绿色植物入室内。

9.4 技术效果测试与评估

壁挂式太阳能热水系统是本示范工程的一大亮点，为测试该系统的性能，特对三期紫薇苑进行了运行评估。评估结果显示：抽样单元的系统部件合格，施工规范，各项保护措施较为齐备；抽样单元的集热效率较高，均能接近或超过50%；抽样单元的全年太阳能保证率均超过65%，能满足设计指标60%的要求；因系统采用部件质量较好导致造价偏高，但静态投资回报年限在10年以内，符合相关规范要求，系统节能环保效益显著(图9－20～图9-25)。

图9-20 40号楼204单元气象数据采集

图9-21 41号楼1402单元太阳辐射采集

图9-22 仪器布置

图9-23 测试仪器

图9-24 读取数据

图9-25 检测讨论

9.5 应用推广价值

9.5.1 环境影响分析

可再生能源技术的利用追求资源有效利用、健康舒适建筑环境和与自然环境相融共生三者的和谐统一，是落实可持续发展观、建设和谐社会的重要基础，是建设资源节约型城市和推广循环经济的具体措施，对于减少CO_2等有害气体排放和废弃物处置，缓解城市环境压力，改善环境质量具有积极的推动作用。其环境生态效益十分显著。

本项目生活热水负荷采用清洁环保的太阳能光热系统承担，属于清洁环保的可再生能源，依靠太阳能集热板吸收太阳光收集热量以提供生活热水，没有燃烧和排放，对大气和水资源没有破坏。综上可见，本项目中主要依靠可再生能源来满足建筑物的热水需求，大量节省了电能和化石燃料的使用，减少了废热废水和温室气体排放，减缓了城市热岛效应，节省了宝贵的水资源，具有极好的环境保护作用，使本项目真正成为生态、环保、绿色、与自然和谐的可持续发展建筑。

9.5.2 可推广性预测

三湘四季花城以节能、节水、节地、节材、健康、舒适的要求作为建筑设计标准，其可再生能源的利用技术在我国大部分地区有很好的推广意义。

1）从建筑科技和材料设备发展的角度来看，可再生能源在建筑上的综合利用研究和推广，必会带来墙体材料、门窗材料、空调设备等行业的技术和材料的发展和提高，为住宅产业现代化提供更多更好的材料和技术。

2）从消费者的角度来看，在住宅上综合利用可再生能源不仅可以带来健康、舒适、安全的生活环境，同时还能减少能源消费开支。

3）从房地产行业角度来看，可再生能源在建筑上的综合利用为房地产开发商带来了新的卖点，可进一步提高住宅品质，从而产生更大的经济效益。另外，如果政府部门对能耗与资源指标低的建筑实行奖励和鼓励政策的话，必将会带动开发商通过市场机制支持和推动各种建筑可再生能源综合利用技术的研究及其产品的开发与推广，有望创造更多更大的直接或间接经济效益。

10 宜浩家园

项目名称 /宜浩家园

建筑类型 /住宅建筑

建设地点 /上海临港新城主城区申港大道北侧

建筑面积 /62万m^2

开发单位 /上海临港新城投资建设有限公司

技术支撑 /上海市建筑科学研究院（集团）有限公司

10.1 工程概况

10.1.1 基本情况

临港新城属于上海市浦东新区南汇地区，是上海东部的门户，也是上海陆域的最前沿，拥有重要的地理位置与战略位置(图10–1)。临港新城是上海重点建设的“三大新城”之一，作为上海国际航运中心的组成部分，依托集装箱国际深水枢纽港、国际航空枢纽港，建设以现代装备制造为核心的重要产业基地，也是上海世博后重点发展的区域之一。临港新城定位于低碳城区开发，拟建成充分体现新世纪上海水平、相对独立、功能完善的综合型滨海新城。

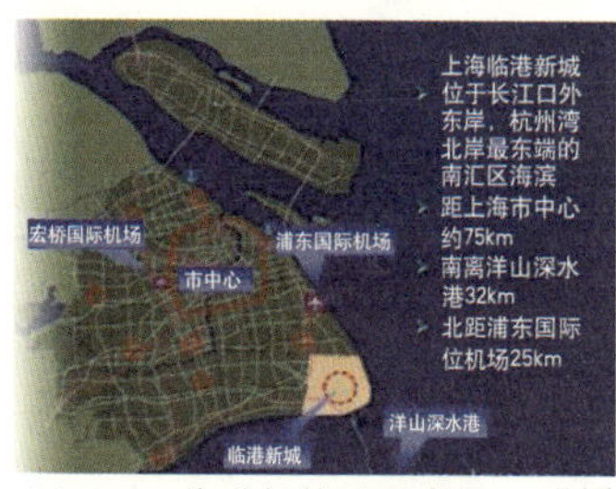

图10–1 临港新城地理位置示意图

临港新城拥有中国在尚未成陆的海滩上开挖的最大人工湖——滴水湖。城区规划，以滴水湖及其四周为城区中心地带，建成具有海港特色的旅游目的地。

图10–2 住宅区规划示意图

宜浩家园为临港新城主城区WNW–C4街坊配套住宅项目，位于临港新城主城区申港大道北侧，为上海临港新城投资建设有限公司置业，见图10–2。项目规划用地面积55万m^2，总建筑面积约62万m^2，含4F多层住宅195栋、12F小高层住宅16栋，配套商场、幼儿园、小学及休闲健身广场等。项目定位为配套商品房，在规划初期，充分考量临港地区的地理位置、自然资源条件，从小区布局、景观绿化、周边交通、配套设施建设、户型设计等方面下工夫，优化通风、采光、空气品质等室内外人居环境；同时本着技术适用和实用的原则，将太阳能热水系统、直饮水系统、远程抄表及住户报警系统等引入小区，在提升人居舒适度、便捷度和安全性的同时，节约资源能源。

10.1.2 气候资源特征

临港新城地处长江三角洲的东南端，东濒东海，南临杭州湾，西与上海市区隔黄浦江相望，北与浦东新区相邻；属亚热带季风气候，受冷暖空气的交替影响，四季分明，雨量充沛，春季温凉多雨、夏季炎热湿润，东南风盛行，秋季先湿后干，冬季西北风为主，寒冷干燥，多年平均气温15.6℃。辖区内拥有大面积森林绿地和湿地，空气质量达到国家一级标准。主城区分布低密度居住、商业等业态，以现代装备制造业、高新技术产业为基础，空气质量好、建筑遮挡少，建筑开发项目可有效利用开阔地势引入自然通风、天然采光和新鲜空气。

另外，上海市位于我国太阳能资源第Ⅲ类分区，太阳年总辐照量大约为4580MJ/(m^2·a)，年均日照时数1930h，日照百分率44%，太阳能资源较为丰富，太阳能热水应用潜力很大。临港新城位于东海之滨，是上海市发展太阳能建筑一体化的最好地区之一（图10–3、图10–4）。

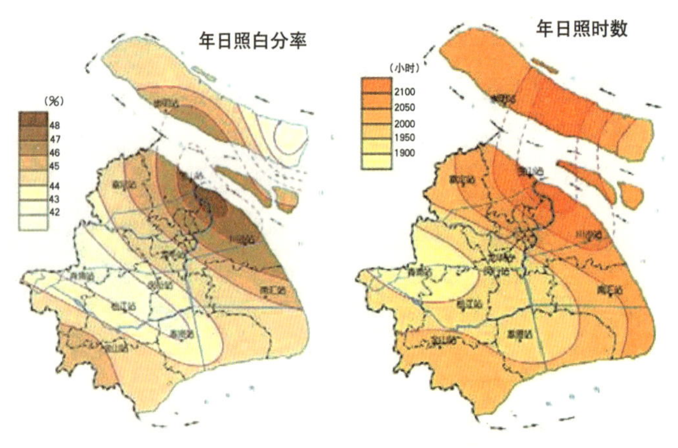

图10–3 上海地区太阳能资源分布情况

图10–4 临港新城自然环境与太阳能利用

10.2 项目特点及技术目标

10.2.1 项目特点

宜浩家园的建设主要是为该区域和周边地区符合有关政策的潜在客户和工薪阶层，提供交通便利、环境优美、价廉物美的商品住宅，促使市区密集人口向市郊地区流动，缓解市中心的住房压力。工程应用适宜的人居环境改善技术，从细处着手，凸显配套商品房小区人居改善技术应用的特色。

10.2.2 技术定位

依据综合性的人居环境控制与改善理念，从区域环境入手，打造环境的整体性及相互融合性。规划设计时，合理化功能分区，并利用对建筑环境的不同设置，使各功能区有机结合，实现区域环境与建筑环境的融合。项目实施的技术定位与技术要点展开如下（图10–5）。

图 10-5 项目技术定位

(1) 规划初期融入人居环境控制与改善技术

通过对小区的布局、景观、公共空间及绿地等与人居环境密切相关要素的综合考量，将其有机的融入设计中，为居住者创造心怡的外部环境。临港地区为滨海盐碱地，采用土壤改良技术，有效扩大可使用面积，节省土地资源。地下车库设计上，在考虑实施天然采光节约人工照明能耗的同时，还绿于民，采用地下室顶板绿化技术进行生态补偿。另外，小区保留并利用住区基地内的原有自然水系，保留并整修沿河湿地及绿化带，还给居民一片清新。

(2) 单体建筑设计实现人居环境最优化

宜浩家园定位为配套商品房，户型设计上多以一室户居多，但这并不等同于降低居住者生活环境的质量。每个户型均考虑设计最大可能的朝南面，保证所有功能房间拥有良好的天然采光和自然通风效果。围护结构经方案比选，采用外墙聚苯板外保温体系，满足节能规范要求，节约居民的采暖空调能耗。考虑用户对不同装修风格及装修价格的需求，提供菜单式装修，确保使用环保材料，杜绝二次装修污染。

(3) 清洁高效的能源利用践行低碳生活社区

临港地区空气质量好、建筑密度低，是上海发展太阳能最佳地区之一。小区采用太阳能热水系统，保证各户生活品质的同时，集中规划避免太阳能屋面集热器对景观和环境的破坏。住区占地面积广，为节约景观照明用电需要，采用风能发电路灯，将整个小区打造成为低碳生活社区。

(4) 安全便捷的人性化功能设计

人口老龄化在中国东部地区尤为明显，宜浩佳园小区在配套设施的设置上充分考虑了老年人、行动不便人群的需求。直饮水系统不仅提升了生活品质，而且给上述群体提供生活便利；住户报警系统保证居者安全的同时，为老年人及易发病群体提供了及时、高效的服务。

10.3 人居环境控制与改善技术

10.3.1 合理的小区布局

宜浩家园小区范围较大，中部被一条城市干道分割成南北两个相对独立、自成体系的地块。北部地块的规划上，结合夏涟河在地块内的走势，勾勒出由中心的小高层区、沿河的开敞多层住宅带和外围的院落式多层组团形成的犹如水中涟漪散开的空间效果。南部地块的整体规划上，与北部地块共同形成一个统一的整体，把北部地块的景观轴线一直贯穿延伸至地块内部，在此基础上，以欧式景观轴为骨架，以夏涟河为经络，再加上富有江南特色的围合院落建筑组团，巧妙形成从开敞到私密的层层过渡，并采用灵活多变的设计手法和空间处理方式，创造出一个清新活泼的都市生活环境（图10-6）。

图 10-6 住区自然环境实景图

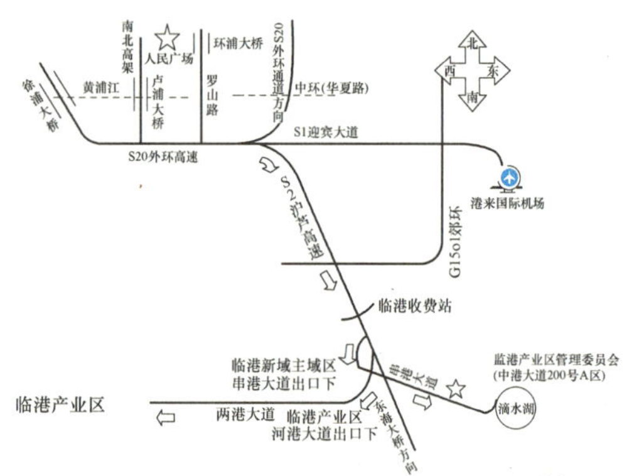

图10-7 区域交通图

(1) 方便的区域交通规划

临港地区特有的地理位置及小区占地面积大的特点，决定了在区域交通规划时，需兼顾周边交通环境与道路交通，合理进行组织。小区内部交通规划以加强内部功能组织和便利内外交通联系为原则。步行可到达的邻里中心设置在从边界5分钟的步行可到达的范围内，这5分钟的步行范围体现在距离上就是一个半径400m的圆。越来越多人的步行不仅会减少对汽车、自行车以及公共交通的依赖，而且会促进健康的生活方式。

小区南向有两个车行出入口与规划六路相连，这两个出入口也是整个小区主要的车行出入口，另有一个结合景观大道的小区主要人行出入口与规划六路相连；西向有一出入口与茉莉路相连，北向有两个出入口与花柏路相连（图10-7）。

在静态交通规划方面，通过组团空间的半平台式处理，完全实现了居住组团的人车分离，使得组团空间完全释放出来，成为纯粹的步行空间和居民活动的空间。地面停车主要设置在沿主干道两侧和院落之间利用率不高的消极空间内（图10-8、图10-9）。

(2) 因地制宜的绿化系统

1）土壤绿地土壤改良利用技术

宜浩家园所在的临港新城是典型的滨海盐碱地。盐分来源主要为海水，土体含盐量高、地下水位

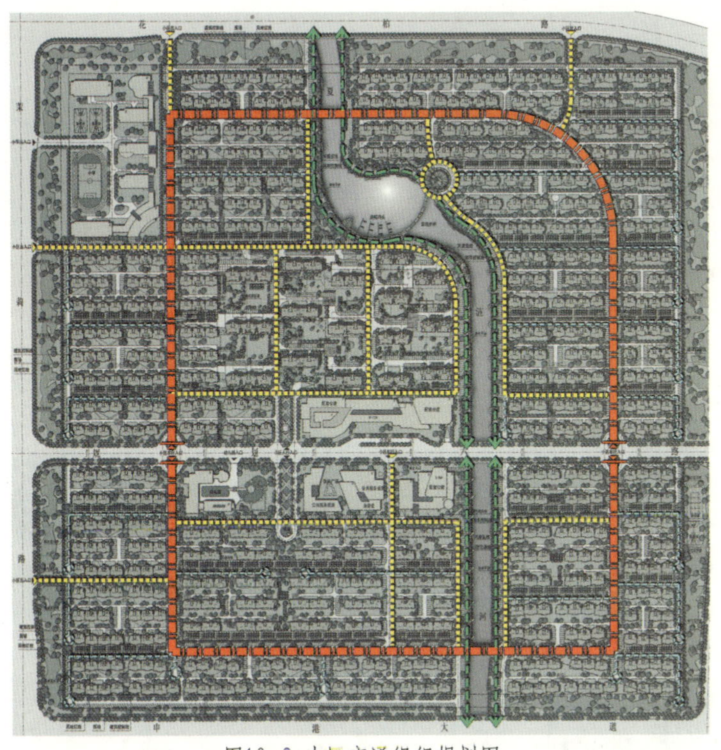
图10-8 小区交通组织规划图

图10-9 小区道路实景图

高、土壤pH高、有机质含量低、风速大、蒸发量大、地下水矿化度大。植物作为改善小区微环境的一种手段，对整个生态系统的生态结构和功能以及其稳定性与景观构建的好坏及营造舒适和谐的生活环境起到了至关重要的作用。因此选择一种适宜的方式，保证植物顺利的生长是盐碱地绿化的首要问题。

本项目调研世界各地盐碱地土壤改良措施，汇总夏热冬冷地区盐碱地治理经验，分析集成了适合本项目盐渍土特点的盐渍土生态改良技术。开展污泥、酒糟、泥炭、高养茅和微生物联合修复等盐渍土改良技术的研究，为盐碱土改良提供了新方法和新思路。通过调查研究得到了近200种植物的大致耐盐范围，为宜浩家园项目绿化植物规划设计及工程施工提供了参考，为临港新城地区的环境建设提供了有效的技术储备和示范。此项目采用了改良土壤，降低地下水位的绿地改良技术措施，有效扩大可使用面积，节省土地资源。如图所示，改造前项目基地还是一片闲置土地，无规模植物生长，通过治理后，植物在区域内长势喜人（图10-10与图10-11）。

2） 宜居景观绿化的应用实践

小区绿化设计采用局部密植、点面结合的绿化布置形式，包括城市道路绿化带、沿河道水景绿化带、小区中心绿化带、组团绿化带等。基地绿化率达到35.2%，集中公共绿化率为11.8%。绿化物种包括香樟、湿地松、直生银杏、红叶石楠、小叶扶芳藤、花叶芒草等102种植物。采用乔木、灌木、草坪相结

图10-10 住区开放前基地实景图

图10-11 住区内绿化实景图

图10-12 宅旁停车位植草砖

图10-13 宅旁绿化

合，绿化与水体相结合的手法，对植物的杀菌、降噪、增氧、吸收有害气体、涵养水源等生态功能进行有效的组织，既丰富了空间层次又提升了区域景观的生态效应。基地宅旁停车场设置植草砖（图10-12），最大限度地增加透水地面面积并与景观绿化有机结合，实现优美的景观，良好的生态环境（图10-13）。

(3) 纵贯南北的河道利用

临港地区水系众多，在宜浩家园的小区规划时，充分利用基地原有纵贯南北的天然河道夏涟河，在形成良好的自然景观的同时，有效调节小区的微气候。

沿夏涟河两岸的多层组团采用灵活的弧形建筑布局，或围合、或序列，并通过布置小型广场、沿河绿带和小品结合防汛通道形成了开敞的丰富空间，使更多小区住户都能享受到沿河的宜人景观（图10-14、图10-15）。

水的热容量大，在吸收相同热量的情况下，升温值较小。水面通过蒸发吸热，可降低空气的温度；

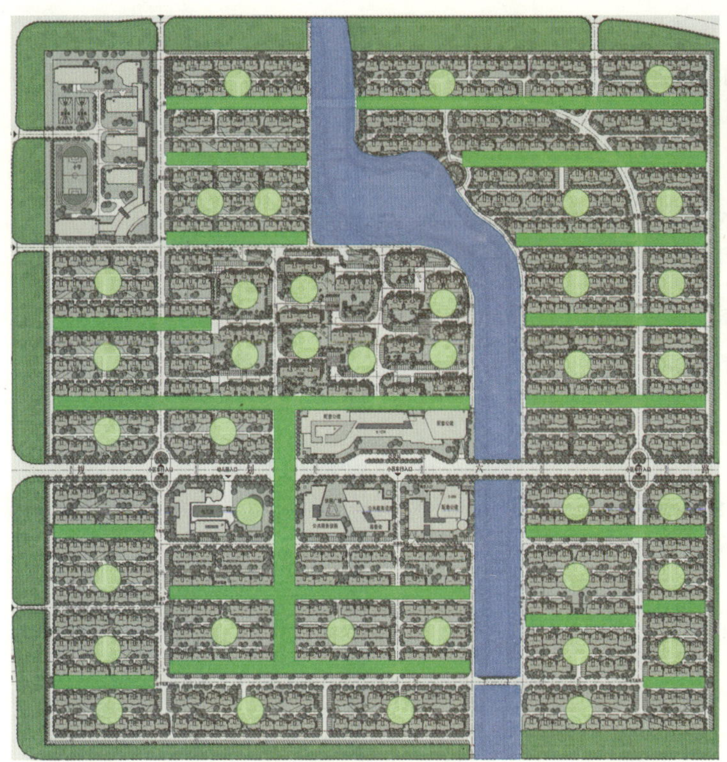
图10-14 住区内水系组织图

图10-15 住区内河道实景图

图10-16 住区内湿地实景图

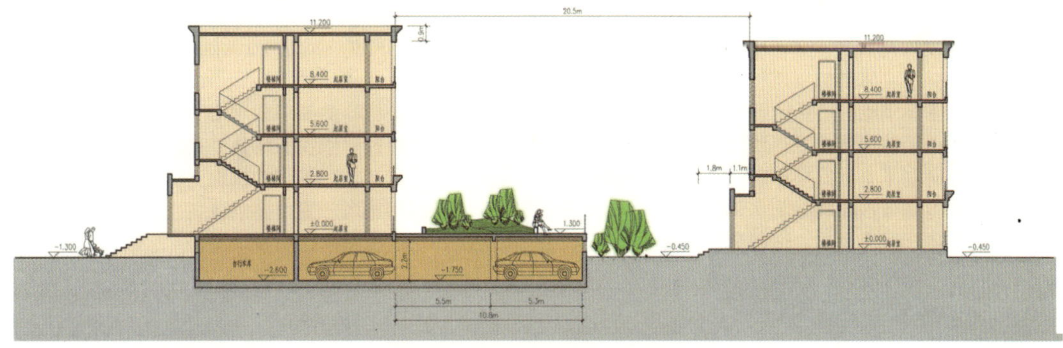
图10-17 半地下车库剖面图

图10-18 地下车库入口及采光井

图10-19 地下车库天然采光实景图

图10-20 地下车库顶板绿化

水体流动，还可带走大量的热量。区域风环境模拟分析显示，小区河道处的风速较为明显，带动了整个区域的流动，在过渡季节有良好的自然通风效果，夏季则可显著降低周边区域的环境温度。

(4) 湿地保持与再利用

小区保留并整修河道两岸原有的自然湿地，建成小区湿地公园，成为居民夏季纳凉的好去处，在为居民创造宜居环境的同时，有效改善基地生态效应（图10–16）。

(5) 地下空间的合理设计

在地下车库的设计上充分考虑节能、节地及对小区环境因素的影响。地下车库采用天然采光井，尽可能采用天然采光，减少人工照明的能耗。地下室顶板绿化，还绿地与居民，见图10–17～图10–20 。

10.3.2 舒适的室内环境设计

考虑购买人群及节约土地的因素，宜浩家园小区在户型设计上以一室两厅一卫为主。住宅充分采用被动式采光、通风技术，保证所有户型实现三明、南北通风、动静分区、净污分区。

(1) 气候适应性节能设计技术

围护结构保温隔热是建筑节能的主要手段，能提高室内环境的舒适度。墙体保温形式较多，各具特点。其中，外墙外保温、外墙内保温和夹芯保温的特点如表10–1所示。

外墙外保温、外墙内保温与夹芯保温的特点比较　　表10–1

类型	优点	缺点
外墙外保温	1.使用范围广 2.保护主体结构，延长建筑物寿命 3.基本消除了热桥的影响 4.使墙体潮湿情况得到改善 5.有利于室温保持稳定，改善室内热环境 6.有利于提高墙体防水和气密性 7.便于既有建筑物进行节能改造 8.可相对减少保温材料用量 9.不占用房屋的使用面积	1.对保温系统材料的要求较严格 2.对保温材料的耐候性和耐久性提出了更高的要求 3.材料要求配套，对系统的抗裂、防火、拒水、透气、抗振和抗风压能力要求较高 4.要有严格的施工队伍和技术支持
外墙内保温	1.将保温材料复合在承重墙内侧，技术不复杂，施工简便易行 2.保温材料强度要求较低，技术性能要求比外墙外保温低 3.造价相对较低	1.难以避免热桥的产生，在热桥部位外墙内表面易结露、潮湿甚至发霉和淌水 2.内保温需设置隔汽层，以防止墙体产生冷凝现象 3.防水和气密性较差 4.不利于建筑外围护结构的保护，会缩短建筑物的使用寿命 5.内保温板材出现裂缝比较普遍
夹心保温	1.将保温材料设置在外墙中间，有利于较好地发挥墙体本身对外界环境的防护作用 2.对保温材料的要求不严格	1.易产生热桥 2.内部易形成空气对流 3.施工相对困难 4.内外墙保温两侧不同温度差使外墙体结构寿命缩短，墙面裂缝不易控制 5.抗振性能差

相比外墙内保温和夹芯保温而言，外墙外保温技术解决了这两种保温形式带来的许多综合性的问题，具有热工性能好、保温效果高、综合投资低、可以延长主体结构寿命等优点，本项目选用外墙外保温构造。

平屋顶使用30/45mm厚的挤塑聚苯板，传热系数小于1.0W/(m^2·K)。240mm厚的多孔砖外墙采用30/50mm厚的挤塑聚苯板，平均传热系数不大于1.5W/(m^2·K)。外窗、阳台门使用铝合金普通中空玻璃（5+6A+5），遮阳系数0.84，气密性为4级。经居住建筑动态计算，采暖和空调年耗电量之和小于55.1kWh/m^2，符合国家及地方规范要求。

(2) 舒适健康的室内环境技术

宜浩家园户型设计上以一室两厅一卫居多，内部分区做到动静分离、居寝分离，洁污分离、干湿分离。每户均考虑有最大可能的朝南面，所有功能房间都有直接采光、自然通风和景观视野。底层门厅结合无障碍坡道、信报间(箱)以及物业管理等方面进行设置。

1）室内天然采光

建筑户型设计上充分考虑卧室及起居室的采光需求，利用采光模拟分析的方式，优化户型设计，改善居室的自然光环境。单元与单元之间设置天井，既形成室内外空间的延续，又实现住宅全明卫，增强了卫生间的采光与通风（图10—21、图10—22）。

建筑典型标准层的户型见图10—23。基于标准层的采光分析显示：起居室、卧室等房间采光系数满足标准要求，天然采光效果良好，如图10—24所示。

2）室内自然通风

室内自然通风是改善室内环境的又一重要因素。将室外新鲜空气引入室内，可提高居住者的舒适度；过渡季节加强自然通风还可减少空调能耗。宜浩佳园所在的临港地区室外空气品质好，适合通过加强室内自然通风方式改善室内环境。

图10—21 室内天然采光实景图

图10—22 采光天井设计实景图

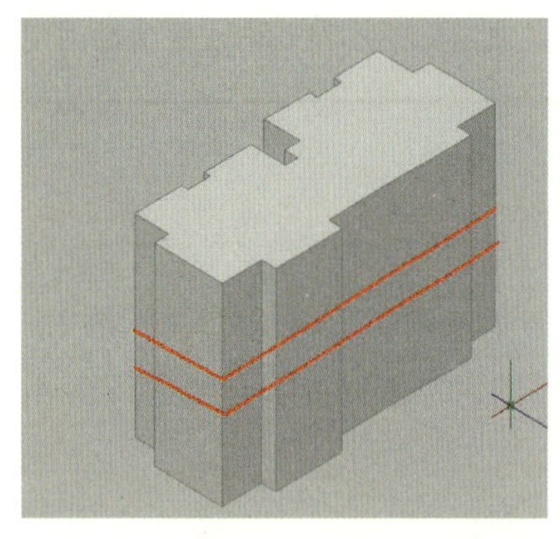
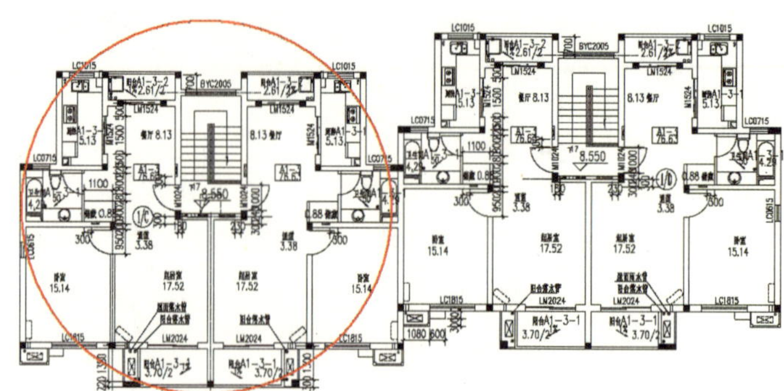

图10-23 小区典型户型标准层设计图

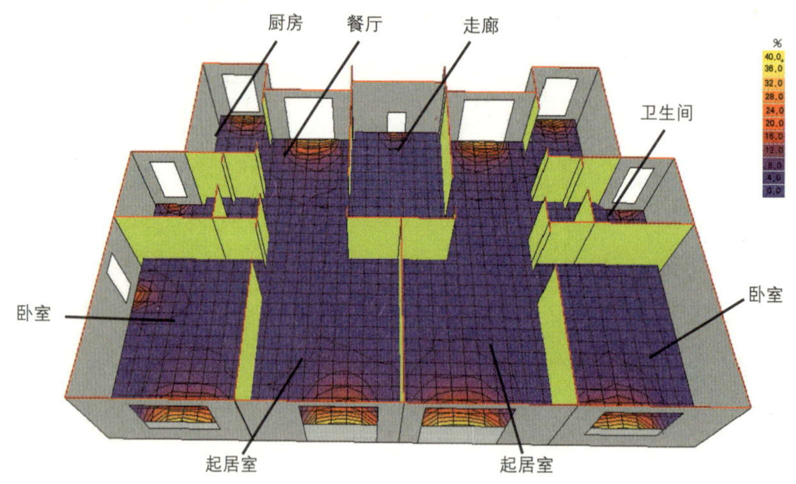

图10-24 标准层户型室内采光模拟优化分析图

为营造上述环境，设计初期通过模拟分析，为通风开口位置设置、房间布局等细节提供建议。南北贯通、双阳台设计保证了南北两侧均具备较大的开口面积及合理的气流组织形式。室内自然通风模拟分析如图10-25所示。

(3) 变压止逆烟道设计

变压止逆阀烟道又称变压防串烟倒灌排气道，吸取了变压式烟道和止逆阀烟道两种烟道的优点，一方面通过改变烟道的截面形式和风帽结构，利用烟气流动的各种物理规律，使气流保持向上运动，保证各楼层烟道口处风压为负压或零压；另一方面在烟道口加装防气流逆行止逆阀，机械封堵住烟道气流不外串。本项目根据自身特点，在住宅的厨房中配了变压止逆阀（图10-26），并在屋顶安装了旋转防倒灌铝合金风帽（图10-27），解决了住户因烟道反串味而带来的烦恼。

(4) 环保节材与菜单式全装修设计技术

宜浩家园项目为居民提供菜单式装修，包括整体橱柜，实木地板铺地、实木复合内门等。其中环保建材及地板的选材和控制既避免了装修后的室内空气污染、又保障了建筑上下层住户之间良好的隔声效果，如图10-28所示。

图10-25 标准层户型室内自然通风模拟优化图

图10-26 变压止逆阀烟道

图10-27 防倒灌铝合金风帽

图10-28 菜单式装修实景图

同时，项目全装修单身公寓的厨卫出水器具全部选用节水型产品，包括防渗漏龙头和节水花洒等。

10.3.3 低碳高效能源利用

(1) 太阳能热水系统应用

宜浩家园项目太阳能热水系统应用的总体原则为：

①100%住户使用太阳能热水；

②采用成熟的太阳能热水技术和质量稳定可靠的太阳能热水器产品；

③控制投资成本；

④避免复杂的后期运行维护管理；

⑤实现太阳能热水系统与建筑一体化结合。

太阳光照是利用太阳能资源的前提条件。为确定合理的太阳能集热器建筑安装形式及热水系统方案，项目前期通过软件模拟来分析典型建筑立面的日照辐射情况。

1）多层住宅

多层住宅统一利用平屋顶面利用太阳能资源。由总平面图分析可知，绝大多数多层建筑不存在遮光现象，只有北区靠近高层建筑群的少数多层住宅建筑屋顶面可能会受到一定影响。日照模拟分析显示，在冬至日12月22日，多层住宅屋顶面光照最不利位置的累积光照时间均在6小时以上，完全满足太阳能利用条件。

2）高层住宅

由于高层建筑的自身特点，若完全利用顶层屋面来利用太阳能，有可能存在屋顶面积不够的情况；有必要分析建筑立面的日照情况，以确定是否选择立面一体化集热器布置方式。

全部高层建筑南立面的光照分析情况如图10－29所示，其中N－5号、12号、14号、16号等四栋楼的低层遮挡较严重，底部红色字体部分立面的冬至日累计日照时间（连续光照时间满30分钟才计入统计）小于4h，不适宜布置太阳能集热器。

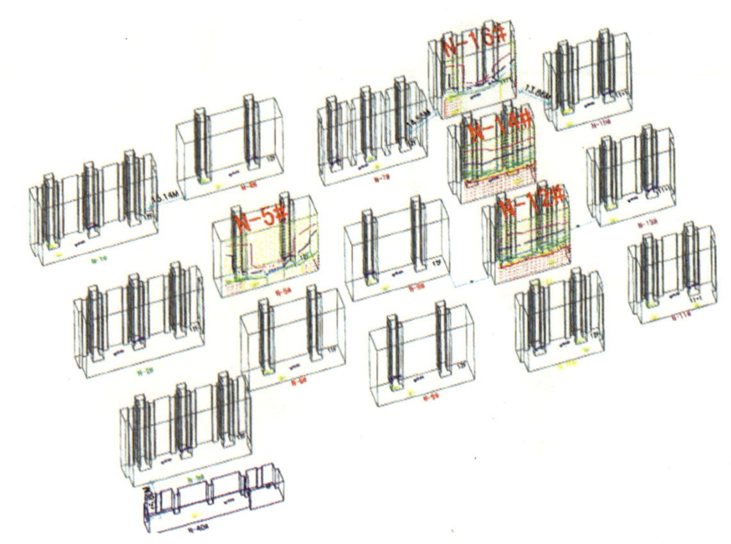

图10－29 高层住宅中南立面光照较差楼栋位置示意图

基于设计原则及日照分析，项目从建筑外观、系统特性和技术经济性角度对备选方案进行了评估和优选，最终确定使用“集中集热——分户贮热—辅助加热”的系统模式，不论高层或者多层，太阳集热器都统一布置在屋顶，太阳集热器采用U形管式真空管集热器和平板式集热器。系统原理如图10－30所示。

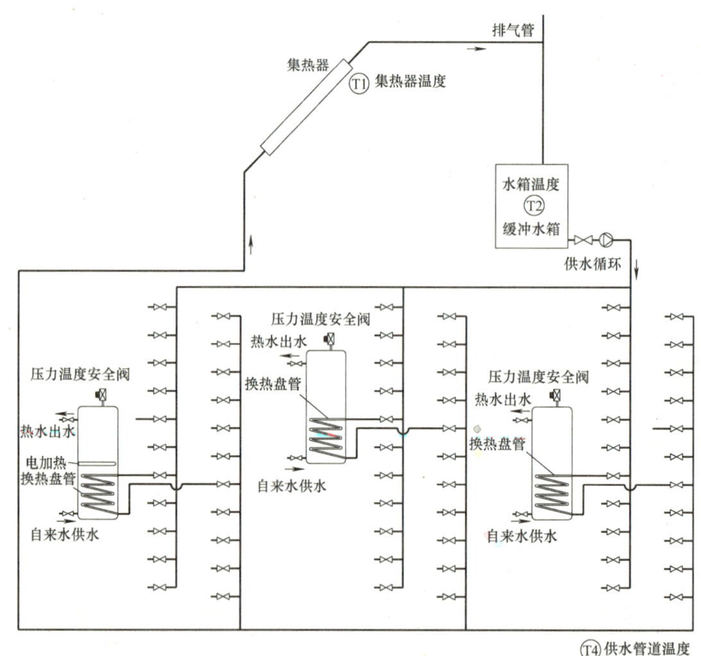

图10－30 太阳能热水系统原理图

“集中集热—分户贮热—辅助加热”的系统方案优点为：屋面集中集热方式集热性能高；减少热水供回水立管数量、节省立管安装空间、利于实现建筑一体化；分户供水无需计量供热水；住户入住率低时供热水更为充足；初投资较低，性价比较好；供水水质好；防冻性能好；机械循环系统加热时间短；承压供水舒适度高。项目施工及实景如图10－31、图10－32所示。

(2) 风力发电系统应用

宜浩家园区域面积大、道路众多、景观及沿河风光带等需要布置较多的人工照明。住区部分区域采用风力发电路灯（图10－33），减少较长的市电线缆布置，并节约运行电耗。

图10-31 平板集热器支架施工图

图10-32 住区太阳能热水系统实景图

图10-34 直饮水处理机房实景图

图10-33 风能发电路灯实景图

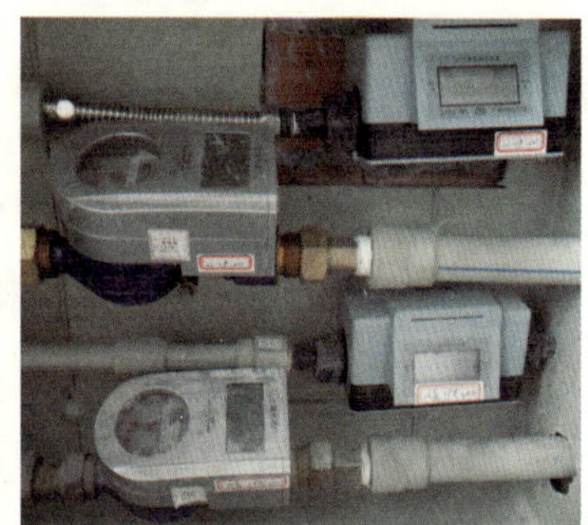
图10-35 入户直饮水表

10.3.4 安全便捷的人性化功能设计

(1) 直饮水系统

水环境是生态小区的重要组成部分。绿色建筑的水环境是指满足建筑用水量、水质要求的前提下，将水景观、水资源综合利用技术集成一体，是小区给水、管道直饮水、再生水、水景等子系统的有机组合。

健康直接饮用水即采用分质供水方式，在居住小区内设净水站将自来水进一步深度处理，加工和净化，在原来的自来水管道系统基础上，再建设一条独立的优质供水管道，通过该管道将直接饮用水输送到各家各户，供居民直接饮用，为老人等行动不便居民提供便利。

宜浩家园小区在N-35，N-106及S-23三处的地下车库内设置直饮水机房（图10-34），分别位于整个小区的西北、西南、东南三个片区，入户安装直饮水表如图10-35中红色标记处。该健康直饮水处理站处理方案的工艺流程为：原水→原水水箱→除氨过滤→一级催化氧化→二级催化氧化→活性炭过滤→软化系统→精密过滤→超滤系统→纳滤→消毒→直饮水水箱→增压泵。

该直饮水系统的建设，为整个社区居民提供新鲜、优质、安全的管道直饮水，既避免了市场桶装水可能带来的健康威胁，又降低了饮水价格。

(2) 远程抄表系统

为方便居民，提高工作效率，小区采用了智能远程抄表系统（图10-36）。

1）解决了管理部门与用户的矛盾，实时采集、随时读取数据。

2）为居民提供了一个公平，透明的消费平台。用户可及时了解管理部门供应及自己的使用情况。

(3) 住户报警

考虑到小区居民安全及年老易发病人群突发病时能够及时得到救助，在小区内设置一套住户防盗报警及紧急求助报警系统。紧急报警（求助）装置安装在客厅和卧室内隐蔽、便于操作的部位，老人等行动不方便者遇到突发病可按下按钮向管理中心求助。同时住户门、窗开合处安装有门窗磁开关入侵探测器，该系统与小区管理中心联网，实现向管理中心报警（图10—37）。

(4) 安全的防卫系统

住宅小区围墙、建筑物等封闭屏障处安装周界报警系统，前端设备采用围栏式入侵报警系统，系统可具备触网报警功能。报警不受气候、地形、小动物等影响，误报率低，安全性好，从脉冲主机传出的高压脉冲能量很小，对人体无任何伤害（图10—38）。

(5) 无障碍通道设计

考虑小区内老人、残疾人等行动不便的人群的特殊需求，在楼前设置无障碍通道，方便此类人群出行（图10—39）。

图10—36 智能远程抄表

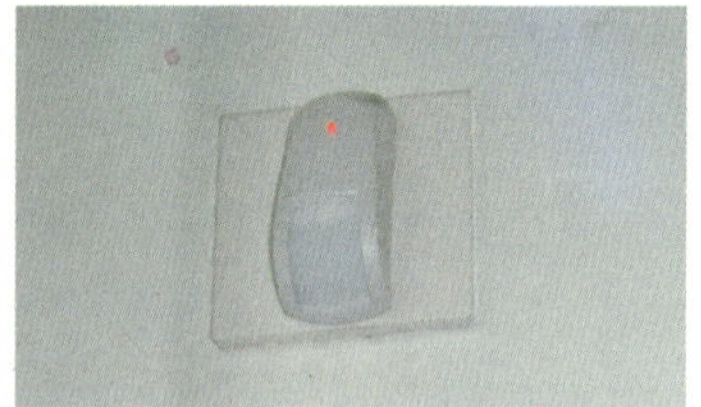

图10—37 住户报警系统

图10—38 安全防卫系统

图10—39高层建筑无障碍坡道

10.4 技术效果测试与评估

10.4.1 太阳能热水系统测评

根据项目实际实施情况，太阳能热水系统由两种产品形式组成，即平板式集热器、非承压系统和真空管集热器、承压系统。技术测试分别抽取两种系统形式各一套，进行了系统典型天气下系统得热量测试、系统效率测试。

测试依据《太阳热水系统性能评定规范》（GB/T 20095—2006）、建设部《可再生能源建筑应用示范项目测评导则》等进行，测试参数布点如图10—40～图10—42所示。

测试结果汇总见表10—2、能效评估汇总表10—3。

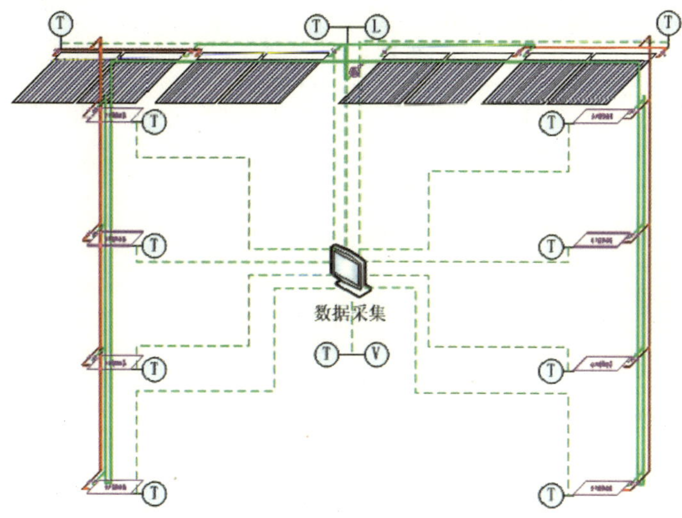

图10—40 真空管闭式太阳能系统测点布置

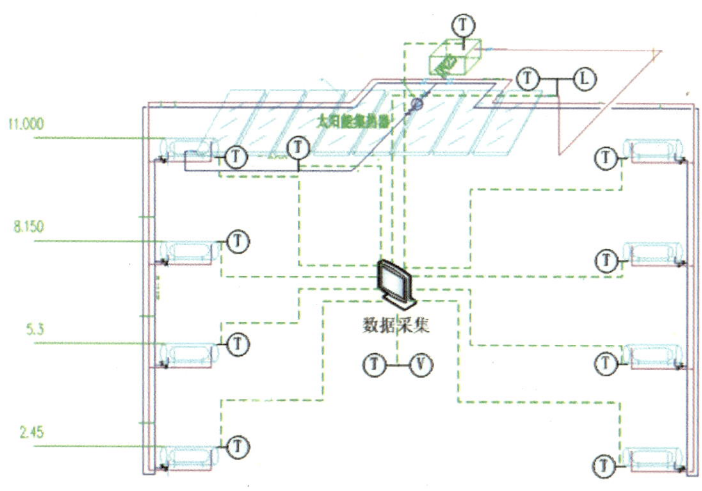

图10—41平板集热器开式太阳能系统测点布置

图10—42 现场测试布点情况

测试结果 **表10-2**

平板式非承压系统		真空管承压系统	
集热系统得热量(MJ)	144.3	集热系统得热量(MJ)	174.9
贮热水箱得热量(MJ)	82.4	贮热水箱得热量(MJ)	139.7
贮热水箱温升(℃)	24.6	贮热水箱温升(℃)	41.7
集热系统效率(%)	44.7	集热系统效率(%)	49.7

能效评估汇总 **表10－3**

		平板非承压系统	真空管承压系统	总计
基础参数	集热器面积(m^2)	6608	4322	10930
	增量成本(万元)	1400	1100	2500
综合性能指标	全年太阳能保证率(%)	48.1	57.0	51.6
	常规能源替代量(吨标煤)	675.94	498.63	1174.57
经济效益指标	项目费效比(元/kWh)	0.28	0.30	0.29
	年节约费用(万元)	253.6	187.1	440.7
	简单投资回收期(年)	5.5	5.9	5.7
环境效益指标	CO_2减排量(t/年)	1669.6	1231.6	2901.2
	SO_2减排量(t/年)	13.52	9.97	23.49
	粉尘减排量(t/年)	6.76	4.99	11.75

10.4.2 室外风环境评估

根据《中国建筑热环境分析专用气象数据集》中的上海市气象数据，取全年夏季主导风向为东南风，平均风速3.4m/s，冬季西北风，平均风速3.3m/s，进行模拟验证分析（图10—43）。

分析结果显示，冬季小区室外1.5m处的风速均低于5m/s，居民在小区内行走，不会有明显的吹风感，同时又很好的减少了建筑热损失（图10—44）；过渡季节，区域内风速分布较为均匀，体感舒适，风速适中，有利于促进室内自然通风效果（图10—45）。区域内河道调节小区的微气候，过渡季节促进通风，夏季成为居民消暑纳凉的场所。

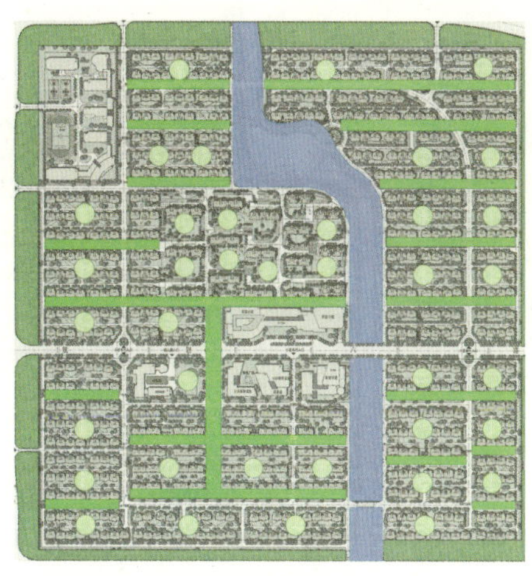

图10-43 建筑区建筑模型图与效果图

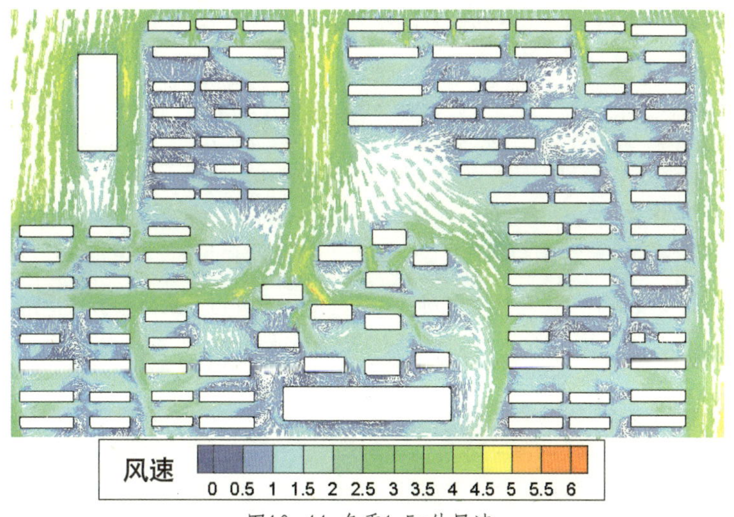

图10-44 冬季1.5m处风速

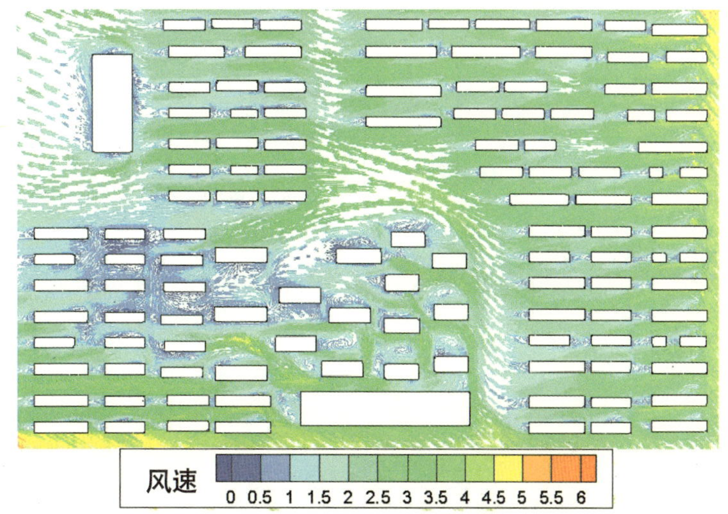

图10-45 过渡季1.5m处风速

10.5 应用推广价值

住宅小区是居住者生活的空间。随着人们生活水平的提高，对住宅小区品质的要求也越来越高，创造良好的小区环境正是提升住宅小区整体品质、提高人们生活舒适性的一个重要方面。通过对示范工程关键技术的运用及分析，配套商品房居住小区以下几个方面值得推广借鉴。

（1）合理的建筑布局及建筑形态设计

通过建筑朝向和周围环境的合理布置，实现区域环境的最优化，将交通便利、环境优美、价廉物美的商品住宅，作为此类型居住小区的主线贯穿其中。充分利用所在区域的自然资源，将其引入与整合。本工程在规划时充分利用自有水系，综合改造后引入小区，凸显了小区的灵动，同时改善了区域的微气候。

（2）最优的户型设计

房子作为居住的私人空间，需要设计者充分考虑到居住者的感受，尽可能地利用自然，导入自然。良好的自然通风、采光会让居者身心愉悦，同时可减少能源消耗；菜单式装修，保证人们的个性化需求，确保使用环保材料，杜绝了二次装修污染，达到低碳生活的目的。将技术融入设计，即可实现低成本。

（3）适宜的本地化技术

任何技术的使用需要对其应用的环境、应用的对象进行细致的分析与考量。作为太阳能热水系统在临港地区的示范，此项技术的应用充分考虑到了技术的适用性并做了优化分析。低密度建筑可减少建筑遮挡带来的无效或者低效集热区域，良好的室外环境又为此项技术在该地区的应用建立了优势。

（4）人性化功能设计

配套设施的设置上充分考虑了老年人、行动不便人群的需求。直饮水系统不仅提升了生活品质而且给上述群体提供生活便利。住户报警系统保证居者安全的同时，为老年人及易发病群体提供了及时、高效的服务。

11 绿建· 北秀蓝湾住宅小区

项目名称 /绿建 · 北秀蓝湾住宅小区

建筑类型 /住宅建筑

建设地点 /杭州市余杭区良渚镇

建筑面积 /10.6万m^2

开发单位 /杭州绿建房地产开发有限公司

技术支持 /依柯尔绿色建筑研究中心（北京）有限公司

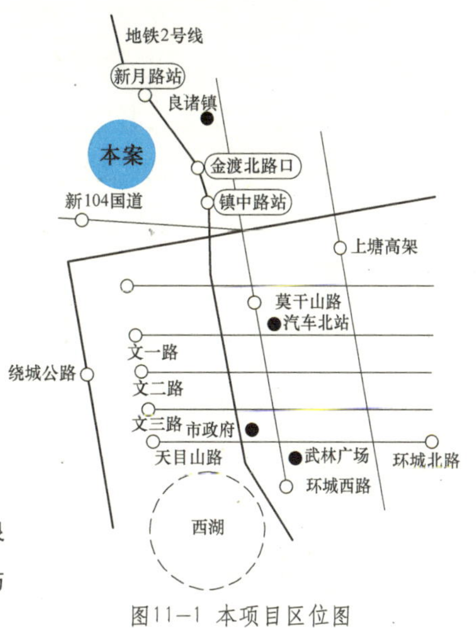

图11-1 本项目区位图

11.1 工程概况

11.1.1 工程所在地概况

绿建 · 北秀蓝湾住宅小区位于大杭州“一主三副六组团”的良渚组团核心区位，东临东西大道，西临天然河道，南依良渚港，北邻建设中的良渚镇行政中心，小区通过104国道新线与莫干山路延伸段相连，距主城区仅约13km（图11–1）。

良渚镇位于杭州市余杭区，处于杭嘉湖平原南端，西依天目山，南濒钱塘江，是长江三角洲的圆心地。地理坐标为北纬30° 09′ ～30° 34′ 、东经119° 40′ ～120° 23′ 。

余杭地处北亚热带南缘季风气候区。冬夏长春秋短，温暖湿润，四季分明，光照充足，雨量充沛。年平均气温15.3～16.2℃，年平均雨量1150～1550mm。春、冬、夏季风交替，冷暖空气活动频繁，春雨连绵，风向多变，天气变化较大。常年6月中旬入梅，7月上旬出梅，雨量相对集中，梅雨结束即进入盛夏，受热带高压控制，盛行下沉气流，天气晴热、温度高、日照强、湿度大，易有伏夏。秋季，秋高气爽，天气比较稳定。冬季，盛吹西北风，寒冷、干燥，如遇北方强冷空气，就出现寒潮。

图11-2 项目鸟瞰图

11.1.2 工程简介

绿建·北秀蓝湾住宅小区（图11－2）为小高层、多层混合普通住宅，包括6栋多层和15栋小高层建筑。建筑设计注重人与自然的和谐发展，在改造环境的同时，注意与周边环境协调关系，创造良好的居住生活环境，体现自然生长的景观脉络，努力营造文化、艺术氛围，创造一个布局合理、功能齐全、交通便捷、环境幽雅、深具文化内涵的理想家园。

本工程设计具有一定的前瞻性，尽量采用新技术、新材料，建筑造型新颖别致，充分体现新世纪居住建筑的特色，反映江南地域文化的水乡风情及良渚特有的历史文化背景。

11.2 项目特点及技术目标

11.2.1 建筑设计特点

(1) 规划设计

本项目所处地块南北长，三面道路环绕，一面临水，总体布局时充分尊重场地的特殊性，周边环境的多样性，在地块东南侧，沿东西大道布置六幢五层多层住宅，在地块西南侧，沿水面布置十一层的单元式小高层和塔式小高层住宅，这是整个小区交通、景观的核心，力求做到空间活泼，尺度宜人，引人入胜，在地块北端，沿二号干道布置三幢十一层的商住楼（底下两层商业用房），充分发挥土地商业价值，提高土地使用率，在小区中心设有地下停车库。整个布局形成东南低，西北高的建筑群体布局，这对整个小区的日照、通风、采光、沿街景观都是最有利的。

小区内建筑布局根据周边环境，使住宅建筑采用适度的南偏东朝向，既考虑了居住品质，又符合城市自然肌理，达到与大环境的整体和谐，各住宅建筑之间形成灵活而不错乱的建筑群落，既强调了一致性，又兼顾每栋建筑所处的小环境。小区的空间结构综合考虑了各方面要素，在用地范围较小的前提下，提供了便利的内部交通环境和优美的绿化景观。

整个地块道路交通，结合周边环境，力求做到结构清晰，顺而不穿，通而不畅。通过顺畅主干道，来主导整个小区的人流组织，并有机地将整个小区三个出入口及绿化休闲区域生动地联系起来，来保证整个区块的人流安全，居住安宁，达到形式与功能的完美统一。

(2) 景观设计

总体景观布局是以“一心一环”空间骨架和道路骨架为中心布置的。“一心”是小区的景观活动中心；“一环”即围绕小区中心的主干道，整体形态内聚外散，十分紧凑。小区的环境设计总的原则是：以良渚文化为背景，重点营造以水体为主线的中心景观，注重中心景观和宅前景观的创造。

主入口会所前的良渚文化广场，以雕刻有良渚文化内涵的雕塑柱为主体，用水景、喷泉、树池为配景，给人以浓厚的历史文化底蕴。中心景观是以原有生态水系为主体，加以水边的娱乐场地、临水花池、景观平台、亲水广场，以及水中的景亭、雕塑、趣味汀步，营造出了丰富多彩的休闲生活意境。水边中心区域5幢点式高层底层架空，以景观步道相连，开阔了视野，使中心绿地浑然一体、完整有序，不仅提高了小区绿化率，更可增加居民室外活动和交流空间，以人为本，亲近自然。

本小区的组团绿化没有刻意强调，而是在宅前绿化上使用了多种手法，包括绿地植被和活动硬地的设计，以及架空平台的绿化设计，从而使住户拥有推窗见绿的享受。

(3) 建筑单体设计

本项目建筑总高度不超过36m，根据户型要求和设计规范要求，多种不同户型均做到客厅、卧室、厨房直接采光；厨房、卫生间通过竖井统一排烟气。百分之百的住户南向，户户有景观。户内空间方正，功能分区清晰。景观阳台、服务阳台各在其位；入口设置玄关；客厅、餐厅相对独立分开，服务阳台靠近厨房。户型设计采用大面宽和短进深，利于户内空间的流通，营造健康生态型户型空间。

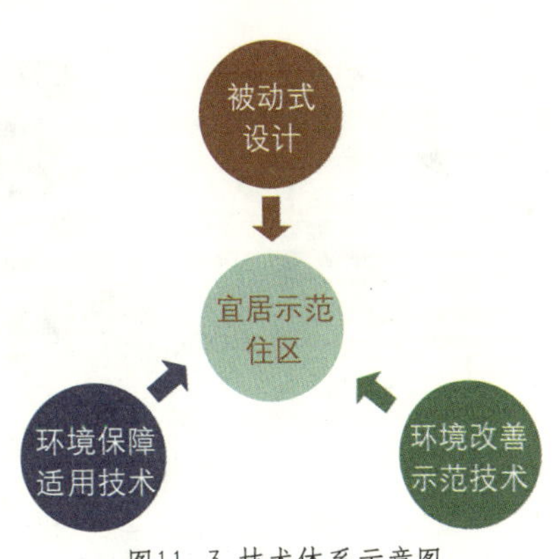

图11-3 技术体系示意图

11.2.2 技术目标

本项目处于夏热冬冷气候区，根据气候特点、居住习惯和经济水平等因素，以被动式建筑的设计手段为基础，建设技术适用和技术示范的江南宜居生活示范住区。围绕上述技术目标，本项目形成了夏热冬冷地区居住小区室内外环境改善和保障为核心的技术集成体系，该技术体系示意图见图11-3。

11.3 宜居示范住区技术体系

11.3.1 被动式设计

在规划与建筑设计过程中，分析气候条件、周边开发强度、景观资源、基地内部现状、建筑朝向与体形等，找出影响设计的重要因素，利用被动式建筑设计策略进行建筑的自然通风与采光、外围护结构的保温隔热性能、遮阳构件的设计与计算。

(1) 住区规划的被动式设计

1）适宜的朝向

适宜的朝向设计可以使建筑在冬季获得足够的日照，避开冬季主导风向。通过相关研究表明，杭州地区的最佳建筑朝向为南至南偏东15°，本项目的建筑朝向为南偏东2°，处于最佳朝向范围内。

2）合理的日照间距

在住区平面规划设计中，建筑群体错落排列，不仅有利于内外交通的疏散和丰富空间景观，也有利于改善日照环境。本项目的平面规划中，增加了点式高层住宅，在充分保证采光日照条件下可以大大缩小建筑之间的间距系数，同时达到了节约用地的效果。

3）平面布局促进场地通风

合理的建筑群体布局，可以争取最大效益的自然通风效果。本项目采用错列式平面群体布局，建筑相互挡风较小，合理利用南低北高的地形，结合冬夏季主导风向，建筑空间布置做到南低北高，高地排

图11-4 底层架空层实景照片

列上使一栋比一栋高，也可以获得良好的视野。同时，建筑底层架空，不仅增加布局视野的南北通透感，也增加自然通风的效果（图11-4）。

(2) 被动式建筑单体设计

1）建筑体形

建筑体形的变化直接影响建筑外围护结构的传热损失，还与建筑造型、户型、采光通风等紧密相关。本项目在体形设计中，兼顾了设计创造性和居住习惯，建筑南立面设计生动、富于变化。在体形系数方面，条式建筑为0.36，点式建筑0.32。

2）户型平面设计

户型平面设计除了满足功能性要求，还需合理确定房屋开口部分的面积与位置、门窗的装饰与开启方法，以便形成穿堂风，也是夏热冬冷地区传统建筑解决潮湿闷热和通风换气的主要方法之一。

工程所在地过渡季室外气温低于26℃高于18℃的小时数约占2000～3500h，由于住宅室内发热量小，这段时间完全可以通过自然通风来消除负荷、改善室内热舒适状况。

通常适合自然通风的时段为一年当中的过渡季节，即4～6月、10～12月。由图11-5可以看出，4～6月过渡季80%的时间都在22℃以下，因此通过自然通风设计，满足排风温度与室外温度之差不大于4℃，就可以保证室内温度不大于26℃。10～12月基本都在20℃以下，因此，只要满足排风温度与室外温度之差不大于6℃，就可以保证室内温度不大于26℃，可以利用通风保证室内的热舒适性。

因此，通过居住建筑户型的优化设计，将主要使用居室的外向开口布置在迎风面，同时合理优化开口的可开启面积调整自然通风的通风量，就可以有效利用过渡季的自然通风来改善室内的热湿环境。在气流主要路线上布置了朝南的起居室、主卧室，卫生间、厨房朝西、朝北布置。窗地面积比达到20%以上，而且窗户开口位置与夏季主导风向保持一定角度，加强室内气流扰动，尽可能设置多个开口位置。

结合CFD小区风场模拟所得出的风压值，采用ContamW模拟计算过渡季室内自然通风状态，在消除室内余热的情况下，确定不同开窗面积所对应的通风量。选取本项目3号楼作为研究对象，计算模型见图11-6。

可开启窗面积按30%考虑，此种状态下的侧窗开窗面积为100%开窗。相对开窗10%即能基本满足自然通风状态下，室内温度约为26℃室内控制要求（图11-7）。

3）遮阳设计

在遮阳设计中，在起居室合理设计了出挑的阳台，减少了起居室玻璃面的日照面积。在北向设计了封闭的生活阳台，夏季乘凉冬季挡风保温。朝南卧室设置了电动遮阳卷帘。

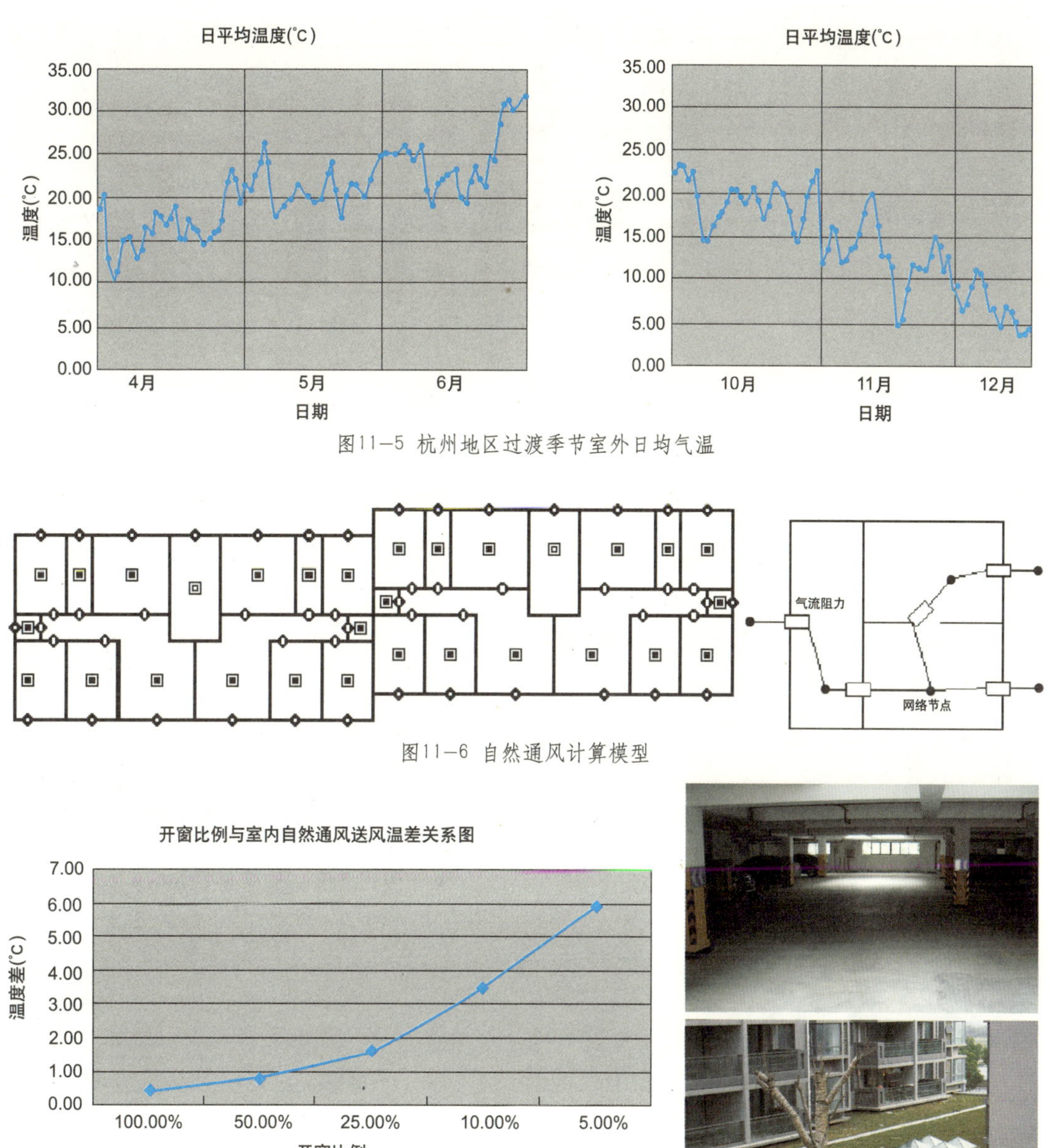

图11–5 杭州地区过渡季节室外日均气温

图11–6 自然通风计算模型

图11–7 自然通风状态下的开窗比例图

图11–8 地下室天窗采光

4）地下空间采光

半地下车库的屋顶设计了采光天窗，用于改善地下空间的自然采光效果，这种形式简单可靠，而且投资成本小（图11–8）。

11.3.2 环境保障适用技术

(1) 植物配置和区域绿化技术

利用小区独特的自身条件—绿色环保、生机盎然，发挥自身特点—绿色、生态、人文，强调植物配置对小区微气候的调节作用—杀菌、降噪、除尘、增氧、吸收有害气体、涵养水源、净化水体和调节风速和风压，主要体现在互动空间、通透的视觉效果、游园与景点的衔接、意境的虚实体现、科技与景观的结合等方面。

1）植物配置

主要考虑了常绿、落叶乔木和常绿、落叶灌木的布置与搭配，乔木的分布由北至南依次为常绿大乔木密林区（抵挡西北风，夏季遮阴）、建筑间落叶乔木区（冬晒区和重点景观区）、落叶和常绿小乔木密林区（杀菌、降噪、除尘）；常绿灌木的分布一般位于落叶乔木下层（冬季乔木落叶，下层灌木依旧常青，有景可观），落叶灌木区一般位于常绿乔木下层，分布在建筑间（冬季使住户沐浴阳光，夏季适当遮阴）；地被植物与灌木相结合，选择或观花或观叶的植物，主要分布在林下、桥头、石边和建筑周围，这样可以使绿地不至于太单调（图11-9、图11-10）。

2）树种选择

植物的选择要便于维护、耐候性强、病虫害少、对人体无害，常绿乔木的基调树种为香樟和杜英；观花、观叶、观果的基调树种为玉兰、樱花、银杏和榉树；灌木的选择以四季花开灌木为主，保证小区四季常绿三季有花，主要以桂花、茶花和含笑为主。共计乔木2023株，灌木2000m^2，94个品种（图11-11）。

图11-9 植物配置图

图11-10 绿化实景照片

图11-11 物种照片

图 11-12 屋顶绿化

(2) 自保温墙体

本项目外墙采用砂加气混凝土砌块作为主要材料，同时还辅助聚合物砂浆、界面剂，具有传热系数低，热惰性指标高等特点。砂加气混凝土砌块是一种新型建筑环保墙材，其主要原料为粉煤灰、石灰、铝粉，重量只有以前同体积实心黏土砖的1/3，具有保温、抗渗、防火、隔音等优势，正在建筑领域推广。本项目中选择的砂加气混凝土砌块为B05级，厚度250mm，传热系数0.65W/（m^2·K），热惰性指标5.44，空气隔声量超过46dB。

(3) 屋顶绿化

本项目屋顶绿化种植土运用腐殖土、碎砖瓦等基质材料进行配制的新型无土基质。厚度120mm，重量35kg/m^2。在种植物方面，主要选择景天类植物，如中国景天、佛甲草、金叶佛甲草、凹叶景天、夏辉景天，具有植株低矮，生长整齐，色彩亮绿，花朵繁茂，绿期长，综合抗性强等优点（图11-12）。

(4) 卷帘遮阳

夏热冬冷地区，夏天太阳辐射强烈，气温高，湿度大，天气闷热。太阳辐射通过窗户进入室内，使室温增高，影响生活，损害健康。于是人们不得不用空调降温，将室内热量转移到室外，加重室外热岛效应。因此，遮阳设施和系统是被动节能技术主动利用的重要手段之一，是室内环境调节的重要措施之一，其形式和功能的多样性决定了遮阳产品和系统的应用必将越来越广泛，越来越丰富。

本工程所采用的活动外遮阳形式是铝合金内冲聚氨酯卷帘，根据窗面积的大小，采用电动和手动两种控制形式。遮阳卷帘盒安装于窗框附框之上，上下运行轨道安装于窗两侧外墙。遮阳帘通过轨道运行，运行平稳、保证在大风天气下的安全可靠(图11-13)。

(5) 住区智能化

为把本项目建设成为硬件设施先进，居住环境一流的居住社区，在整个系统设计中应结合当前智能

图11—13 卷帘遮阳实景照片

化小区系统的优点，并考虑今后各系统的发展方向，采用具有高性价比的设备，以达到对小区内的物业设施实现统一的监控和集成管理，并在此基础上允许逐步建立包括综合物业管理、社区服务等内容的应用服务系统。

其内容包括：一、按照智能化小区的目标和要求合理选择弱电各子系统产品，设计构成一整套完善的弱电系统；二、在完成智能化弱电系统集成之后，建立一套基于小区物业管理应用的集成信息管理系统。其主要任务是设计和提供一套数据库应用系统，在智能化弱电系统的基础上，开发对设备、物业进行集成管理的应用软件；应用系统应集成居住小区内安全防范子系统，水、电、气、热等表具的自动抄表装置，车辆出入与停车管理装置，设备监控装置等弱电系统的信息采集和调度，实现设备日常运转调度、设备维护和检修、备品备件管理、设施资源调配、能源管理、环境保护等等，构成一整套现代化综合物业管理系统；三、小区建立Internet网站，住户可在网上查询物业管理信息，办理物业相关事务，分享社区提供的各类服务等等。

(6) 废水低排放

本项目中水工程采用生物接触氧化法，其工艺是通过鼓风机或水下曝气机进行充氧曝气，在接触氧化池内，利用填料上附着的微生物膜吸收分解污水中的有机污染物质，达到降解有机物目的。接触氧化池出水自流进入沉淀池，脱落的生物膜等在其中进行沉淀，澄清水经过加药装置投加絮凝剂后进入中间水箱，用二级提升泵提升进入石英砂过滤器，用于过滤水中悬浮物，并进一步降低水中污染物的浓度。滤后水经加滤消毒后由供水系统将处理后的水供给各回用点。

11.3.3 环境改善示范技术

(1) 置换通风

本项目位于杭州市，属夏热冬冷地区，夏季闷热，冬季湿冷，年平均相对湿度较高，单纯依靠开窗很难实现降温的需要，因此家用空调器的使用率很高，而受居住习惯的影响，往往在使用空调的同时还将外窗保留缝隙，以便通风换气，这样一来，造成巨大的浪费。

在置换通风中，送风口通常靠近地板，送风温度与室温接近，送风温差仅为2～4℃，将新鲜空气低速(约0.20m/s)直接送入工作区，并在地板上形成较薄的空气湖，空气湖是由较凉的新鲜空气扩散形成的，当室内热源(人员及设备)产生向上的热气流(对流气流)时，新鲜空气受热源上升气流的卷吸作用、后续新风的推动作用及排风口的抽吸作用而缓慢上升形成类似活塞流的向上单向流动，排风口设置在房间顶部，将污染空气排除。这样工作区的热气流被进入空气所置换。这种送风方式不再完全受送风的动量控制而主要受热源的热浮升力作用（图11–14）。

本工程采用下送上回置换式新风管出新风除湿机后进入静压箱，再与外墙内预埋风管对接，新风自上而下输送，至设计位置由踢脚上或地板新风口送出（图11–15、图11–16）。

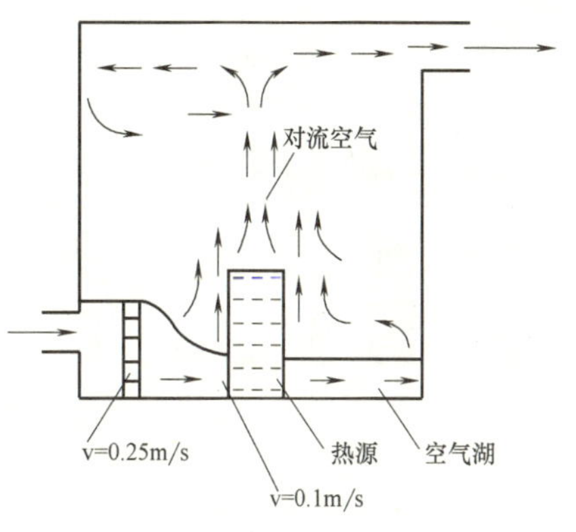

图11–14 置换通风原理图

(2) 平面式冷暖辐射空调技术

平面式冷暖辐射空调技术主要是以毛细管低温辐射的形式进行采暖制冷，室内温度均匀柔和，无温度死角、无噪声、无吹风感，是一种典型的舒适、健康、节能的空调末端形式。采用毛细管的空调系统室内设计温度可以比常规系统高1～2℃，较低的壁面温度使人的辐射散热量增加，所以较高的室内温度不但不影响人体散热，还会获得较佳的舒适感。

本项目中辐射末端均选用直接采用特制砂浆粘贴在天花板（图11–17）和墙面上的毛细管席来供冷及供暖，由热泵机组提供冷热水，分集水器设在每户的卫生间及储藏室内。

图11–15 下送风口和风管实景照片

本工程采用CFD软件Airpak2.1 进行了辅助设计。选取10号楼标准层的标准户型的主卧室来进行分析，模拟了不同的工况组合，分析对比其效果，辅助设计师选取系统最佳设计取值。图11–18和图11–19为夏季辐射温度为22℃，置换送风温度为20℃，送风速度为0.2m/s

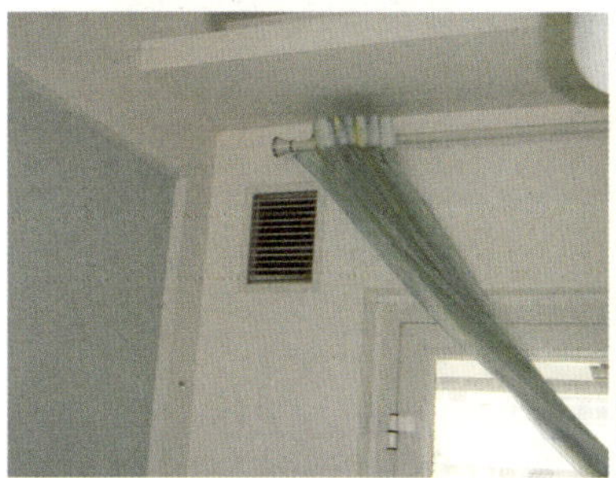

图11–16 室内上回风口实景照片

时的室内温度场、PMV值。

室内同一水平面和同一铅垂线的最大气温差均不超过2℃，图11-18显示卧室不同高度的温度比较均匀，头部脚部的温差极小，舒适性大为提高。

PMV(Predicted Mean Vote)指标代表了对同一环境下大多数人的冷热感觉，可用分度表来对该指标进

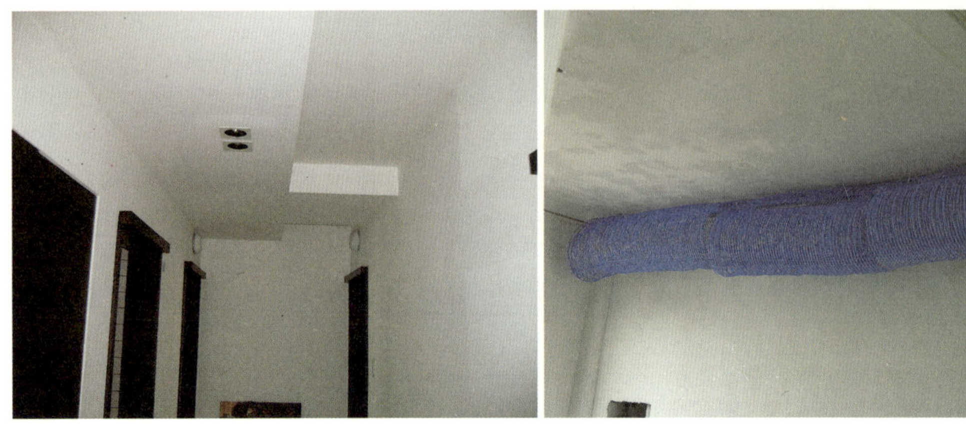

图11-17 天花板敷设毛细管席前后实景照片

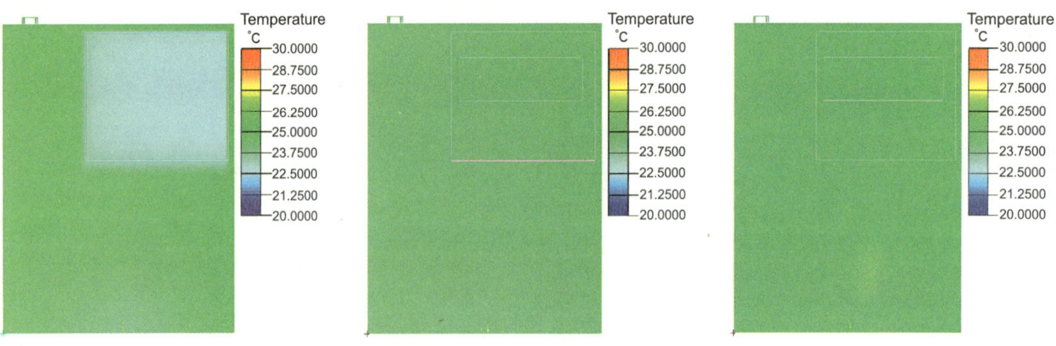

图11-18 0.5、1.2和1.7m高度温度场

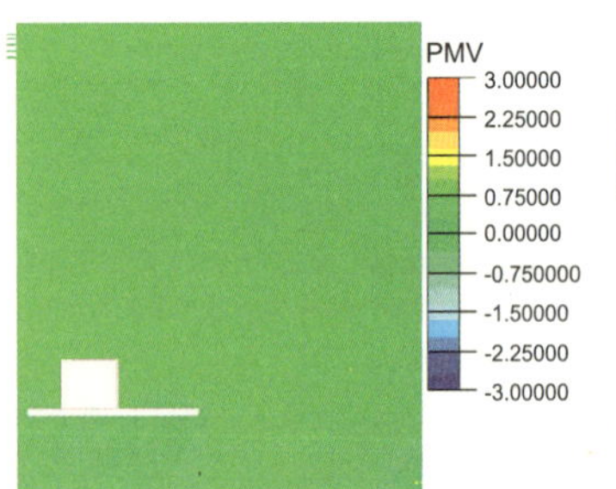

图11-19 1.7m高度下的热舒适度

图11-20 厨卫一体化装修实景照片

PMV的分度表　　表11-1

热感觉	热	暖	微暖	适中	微凉	凉	冷
PMV值	3	2	1	0	−1	−2	−3

行评价（表11–1）。

从图11–19中可以看出：热舒适指数位于–0.75～0.75之间，人感觉不冷不热，比较舒服。

(3) 住宅建造一体化装修

建造装修一体化，尤其是标准化的设计更需要考虑尺寸和规格的通用性。设计还为现场的快速组装创造接合条件，尽可能减少手工加工的环节（图11–20）。

本项目中做到了设计测量一体化，即在现场测量尺寸，然后再据此进行设计。工业化生产，现场装配，不需要现场再加工和湿作业，因此不会产生大量的废弃物和二次装修带来装修垃圾的遗洒（图11–21）。

建造装修一体化强调规模化的大生产，而规模化的前提依赖于集中采购系统的形成。也就是以标准设计为基础，对某一种住宅部品或某一种规格的设备进行大量的定做生产，从而节约制造成本，降低装修价格。这种部品生产和装修方式是离散化装修所不能达到的。同时，大规模的生产减少原材料的消耗，从另一个侧面起到了环保的效果，改善了环境。

建造装修一体化，特别是室内的固定式家具和大量使用板材的装修部位，在安装之前应在工厂完成喷漆或胶结工艺，让绝大部分有害气体散发掉，避免入户安装后对人体产生危害。同时建造一体化避免了大范围的二次装修带来的施工噪声，创造了和谐的居住环境。

(4) 土壤源热泵技术

本项目采用土壤源热泵技术提供居住的制冷和采暖需求（图11–22）。土壤源热泵系统采用垂直埋管形式，利用地下浅层土壤能量，通过地下埋管管内的循环介质与土壤进行闭式热交换达到供冷供热目的。夏季通过热泵将建筑内的热量转移到地下，对建筑进行降温；冬季通过热泵将大地中的低位热能提高品位对建筑供暖。根据建筑逐时负荷和实际的热响应实验实测土壤地质参数为依据，计算确定能源井为40口，深度为100m。

图11–21 装修现场照片

图11-22 土壤源热泵系统实景照片

11.4 技术效果评估

11.4.1 室外风环境评估

在规划设计阶段，采用CFD方法对建筑周围风环境状况进行模拟优化（图11-23）。对优化后的建筑布局进行了模拟验证。根据杭州气象站资料统计，夏季主导风向是WSS，平均风速2.2m/s；冬季主导风向是WNN，平均风速2.3 m/s。

从模拟结果可以看出（图11-24、图11-25），建筑周围绝大部分地区行人高度的风速不会超过5m/s，建筑周围空间环境中，风速放大系数（当地风速/来流风速）都没有超过2。因此不会出现导致行人行走困难的突发性高风速情况。

11.4.2 室内通风评估

本项目设计中结合ContamW模拟所得出的风量，采用PHOENICS模拟优化了建筑设计后并进行了验证：计算不同外窗开启面积工况下静风时段室内自然通风的风速。图11-26为户型图和自然通风状态下

图11-23 风环境计算模型

图11-24 冬季1.5m处风速矢量图

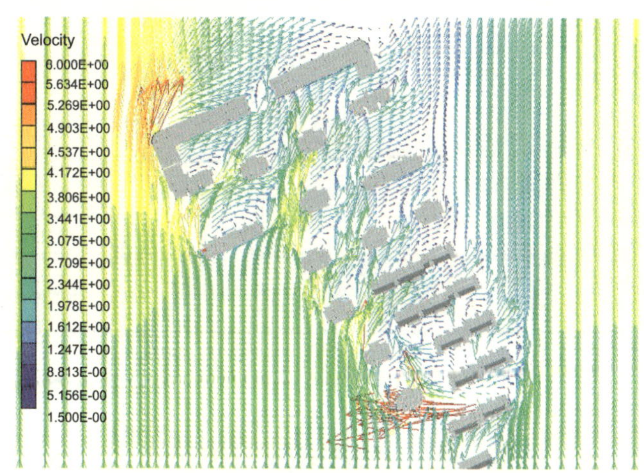

图11-25 夏季1.5m处风速矢量图

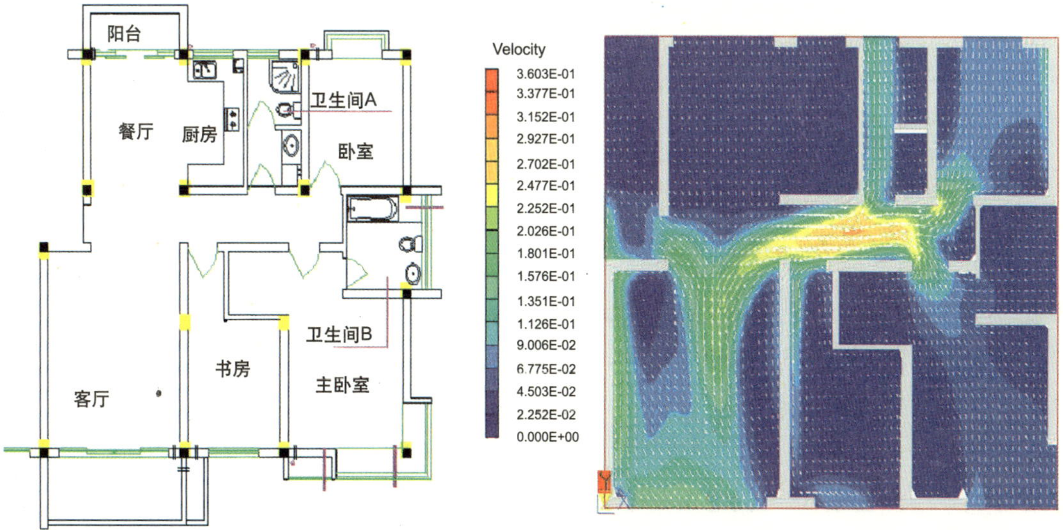

图11-26 户型图和风速分布图

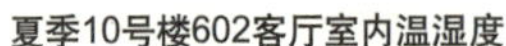

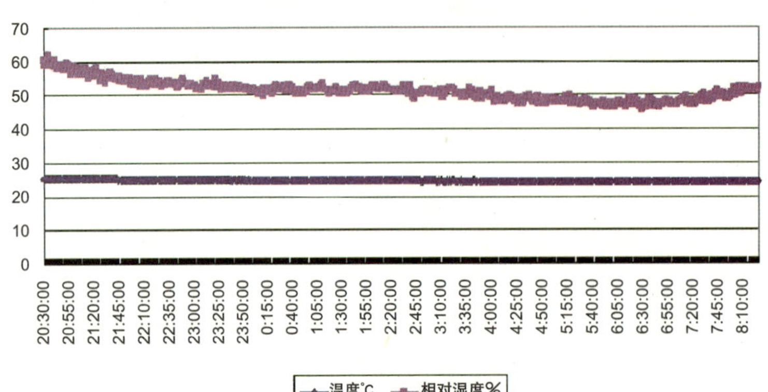

图11-27 夏季卧室室内温湿度测试情况

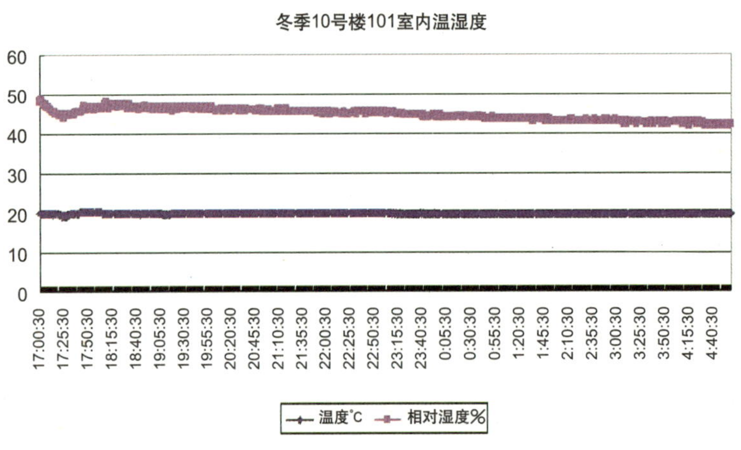

图11-28 冬季卧室室内温湿度测试情况

风速分布图。

从图中可以看出，气流较均匀地由进口进入，出口流出，气流流动较为平缓，只是在客厅中心位置气流流速增大。虽室内大部分区域风速保持在0.4m/s以下，且卧室和客厅的通风状况较好。表明在外界风压满足要求的情况下，该户型设计南北通透，能够实现良好的室内通风状况。从扰动的角度来看，南北两个卧室室内空气都得到了扰动，消除余湿余热，改善了室内热湿环境。

11.4.3 室内温湿度测试

2009年8月和12月对本项目10号楼10层室内温湿度进行了24h的连续测试，测试结果基本上达到了设计目标，即夏季室内温度不高于26℃，相对湿度不高于60%；冬季室内温度不低于18℃，相对湿度不低于45%。同时，室内温湿度曲线比较平缓，说明该系统的运行稳定性较强，具体测试结果见图11-27和图11-28。

11.4.4 室内噪声和污染物浓度测试

对两个户型的客厅进行了室内噪声检测，结果表明，抽检房间白天室内噪声值分别为40.1dB和48.6dB，夜间噪声值分别为37.3dB和39.5dB，符合《社会生活噪声排放标准》（GB 22337-2008）中2类环境功能区B类房间噪声要求。

此外，还进行了室内污染物浓度的测试，检测参数包括氨、甲醛、苯、TVOC和氡，结果表明各项指标均满足规范要求。

11.5 经济性分析

本项目普通区建筑示范区每平方米的建筑增量成本约为62.2元，新技术示范区建筑每平方米的建筑增量成本约为854.4元。详见表11-2。

增量成本分析 **表11-2**

区域范围	序号	类别	子系统名称	增量投资（万元）
重点区	1	可再生能源系统	地源热泵换热装置	52
			合计	52
	2	空调、通风	辐射末端	132
			置换通风	128
			合计	260
	3	围护结构	室外遮阳系统	17.5
			外窗	16.6
			墙体、屋面保温	30
			合计	64.1
	合计			376.1
普通区	4	一体化装修	一体化装修	18.5
			合计	18.5
	5	围护结构	外窗	80
			墙体、屋面保温	270
			合计	350
	6	绿化	植物多样性	112
			合计	112
	7	水处理	管线系统	108
			处理系统	42
			合计	150
	合计			630.5

11.6 应用推广价值

11.6.1 环境保障技术的应用推广价值

根据整个小区的具体情况，采取了大范围覆盖和重点突出的技术路线，涉及面广的环境保障技术包括计算机模拟仿真辅助设计技术、室外绿化配置技术、低排放的水环境保障技术、围护结构保障技术，小范围重点示范技术包括低排放的热环境保障技术、平面冷热辐射技术、置换通风技术、遮阳技术。

(1) 计算机模拟仿真辅助设计

计算机仿真技术的研究和应用，在建筑设计中能够辅助设计人员，充分利用自然资源，消减能源负荷，缩短设计周期，降低造价，创造舒适的建筑空间环境，同时计算机仿真模拟技术也可以方便的模拟建筑区域的温度场、辐射与声场、大气质量环境，真实的再现热力、辐射、声与大气中污染物的浓度分布，以利于创造优良的人居环境，这是其他手段所不能比拟的。

(2) 绿化配置

杭州属于亚热带季风气候，四季分明，温和湿润，光照充足，雨量充沛。年平均气温16.2℃。无霜期230～260天，年平均降雨量1435mm，具备小区绿化四季常绿三季有花的气候条件。在环境景观方面，要在突出绿化组团效果的多样性上，形成观干、观花、观叶和观果的多区域并呈。在增氧和除尘方面，乔灌木的生态效益大大优于草坪。

(3) 住宅通风技术

为了保护环境，节约能源，高密闭性的住宅得到了快速发展。由于室内通风的不足，室内建材、家具等散发的微量甲醛、甲苯等挥发性有机化合物VOC造成室内空气污染。现代人一天中有90%的时间是在室内度过的，随着门窗密封性能的不断提高，同时居民一般不采用有组织的通风方式，室内污染物浓度一般要高出室外十倍左右，已经成为危害人体健康的重要因素之一。

住宅的通风不仅对居住者的舒适和健康有着积极作用，而且对于建筑和室内设施本身也有着重要意义。室内的通风可以避免建筑材料和家具的霉变，延长其使用寿命，因此住宅通风对于舒适度和建筑老化同等重要，这点对于夏热冬冷地区尤为明显。室内通风好，就可以把各种空气质量危害降低到最低程度。

11.6.2 环境保障技术应用的适用性

(1) 植物绿化配置问题

小区绿化配置中采用大片草坪尽管能使小区在短期内见绿，但遍植生长虽然较慢的高大乔木、下铺硬质地面或小面积草坪的绿化形式却更能符合生态和人与自然亲近的需要。小区绿化不仅要提高绿地率，更主要的是要提高绿地的叶面积指数。要尽量选用叶面积大、叶片宽厚、光合效率高的植物，提高造氧功能。另一方面，“绿地不少，绿荫不足”也是一些小区绿化配置的通病。这些“见绿不见荫”的花草和低矮灌木能很好地给居民户外休憩创造条件，这实在是应该尽快整改的一个问题。

树木的遮挡功能目前被利用不是很完善。现在的建筑设计使得住宅小区内落地窗对视，影响了小区的居住质量。因此采用高大的落叶乔木来把它们遮挡住，夏季可以起到遮阳的功效，冬季落叶后不会影响日照时间，这样才应该算是最佳的处置方案。

(2) 通风设计的问题

随着住宅的密闭性的提高，为了提高通风效率，进行有组织的通风设计是非常重要的。有组织的通风换气设计是计算保证室内所必需的通风量以及确定最有效的通风路径，室外新风按照所设计的通风路径分配到室内，并把污染的室内空气排除到室外。其中有三个问题需要重点考虑：第一是，新风取风口和排风口安装位置，避免排气短路，影响通风效果。第二，通风口安装在内隔墙或者内门窗上时，如果第一个房间的内门窗不关闭，将会有大量第二个房间内的空气从内门窗进入第一个房间。因此采用有组织通风，保证第一个房间为正压，可以避免此类循环不畅。第三，新风在第一个房间吸收了热湿后再送入下一个房间，因此宜把卧室作为第一个房间，起居室或其他房间作为第二个房间。

(3) 平面冷辐射的使用问题

杭州地区由于夏季室外空气湿度很大，使用平面冷辐射空调末端形式应该着重考虑防止结露的问题，依靠除湿的方式控制室内相对湿度。除湿过程一般和送新风同步，但是也有室内设置移动除湿设备的做法。新风分为集中和分户两种，集中送风可以有效避免辐射平面的结露问题，户间传热问题对其影响较小，但是使用方式的不合理，会存在使用纠纷的隐患；分户送风，虽然使用方式合理，但是对户间隔热的要求较高，对湿度控制要求也较高。在分户送风的情况下，为了彻底杜绝结露危险，应该采取自控措施严加防范，比如设置定时装置、开窗报警装置、冷源联动装置等。

12 重庆市化龙桥西大门住宅项目

项目名称 /重庆市化龙桥西大门住宅项目

建筑类型 /住宅建筑

建设地点 /重庆市渝中区化龙桥

建筑面积 /20.2万m^2

开发单位 /重庆瑞安天地房地产发展有限公司

技术支撑 /重庆大学

12.1 工程概况

12.1.1 气候资源概述

重庆位于青藏高原与长江中下游平原之间过渡地带的四川盆地的西南部，全市以中低山为主，约占幅员的63.3%；丘陵约占25.3%；平坝、台地约占11.4%。地域内江河众多，其中长江干流自西向东横贯全境，在重庆境内流程665km。重庆中心城区构筑在华蓥山余脉直抵长江和嘉陵江汇合处的半岛尖端，四面环山，以“山城”著称。夏季炎热光照强，极端最高气温38~40℃，部分地区甚至高达42、43℃，以“火炉”著称。冬季阴冷潮湿，多云雾，日照少，最冷月平均气温4~8℃。年平均相对湿度多在70%~80%，在全国属高湿区。年日照时数1000~1400h，日照百分率仅为25%~35%，为全国年日照最少的地区之一。

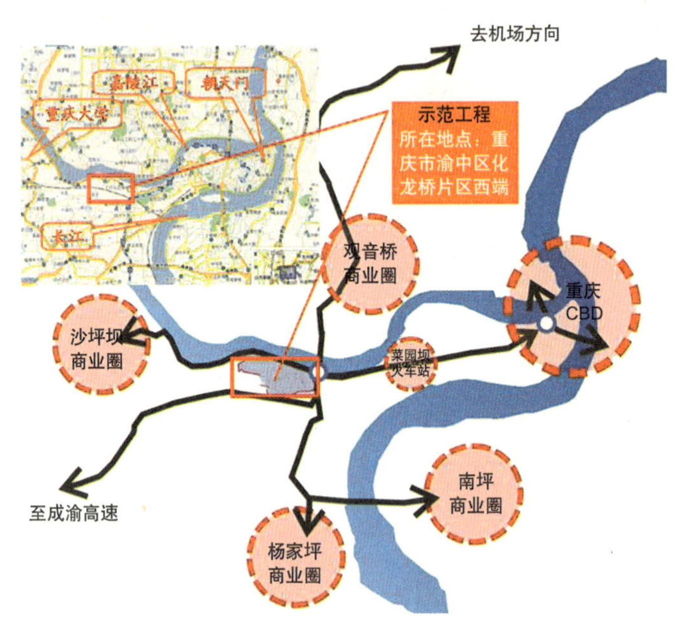

图12—1 示范项目地理位置

图12—2鸟瞰图

重庆市全年以西北偏北风为主，全年室外风速较低，小于5m/s的风速占到了全年的99.04%，其中2～4m/s的风速占64.15%，小于1m/s的风速占34.88%。按照建筑技术上对风的分类，重庆地区常年处于轻风和微风区。

12.1.2 项目整体概况及功能

(1) 项目概况

"重庆市化龙桥西大门住宅项目B1—1/01和B2—1/01地块"，是重庆市渝中区旧城改造开发片区的中心。化龙桥片区旧城改造项目是重庆市重点工程。片区位于重庆市主城区的中心地段（见图12—1），是解放碑中央商务区的延伸，西与沙坪坝文教中心近在咫尺，北临嘉陵江，拥有近千米嘉陵江岸线，背靠山脊，环境优美，带有鲜明、独特的重庆文化、地理环境特色。片区的整体规划设计由美国著名设计机构（"上海新天地"的规划顾问）担纲设计。设计充分考虑化龙桥片区的独特地形地貌特征，同时参考世界上许多著名的山城的规划布局（如美国旧金山、意大利奇维塔等），在整体规划中采用水体、绿地将整个片区进行有层次的合理分隔，突出了建筑与山、水的亲和力（图12—2、图12—3）。

B1—1/01地块南侧瑞天路，道路红线路宽12m，北侧嘉滨路——沿嘉陵江的高速公路，道路红线路宽14.5m，东西侧为连接南北侧道路的单行道（图12—4）。该项目规划建设成多栋高层住宅塔楼和少量多层住宅群楼，以及包括幼儿园、会所、超市、沿街商铺、中心花园、运动场所等便民设施。总建筑面积为201541.95 m^2。

图12—3平面图

(2) 项目功能

小区中设置主入口与主入口处广场，主入口广场东西商业街面向公众人流，是基地最重要的标志性空间。主入口景观设计通过使用高质量的地面铺装材料，优化入口的质感及深化作为入口的定位。叠以形态匀称的排状和列阵乔木，为入口提供宜人林荫之余，亦具导引人流，延伸视点的效果；小区设有南北向的景观轴，其主要是串联起自入口广场至会所广场这两个重要活动场所，再延至北面各庭院和功能场地。景观轴沟通了南北向的人流、是临江的住宅组团至南主入口间最便捷的长廊。除了作为长廊的特性外，沿途还布以不同的景观和休憩空间，人们可按喜好游玩于其中。同时，在绿地景观设置休闲活动区，位于小区的东侧与山城小镇部分接邻，是小区中最集中的绿化和活动场地。配合地块中央“一城”的城墙，绿地空间造成层叠式地势和活动空间，有效地丰富了城墙立面的处理。集中绿地内，按不同年

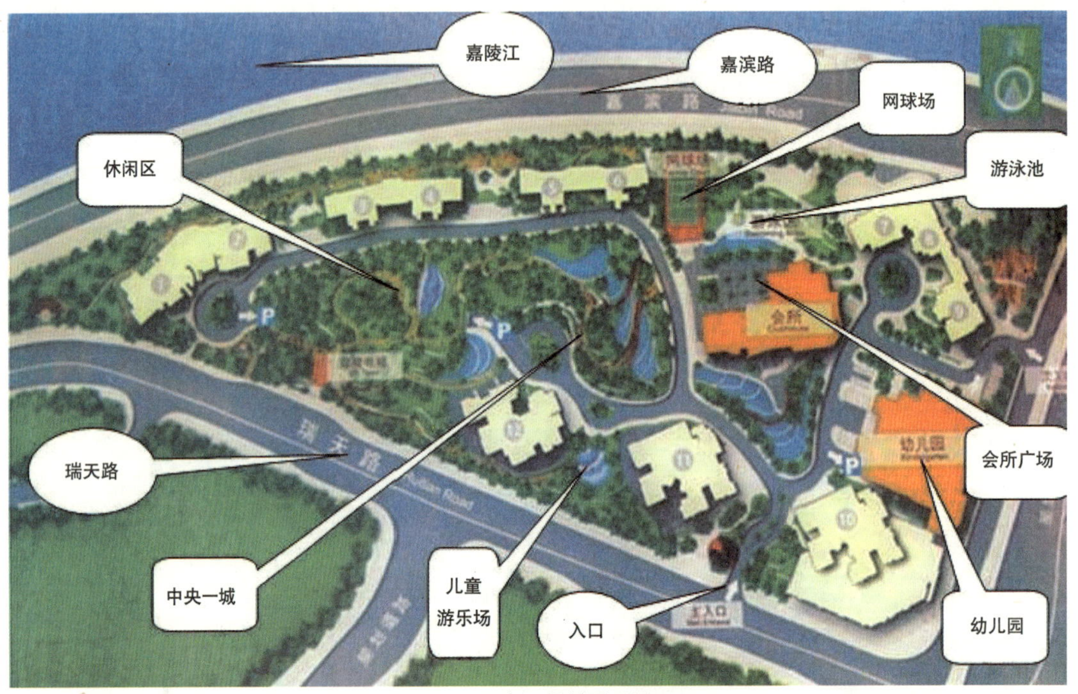

图12-4 小区规划平面图

图12-5 小区入口

图12-6 儿童游乐场

图12-7 网球场、游泳池

图12-8 会所广场

图12-9 休闲区

图12-10 阳台设计

龄层的需要，配以儿童游乐场、多功能活动场、老人活动区、健身区、缓跑径和大小休闲区（图12–5～图12–9）。

小区建设坚持以人为本、区域自给的理念，倡导低碳生活，实现节能减排。小区入口紧邻瑞天路，东侧即为公交停车站，提倡居民使用公共交通；临街设置了特色零售商店、超市、中餐馆等，便于人们生活的同时，减少出行，实行低碳生活，立意突显重庆市民的生活文化。建筑形态风格按临靠的嘉陵路跳跃的活力作出呼应。建筑立面风格现代与传统并重。整体建筑结合板式建筑与塔式建筑，建筑设计力求节能效应，采用底层架空，提高室内节能效应。户型采用环保概念设计，分别设有景观阳台及生活阳台，为室内空间提供充足的光线，同时有利于自然风对流及避免光线直接进入室内空间。在建筑布局上，均充分考虑保证生活用房的通风和卫生要求（图12–10）。

12.2 项目特点及技术目标

12.2.1 项目特点

总体布局强调重庆城市独有风貌“山是一座城，城是一座山”。总体设计积极利用现存地形及场地内的高差，于中央地区构成山城的效果。总体布置基本分为“一水、一城、一山、一园”（图12–11）。“一园”为紧接东侧公共绿地的延伸，把地块内与地块外的绿地有机连接，成为一大片的山城绿地效果。“一水”是紧邻嘉陵江边的建筑群。此建筑风格强调其亲水关系，由于靠近嘉陵江边，点式建筑高度高低有致，造成整体有机的连接嘉陵江边自然和谐的效果。“一城”是位于地块中央、现场地貌较高的位置，与北面的“一水”相呼应，形成“一城护一水，一水环一城”的效果。建筑风貌为保持原有地貌风格。“一山”建筑群体紧邻嘉陵路，是化龙桥东西向主要区域干道。“一山”东侧为公共绿地，往东延伸便为“重庆新天地”，用“一山”紧邻的“一城”交错成为一幅“山城”景致的完美意象。“一园”位于“一城”东侧，同时紧接南方的“一山”及北方的“一水”。“一园”的东侧为公共绿带，整体有机和谐的结合。场地内、外的景致相互配合，令绿地范围的层次和空间延伸性大大的提高。

在总体布局中，其功能组织合理用地、配置得当、结构清晰、道路顺畅、配置齐全，创造出以人为本、尊重环境、舒适优美的居住空间，同时具有鲜明的地方特色和时代气息。

图12–11 总体规划

12.2.2 示范工程技术目标

根据综合性的人居环境控制与改善理念，从区域环境入手，打造环境的整体一致性和相互融合性。在整体上，首先进行合理的功能分区，并利用对建筑环境的不同设置，使各功能区进行有机结合，从而实现区域环境与建筑环境的融合。示范工程的建设中坚持“可持续发展”的建筑理念，充分贯彻执行“节能、节水、节地、治污”原则。加强住宅小区的生态环境建设，实现社会、经济、环境效益的统一。

根据重庆地区夏热冬冷的气候特征，结合重庆山地城市的地理位置特点，示范工程充分考虑节地原则，因地而置，避免重造地势，充分利用本地的地形特点、自然生态条件，构筑与自然和谐共生的绿色建筑，实现建筑与自然生态环境的协调，营造优美和谐的生态小区环境；充分考虑气候特点，在小区环境、建筑布局、建筑材料选择、建筑结构形式等方面实现人居环境的可控性，结合主动式和被动式节能方式，整体集成通风、遮阳、隔热、采光等技术应用措施，并将以上手段与建筑设计形成一体化，实现建筑综合节能与室内环境并重的发展原则。

结合当地的气候特征，通过建筑布局优化、建筑朝向、建筑材料选择，实现室内环境最优组合，集成室内环境综合改良技术，并通过室内精装修，减少空气污染，提高室内空气品质，提供一个舒适、健康、环保的人居环境。

基于以上技术应用，实现住宅小区室内外环境整体达标率100%。

12.3 人居环境控制与改善技术

12.3.1 小区布局设计

合理的建筑布局有利于小区气流流动，形成良好的通风效果，以便更快地带走小区空间从太阳辐射中得到的热量，对小区热环境起到积极作用；反之，不利于空气流动的建筑形态就容易令小区热环境恶化（图12－12）。

重庆地区夏季湿热，风速低，加上多山的地形，湿热之气难以排除，因此通过合理的建筑布局，形成自然通风，对改善人居环境的舒适性、健康性尤为重要。

根据重庆地区的主导风向以及本地的地形特征，小区整体采用围合式布局，围而不合，建筑朝向接近坐北朝南。前排建筑位于迎风向，从自然通风考虑，建筑朝向与夏季主导风向成45°左右，避免前排建筑的遮挡作用，有利于小区内的气流流动（模拟效果见图12－13～图12－16）。由于小区地势南低北高，在前后排建筑之间布置南北向水体，在主导风的指引下，形成有效的水陆风，以利于自然风对后排建筑的冷却降耗。

12.3.2 自然通风设计——底层架空

重庆夏季气候湿热、风速低，在住宅小区内建筑形态的设计上应该采取增大通风作用，提高散热效果。

图12–12 小区整体布局图

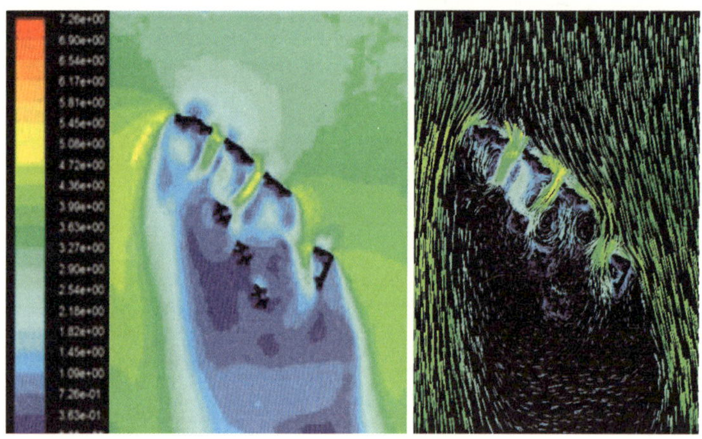

图12–13 小区风速模拟图

图12–14 冬季压力模拟图

图12–15 夏季压力模拟图

采取底层架空的方法，能明显改善建筑周边区域的通风作用，提高建筑围护结构散热效果，同时还可以解决底层防潮的问题。在重庆，传统的底层架空设计形式为吊脚楼建筑形式，利用地形的高差将建筑底层以下局部架空，实现自然通风；现代的底层架空设计主要在地势较平坦的地方将建筑底层完全空置出来，在满足通风、防潮需求的同时，还可以为居住者提供相对舒适的户外活动空间（图12–17）。

重庆全年主导风向为西北偏北风，根据小区建筑沿江排列，面朝北向，其北侧临江具有广阔的空间，前无建筑物遮挡，气流通畅，因此对于前排板式建筑，利用底层架空，不仅加强了建筑围护结构的散热，同时避免了上风向建筑对下游建筑的遮挡，反

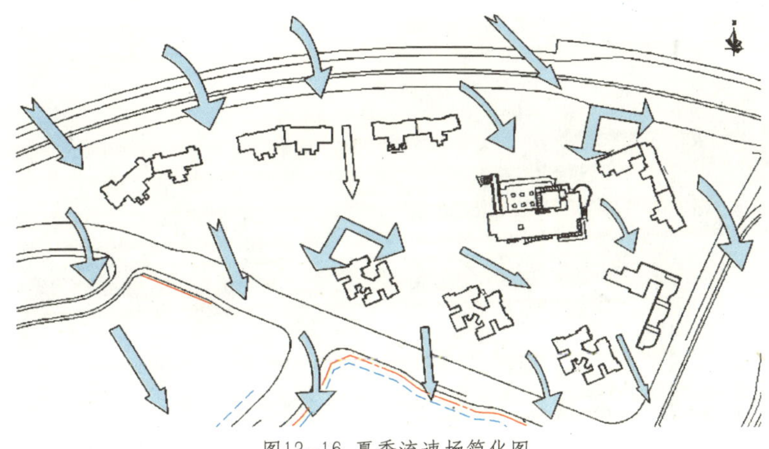
图12-16 夏季流速场简化图

之增强了下风向区域的空气流动，形成南北对流，整体改善了小区的风环境。

12.3.3 室外设计——合理配置绿化及水体

小区住宅北面临江，南面依山，北面的板式建筑并与南面的塔楼围绕着中央一幅广阔的绿色园林，小区整体围合式布局，宛若一方大宅院，形成窗窗有景，家家有园的完美视野。如此一方山水静谧居所正是得益于小区室外合理布置的绿化及水体，构筑了小区的"一园"。

小区内的"园"设计融合了绿化和水体，将自然植被、花、草、树木等点缀其中，形成绿化带、庭院花园、绿地等阶梯式自然绿化园林，配置生态绿地、水景，构成多层次的复合生态结构，营造不同的个性空间感觉，达到隔声降噪、遮阳、通风的作用，有效改善小区内的热环境（图12-18）。

结合地形特征以及重庆地区的冬夏季主导风向，合理布置树木的间距及朝向，在夏季利用树木间距形成有

图12-17 架空层设计

图12-18 阶梯式绿化

图12–19 绿化挡风设计

图12–20 阶梯式水体

效的风道，有利于夏季进行自然通风被动冷却，同时又能起到了遮阳、降噪的作用。冬季，成排林立的树木遮挡了来自北面的冷空气的侵入，避免了小区受低温自然风的影响（图12–19）。

结合小区南低北高的地势特点，设计阶梯形的自然流动水体，其南北向的布置与夏季主导风向基本一致，由此加强了区域水陆风的流动，能有效地为周边地区带来夏日的凉风，起到通风降温的作用，从而改善小区的微气候，提高小区生活舒适性（图12–20）。

12.3.4 屋顶绿化

屋顶绿化指在住宅屋面上进行造园活动，是城市公共绿地、道路绿化、住宅小区景观园林绿化的补充。屋顶绿化不仅是将绿地向空中延伸，弥补建筑所占去的绿地面积，也是建筑与园林艺术的结合，在保护环境、提高人居环境质量方面起着不可忽视的作用。

重庆属于亚热带湿润季风气候区，夏季闷热，冬季寒冷，全年风速小，全年雨水丰沛。在夏季，多为晴雨相间天气，这段时间植物茂盛，土壤潮湿，可有效利用屋顶绿化层蒸发、遮阳的作用，实现屋顶隔热，对改善顶层室内热环境、降低空调能耗具有重要作用。

小区内各建筑屋顶，在XPS保温系统的基础上，设置绿化层，在使整个小区屋顶绿化率达到了56%的同时，形成一种冬季保温、夏季隔热又可增加绿化面积的复合型屋面，有效调节小区微气候（图12-21）。

图12-21 屋顶绿化

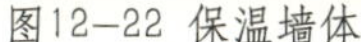

图12-22 保温墙体

图12-23 节能窗

12.3.5 建筑综合节能技术

重庆属于典型的夏热冬冷地区，两季气候反差明显，建筑围护结构除了冬季考虑御寒，更重要的考虑长达3个月之久的夏季酷暑隔热。小区建筑设计中，通过采用外墙保温技术、节能窗以及遮阳技术，实现了小区住宅节能率50%以上。

根据重庆地区气候特点，小区建筑外墙采用挤塑聚苯板（XPS）内保温系统，以JN厚壁型烧结页岩空心砌块为主墙体，内墙用挤塑聚苯板（XPS）为保温材料，构成一种隔热保温性能优异的新型复合外墙构造体系(图12—22)。XPS板具有导热系数小、压缩性能高、吸水率低、水蒸气渗透系数小等特点。在长期高湿度环境下，XPS仍能保持优良的保温性能。重庆夏季湿度高达70%～80%，挤塑聚苯板其特有的完整闭孔结构，吸水性很低，因此在重庆地区使用XPS板保温系统具有高效的节能效益。

图12－23为小区节能窗结构，由中空断热铝合金窗框、中空玻璃及中空空气层组成。断热铝合金窗框有三部分组成，即内、外层铝合金以及中间具有低导热性能的非金属材料，起到断热桥的作用。铝合金采用断热处理后，克服了铝合金固有的高导热性，同时保持了铝合金的易挤压、易加工、抗腐蚀、坚固美观和经久耐用等优良特性。铝合金型材与中空玻璃结合，铸成了一种高效的节能窗。对于重庆地区夏季炎热、冬季寒冷的气候特点，中空断热铝合金窗在满足夏季隔热的同时，提高了冬季保温透光性能。

图12—24 遮阳设计

重庆虽然属于太阳能资源最少的地区，全年辐射总量在3400～4180 MJ/ m^2，但夏季，尤其盛夏7、8月太阳高度角大，日照时间长，太阳辐射强，从建筑节能考虑，对窗户应采取有效的遮阳措施，减小太阳辐射得热，降低空调负荷。小区的遮阳设计上，在阳台遮阳的基础上，高层楼层采用满窗浅色窗帘内遮阳，底层楼层配置绿化遮阳（图12–24）。

12.4 技术效果测试与评估

12.4.1 室内外环境测试分析

对小区室内外环境进行测试，测试时间选在8月最具代表性的夏季高温天气中进行，连续测试三天。从9:00~21:00每三小时测试一次室内外温湿度、风速、噪声、下垫面温度，小区测点布置见图12–25。室内外测试现场见图12–26、图12–27。

(1) 温湿度、风速

测试期间，室外最高温度达到38.6℃，平均温度34.9℃，相对湿度高达70%～80%，室外最高平均风速0.82m/s，最大风速1.73m/s。测试结果表明，在门窗开启下，客厅和主卧的平均温度分别为32.5℃、32.0℃，室内外最高温差达7.2℃，说明在自然通风下，室内热环境得到了一定改善。客厅平均风速0.17m/s，最高达0.5m/s，主卧平均风速为0.1m/s，最高达0.23m/s，说明在开窗情况下，室内通风效果比较好，在室外的作用下，产生了较大的室内风速。测试表明，在合理的建筑布局、房间布局下，室内形成了有效的气流流动，自然通风效果显著。

(2) 室内外噪声

室外噪声测试表明，白天室外噪声平均值为64.0dB左右，夜间为54.2dB，满足《城市区域环境噪

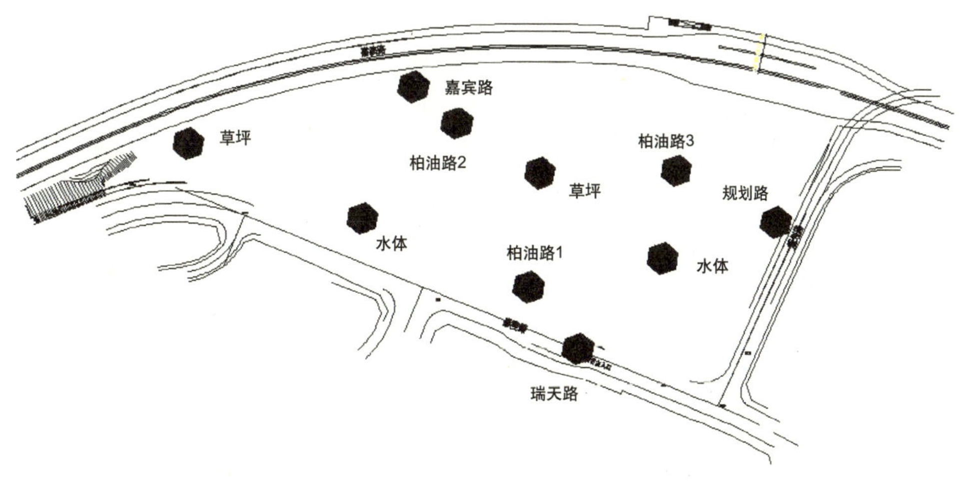

图12–25 小区室外测点布置详图

图12-26 室外测试现场

图12-27 室内测试现场

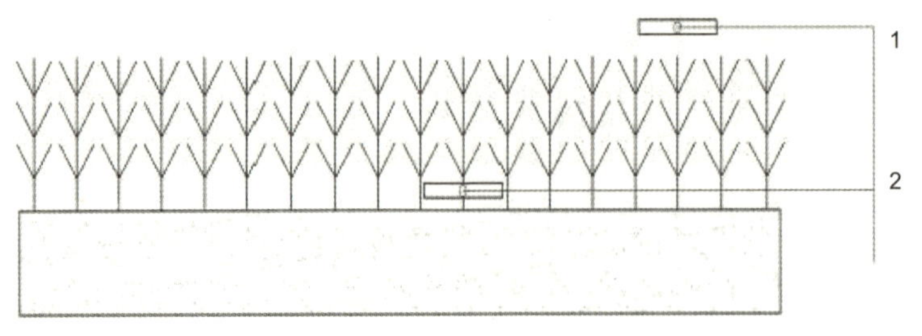

图12-28 遮蔽效果测量方法

声标准》（GB 3096）的要求。对室内客厅和主卧的噪声的测试表明，在开闭窗下，客厅平均噪声值分别为53dB、42dB，主卧平均噪声值为53.5dB、41.5dB，其差值在12dB左右，说明中空玻璃的隔声降噪效果较明显。在关窗下，白天客厅平均噪声值为43.0dB左右，主卧平均噪声值为42.2dB，客厅和主卧的夜间平均噪声分别为35.0dB、33.2dB。满足规范允许的噪声级。

(3) 室内自然采光

室内平均照度值达到400lx，局部房间最高达到了1600lx。在采用窗帘内遮阳情况下，用户可以根据自己需要，通过调节窗帘开启度，在避免太阳直射的情况下，采用天然采光，减少人工照明。因此，本项目通过合理的建筑布局、建筑朝向以及房间布局，有效改善了室内光环境。

12.4.2 屋顶绿化隔热实验

针对屋顶绿化植物的隔热特性，对绿化植物层对太阳辐射的反射率和遮蔽效果进行了实验测试。用两个热流感应片水平置于绿化层上面和下面的空气中，测量通过感应片的热流，如图12—28所示。用二者比值来近似估计绿化层对太阳辐射的遮蔽效果。

通过绿化层上面和下面布置的热流片的热流对比，绿化层下面热流比上面稳定，其热辐射不仅有来自绿化层对太阳辐射的直接透过，还有绿化植物吸收太阳辐射后向下发出的二次辐射。当太阳辐射变化时，绿化层上面的热流同步变化，而绿化层下面的热流变化很小，并且绿化层下面热流的平均值为上面的14%，说明直接透过绿化层的太阳辐射少，遮阳效果显著。

12.4.3 外墙性能分析

根据重庆市气候特征，对几种常见的墙体结构进行了建筑外围护结构保温的性能分析。

对表12—1所示的四种墙体结构分别进行了室外综合温度波计算、围护结构内表面温度波动值计算。从计算结果得出，钢筋混凝土墙体与钢筋混凝土+聚苯乙烯保温板墙体相比，后者内表面温度的温度波衰减幅度明显大于前者。而空心砖墙体与空心砖+聚苯乙烯保温板墙体相比，两者内表面温度的温度波衰减幅度无太大差别。

通过对比温度波动幅度值，对于钢筋混凝土墙体，是否设置外保温，对于内墙表面的温度波动的波幅大小具有显著作用，由此可见，外保温对于钢筋混凝土墙体而言，可显著削弱室外气候参数对墙体内表面的影响。而对于空心砖墙体，是否设置外保温，对于内墙表面的温度波动的波幅大小影响效果不太突出，因此我们可以认为外保温对于削弱室外气候参数对空心砖墙体内表面的温度波影响的作用十分有限。因此，本项目采用内保温形式。

12.4.4 外窗节能测试分析

通过对夏季门窗开启状态不同时，测试选取了测试楼二层的西南部分的两个卧室和一个起居室的窗户进行测试，24h记录了不同房间窗户内外壁面温度和室内温度，研究不同的外窗的性能表现以及室内热舒适状况。测试房间窗户状况见表12—2。

测试期间前夜开窗通风，三个房间的室温在开始测量时与室外温度相同。但是在关窗后，三个房间各项温度变化发生了明显的差异。

图12—29 西北向主卧室

图12—30 西北向起居室

墙体结构 表12-1

墙体 材料	墙体I	墙体II	墙体III	墙体IV
石灰水泥砂浆	20mm	20mm	20mm	20mm
钢筋混凝土	100mm	100mm	/	/
空心砖	/	/	240mm	240mm
聚苯乙烯泡沫塑料	/	20mm	/	20mm
水泥砂浆	20mm	20mm	20mm	20mm

测试房间窗户状况 表12-2

房间名称	朝向	遮阳状况	窗户构造	窗户尺寸(mm)	窗框面积比
主卧室	西北	凸窗无遮阳	塑钢+单玻	2320×2050	20%
起居室	西北	阳台遮阳	塑钢+中空	2400×2100	30%

同为西北向的主卧室和起居室，在关窗的情况下，中空窗加阳台遮阳的作用，起居室温度值的各项温度值比同时刻的主卧室的要低，而且起居室窗户内外壁面的温度差值在全天中都要明显大于卧室的值，最大差值达到了4℃，体现了中空窗相比较普通单玻窗优良的隔热性能。

12.5 经济性分析

重庆原有建筑中一般为砖混结构，外墙采用空心砌块，内外抹灰，屋面为无保温屋面，外窗为普通塑钢窗。这些保温隔热设计基本符合了《民用建筑设计标准》（GBJ50176-93）的要求，但与目前的居住建筑节能50%、甚至节能65%的要求还有距离。

本项目设计执行《夏热冬冷地区居住建筑节能设计标准》（JGJ 134-2001）、《重庆市居住建筑节能设计标准》（DB50/5024-2002），运用合理的节能技术，使窗墙热工性能匹配，同时采用屋顶绿化，热工性能极佳。

相比常规类型，本项目总成本增加1125万元，单位面积成本增加55.8元/m^2。具体各项增量见表12-3、表12-4。

由于节能技术的运用，增加了节能技术投资，但减少了空调及采暖的耗电量，达到了建筑节能的目的。屋顶绿化的运用，使屋顶绿化率达到了56%，起到降温、节能的作用。

常规类型的成本 表12-3

序号	常规类型	总成本(万元)
1	普通塑钢窗	700
2	无屋顶绿化	0
3	常规墙体、屋面	95

项目成本增量 表12-4

序号	技术类型	单位成本（万元/m^2）	总成本	总增量成本	备注
1	中空断热铝合金窗	—	1544.00	844.00	增量成本是与常规类型相比
2	屋顶绿化	0.01	40.00	40.00	
3	墙体、屋面保温	0.01	336.00	241.00	

12.6 应用推广价值

住宅小区是人们使用最多的户外空间，直接影响人们的舒适和健康。随着生活水平的日益提高、物质文明和精神文明需求的不断增加，人们对住宅小区品质的要求也越来越高，创造良好的小区环境正是提升住宅小区整体质量、提高人们生活舒适性的一个重要方面。通过示范工程关键技术的运用及实测分析，以下几个方面值得推广借鉴。

(1) 小区环境设计

重庆作为典型的山地城市，在小区设计时，根据重庆地区的气候特征及地势特点，因地而置，避免重造地势。总体布局强调重庆城市独有风貌“山是一座城，城是一座山”。

示范工程的设计充分利用本地地形特点、自然条件，注重建筑与自然生态环境的协调。将层叠式的空间结构，合理配置阶梯式绿化和水体，创造了一幅完美的山水园林图。同时，在建筑顶层设计屋顶绿化，使小区的绿化空间趋于立体化、垂直化，在提高了人均绿化用地面积的同时，达到了隔热、降噪、通风的效果，有效改善了小区的室内环境。

因此，在目前城市人口急剧增大、城市用地日益紧张的今天，在城市小区环境设计中，应根据本地的气候条件、地理特征，整合建筑与绿化，进行整体化设计，实现建筑与环境的和谐统一，创造舒适宜人的生活环境，满足人们对居住环境质量的要求。这必将是未来小区环境设计的一大趋势。

(2) 围护结构节能技术的应用推广

随着经济和社会的不断发展，人民物质生活水平不断地提高，大规模的建筑拔地而起。截至2002年底，全国城乡房屋建筑面积为388亿m^2，其中城市为171亿m^2。但全国已建建筑中，95%属于高能耗建筑。我国目前建筑能耗占到了国内总能耗的30%左右，而随着经济的发展，人们对热湿环境的要求会进一步提高，因而建筑能耗也会进一步增大。随着我国建筑节能工作的深入，建筑节能的要求也越来越高，从节能30%到节能50%再到节能65%，每一步走来，经历了众多艰辛，也凝练出众多精华。而围护结构的总能耗在建筑总能耗中占了相当比重，围护结构的节能技术，是实现建筑节能的一大突破口。

在我国建筑热设计的分区中，重庆属于夏热冬冷地区，在围护结构的节能考虑上，在夏季隔热的同时，要兼顾冬季的保温。外墙、门窗、屋顶等围护结构的保温隔热措施运用是否适当，直接关系到室内环境质量及建筑能耗的水平。

小区外墙的设计中，根据重庆地区夏季高温高湿、冬季寒冷的气候特征，通过经济比较、节能效益分析以及保温材料的特性，选择适宜的外墙保温系统，满足夏季隔热降耗的同时，兼顾冬季的保温。

作为夏季室内得热的主要来源——窗户的设计，结合重庆的夏季炎热、冬季阴冷、日照少等特点，在满足的夏季高效隔热的同时，保证冬季的保温透光效果，选取适宜的节能窗以及采用相应的遮阳形式，实现建筑节能的目标。

本项目中，外墙采用30mm厚挤塑聚苯板（XPS）内保温系统，墙体传热系数K=0.87W/(m^2·K)，平均热惰性指标D=2.59；分户墙采用200mm加气混凝土。屋面采用50mm厚挤塑聚苯板外保温系统，屋面传热系数K=0.72W/(m^2·K)，平均热惰性指标D=2.04。挤塑聚苯板的热工参数如下：密度35kg/m^3，导热系数≤0.028W/(m·K)，蓄热系数0.28 W/(m^2·K)。外窗采用中空断热铝合金窗，窗户传热系数K=2.90W/(m^2·K)。实践表明，这样的围护结构体系适宜在重庆地区推广。

因此，在对建筑围护结构的节能措施进行考虑时，应充分考虑本地区的气候特征、资源特点、材料特性，进行经济、节能效益以及技术的可行性等综合分析，寻找适合该地区的围护结构节能技术，以实现真正的建筑节能。

(3) 合理的建筑布局及建筑形态设计，实现被动式技术的应用

被动式建筑节能则试图通过建筑朝向和周围环境的合理布置，内部空间和外部形体、色彩的巧妙设计以及建筑材料的组合、构造措施恰当，并紧密结合建筑构配件设计一些非常规能源的采集、使用装置来达到建筑物冬季采暖夏季制冷的效果，节省常规能源的耗费——即表现为低投资、低技术倾向。

根据重庆夏季气候炎热潮湿、风速低等特点，在住宅小区内建筑形态的设计上应该采取增大通风作用，提高散热效果。本示范工程建筑设计中，整体上采用围合式建筑布局，围而不合，以此方式来增强内部空间的通风效果。同时结合重庆夏季主导风向及南低北高的地势特点，建筑设计中，北面沿江建筑设计为板式建筑，南面为塔式建筑。迎风面建筑朝向与夏季主导风成45°左右，板式建筑采用底层架空，这些设计有效改善了小区气流分布，避免了对后排建筑的通风遮挡影响，达到了南北气流通畅，加强了整个小区的自然通风效果，实现了冷却降耗的作用。

在当今大力提倡发展低碳经济的形势下，被动式技术的应用与发展将迎来了一个新的契机。在利用自然通风或其他被动式技术时，应该结合本地气候特征及自然资源条件，通过合理的建筑布局、建筑朝向、建筑形态设计，在规划前期可以通过模拟分析，确定优化方案，最大化实现被动式技术带来的节能环保效益。

园区类示范工程

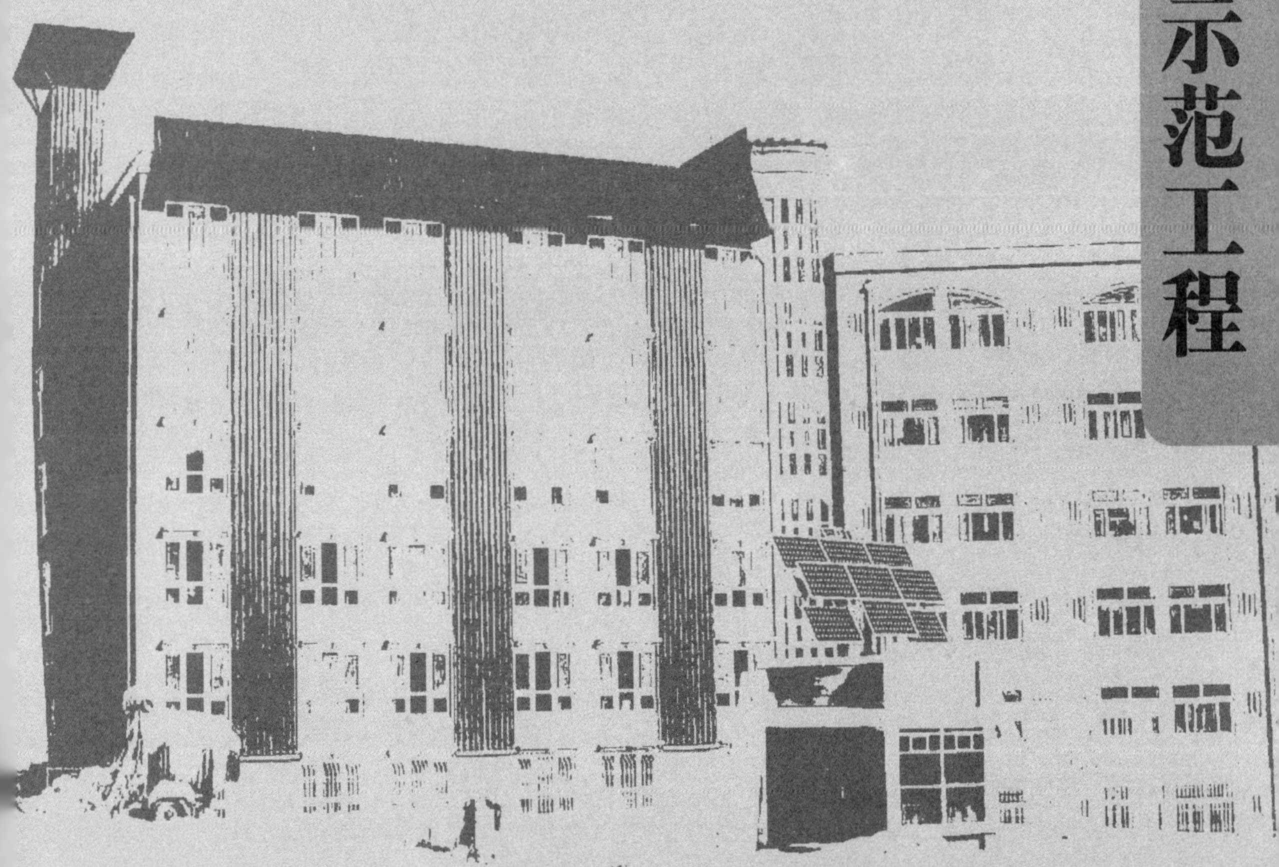

13 山东建筑大学新建校园

项目名称 /山东建筑大学新建校园

建筑类型 /园区

建设地点 /山东省济南市临港开发区

建筑面积 /81万m^2

开发单位 /山东建筑大学

技术支撑 /山东建筑大学

13.1 工程概况

山东建筑大学（原名山东建筑工程学院）始建于1956年，是以建筑类专业综合优势为主要特色的理、工、管、文、法多科类高等院校。2002年，为促进学科发展、拓展办学规模，学校在驻济高校中率先提出在新校址规划、建设、运营全过程实施应用人居环境关键技术，建设绿色大学校园。

山东建筑大学绿色大学校园建设基地位于济南市东部，西靠临港科技开发区，用地133hm^2，共规划建设81.56万m^2建筑，分2003～2005年、2005～2009年两期建设完成。

济南市属于亚热带季风气候区，四季分明，气候温和，阳光充足。年平均气温14.2℃，最冷1月，平均气温-1.4℃，最热7月，平均气温27.4℃。全年主导风向为SSW，年平均降水量600mm。

校园基地的南面和东面为绿化用地，北面为区域规划中心和住宅小区，东、南两侧紧邻60m宽城市干道——经十路和泉港路。基地内原有地势起伏有致，西南高东北低，东西高差约20m。西南部有一座雪山，相对高程约80m，植被良好；东部有一呈南北走向的冲沟，形成天然小谷地。

新校区规划建设突出体现生态化、园林化、高效率和高品位的主题，尊重自然生态，结合地域、地区特点提升人居环境，并通过智能化技术实施，达成全寿命周期内校园行为环境和形象环境的有机结合、工程示范和实践教育的有机结合，取得了良好的社会效益和经济效益，成为国内新建绿色大学校园的典范。

13.2 项目特点及技术目标

13.2.1 项目特点

(1) 尊重原始地貌，保护环境节省资金

山东建筑大学在规划初期对基地原有的地形地貌和地质条件进行了详尽的分析，选择对原始地貌破坏程度最小的规划方案，保留了原有的雪山作为学校的地标和景观中心；利用东侧的冲沟成为贯穿南北的道路和绿化走廊；挖湖填土，在满足建设要求的基础上保证了最少的土石方的开挖。

(2) 充分利用地形，优化区域及建筑节能

在建筑设计之初进行充分而具体的地形分析，利用原始的地形高差建设地下使用空间、形成灵活多变的建筑剖面。在建筑设计时，综合考虑保温隔热、节能灯具、照明控制等节能技术应用，节约建筑能耗。结合校区部分中外合作项目，集成设计应用太阳能空气集热墙技术、太阳能热水器技术、中水技术利用、校园一卡通技术、建筑的被动式太阳房技术、太阳能通风技术、太阳能路灯技术和追踪式太阳能发电技术等先进技术。在建筑投入使用后，对节能技术进行跟踪检测分析，以期在学校后期建设中加以普及和技术改良。

(3) 采用绿色施工，确保环境的可持续发展

"绿色大学校园"的理念贯彻贯穿校园建设的全过程。在校区施工中采用绿色施工技术，充分使用环保型的建筑材料，对原有的建筑拆弃物进行分类回收和废物再利用，严格控制对建筑垃圾的管理；尽量保证总土石方量的平衡，将剩余土石方用作植被用土，保证建设期间最大限度地减少对环境的影响。

(4) 强化绿色大学理念，推行绿色校园管理

建设实践和教育宣传使得"绿色大学校园"理念深入人心，师生们深刻理解可持续人居环境建设的重要性和社会意义。绿色大学校园的理念不仅为学校节约了一次性建设成本投入，而且推进了运行节能管理。祖国未来的建设者们在学校养成绿色节能的习惯，对推动整个社会的可持续发展具有重要意义。

13.2.2 技术目标

校园建设遵循"以人为本"、"节能型"、"智能型"的规划理念，以尊重自然生态优先，结合地域、地区特点，形成包括太阳能热水、通风采暖、光伏发电技术综合利用系统，地源热泵采暖降温系统，太阳能路灯照明系统，建筑外围护保温系统，水资源回收利用系统，节能智能控制系统等技术体系。同时以高起点的环境艺术及景观设计，创造一个适于师生学习生活的、现代化的山水园林式校园环境。

13.3 人居环境控制与改善技术

校园建筑采用可持续人居环境技术是保证校园可持续发展的重要措施。这些技术的实施在保护环境、节约能源的同时，创造舒适的室内外环境，保证在校人员的健康安全，提升人员舒适度和学习工作效率。

13.3.1 尊重原有地形地貌下的生态廊道建设

"生态廊道"位于整个校园的核心轴线位置，肇自南侧二级学院区，顺西南季风方向，抱雪山，穿主入口区和公共教学区，于北部星泉广场达到高潮，渗透至学生生活区和体育运动区，是校园规划"三泉映雪"主题的集中体现（图13–1）。

生态廊道规划紧扣新校区"三泉映雪"的主题和"三泉润泽四季秀，一院山色半园湖"的总体构

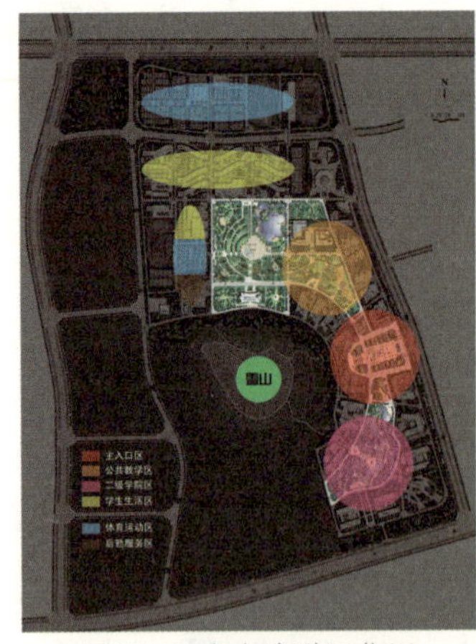

图13-1 生态廊道区位图

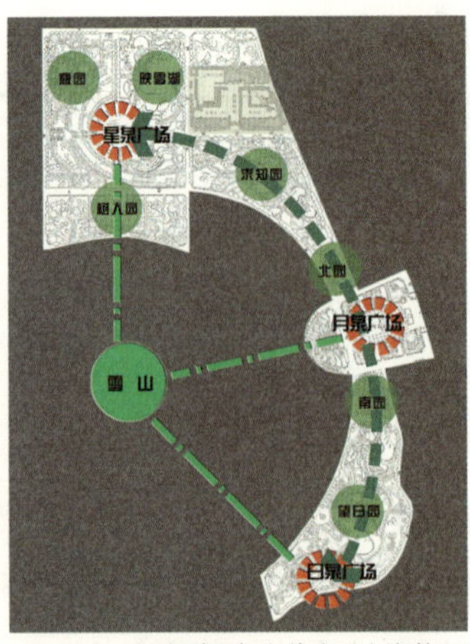

图13-2 生态廊道总体规划结构图

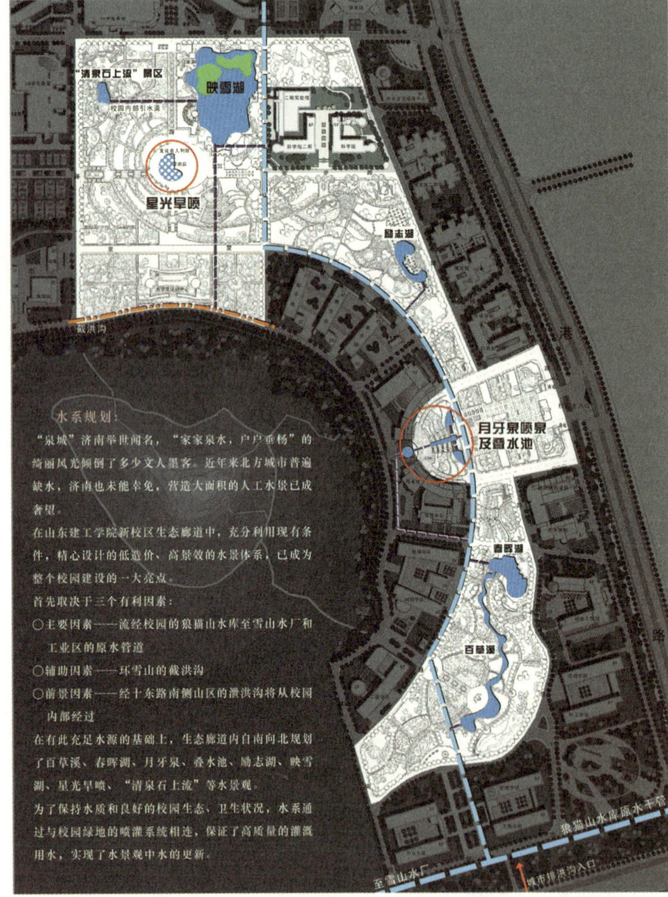

图13-3 生态廊道水系分析图

思，围绕雪山这一景观核心，确定了"三泉、一廊、七园"的规划结构（图13-2）。规划方案因势利导，通过空间的收放穿透，顺应山、谷之势，将西南季风引入，有效辐射影响整个校园，不仅在形态上体现出整体大气的格局，更具有本质的生态实效。

同时，生态廊道充分利用原有地形地貌特征进行低造价、高景效的水景体系设计，自南向北规划了百草溪、春晖湖、月牙泉、叠水池、励志湖、映雪湖、星光旱喷、"清泉石上流"等水景景观（图13-3）。这主要是考虑到以下几个有利因素：1）流经校园的郎茂山水库和雪山水厂原水管道能够为校园水体提供纯生态的原质水，保证水质的更新；2）以校园内原有泄洪沟的低洼地势为基础进行水系的设计建造，避免了挖填土石方，不会对自然地势地貌造成破坏；3）经十东路南侧山区的泄洪沟从校园内部经过，为水体的整体设计提供了天然的地势条件。景观设计将水系与校园绿化的喷灌系统相连，实现了水景中水的再利用，有效节约了水资源。

生态廊道内的植物配置充分考虑济南气候特点、校园景观特色及防风沙的需要，采用乔灌结合的立体绿化方式（图13-4），力争取得"三季有花、四季常绿"的效果。

图13-4 生态廊道内乔灌木组合绿化实景

图13-5 图书馆中的绿色中庭

图13-6 图书馆中的缓冲边庭

图13-7 应用于办公建筑中的防晒墙

13.3.2 室内采暖及通风环境优化技术

(1) 生态中庭及热缓冲边庭

绿色中庭位于图书馆内部中心区域，以高架的玻璃采光顶和建筑围护结构围合而成，空间高大通透，并将传统园林的设计创意引入室内空间。形态多变、高低疏密的花草树木不仅柔化了建筑实体的生硬感和单调感，改善室内视觉环境，而且可有效改善室内空气质量，调节室内微气候（图13-5）。

为防止绿色中庭出现温度过高及室内空气品质差的问题，在中庭西侧设置了热缓冲边庭，其作用是减少透过绿色中庭西侧玻璃幕墙进入中庭的太阳直接辐射热，同时改变绿色中庭的通风方式（图13-6）。热缓冲边庭因受太阳直接辐射作用，其温度高于中庭内部温度，由此利用热压作用将绿色中庭内的废热空气引入热缓冲边庭，最终排到室外。这一措施不仅促进了中庭内的空气交换，而且也为绿色中庭创造出舒适的室内热环境。

(2) 实体防晒墙

为适应济南地区冬冷夏热的气候特征，山东建筑大学校园内单体建筑采用围合形式的设计手法，这种建筑形式在夏季能够通过自然通风为室内空间降温，在冬季也有利于防止冷风侵袭，保持室内温度，降低采暖能耗。在行政办公楼的设计中，为提高建筑室内空间的利用率，将西向围合部分空间用作办公用房，因此如何有效防止西晒将成为该部分室内空间能否正常使用的重要前提。经设计人员反复研究比较后，确定采用实体防晒墙的做法，该防晒墙采用钢筋混凝土框架填充墙，并在墙体预留采光窗和进气孔，它与建筑西侧立面平行，且留有2m左右的空隙。在夏季或过渡季节，该防晒墙可以完全遮挡西晒的直射阳光，同时防晒墙与建筑主体之间的空隙在热压的作用下形成拔风效应，保证室内空气的流通；冬季，防晒墙在建筑外侧形成一个热保护层，能够有效遮挡冷风对建筑的侵袭，从而缓解外部冷空气对建筑室内温度的影响（图13-7）。

(3) 太阳能采暖新风

学校在生态学生公寓中集中综合利用了被动式太阳能采暖技术、太阳墙采暖新风技术、太阳能烟囱通风技术，既有效提升室内热舒适度、又显著节约建筑能耗。

生态学生公寓南向房间采用了较大的窗墙面积比，以直接受益窗的形式引入太阳辐射热。原方案中卧室通过封闭阳台间接获取日照，采暖季节直接得热会折减，修改方案取消该部分构造，扩大南窗面积并安装遮阳。经分析，房间在秋分至来年春分的过渡季节和采暖季期间得到的太阳辐射量多于原有设计，而在夏至到秋分的炎热季节里得到的太阳辐射量则少于原设计。扩大外窗面积后，南向卧室在白天可获得采暖负荷的25%～35%左右。

生态学生公寓中的太阳墙系统将太阳能收集起来以空气为介质送至北向房间，解决了以往南北向房间热负荷差异较大、冬季和过渡季节北向房间热舒适性差的问题，同时也为房间提供了新风，使太阳能得以充分利用，符合生态建筑的要求（图13–8）。

太阳墙系统由墙板、风机和风管组成。在建筑南向墙面利用窗间墙和女儿墙的位置安装了157m^{2}的深棕色太阳墙板，该色彩的选用在满足较高太阳辐射吸收率的情况下（黑色的太阳吸收率为0.94，深棕色为0.91），保证了建筑立面色彩的协调美观（图13–9）。窗间墙位置的纵向太阳墙高度为16.8m，宽度为2.05m，从二层位置开始安装，保证了太阳墙板获得的太阳辐射更为有效、并避免夏季一层靠近人位置灼伤人体。墙板借助钢框架固定在墙体上，与墙体之间形成200mm厚空气间层。

女儿墙位置集热部分的墙板呈36°倾角，高2.4m，长21m，与女儿墙围合成三棱柱状空间。该空间屋面位置东西两端各开一个500mm×600mm的散热口，供夏季散热；中间留有1000mm×400mm的出风口，通

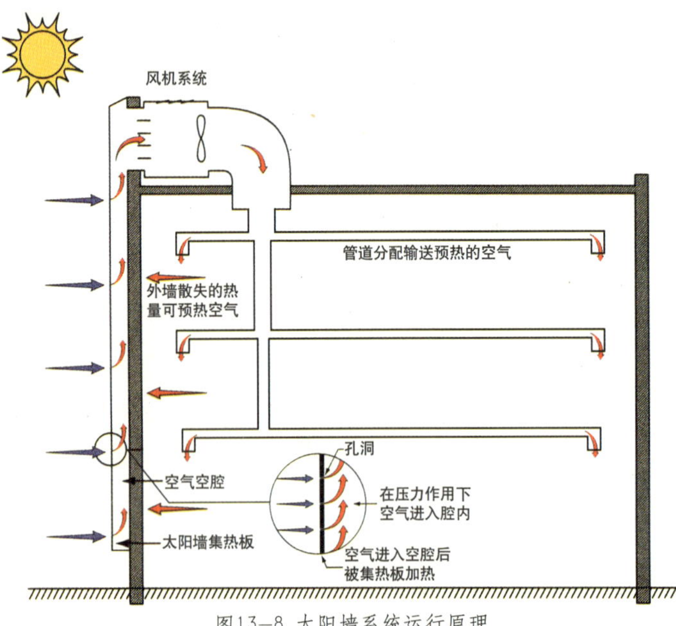

图13–8 太阳墙系统运行原理

图13–9 太阳墙板与建筑结合实景

图13–10 太阳墙出风口通过风机与风管相连

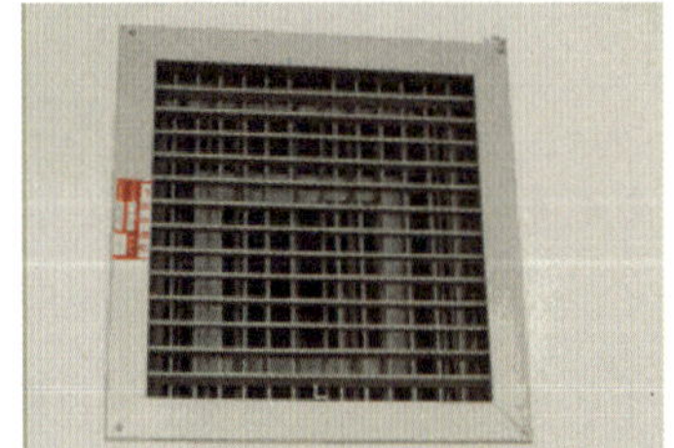
图13–11 太阳墙系统室内风口格栅

过风机与送风管道连接，风管穿越各层走廊通向所有北向房间，向室内供暖以及送新风（图13–10）。送风口安装了方形铝合金格栅，尺寸为300mm × 300mm，最大送风量为120m³/h，可手动调节风叶角度（图13–11）。

太阳能烟囱位于生态学生公寓的西墙中部，与走廊通过窗户连接，可充分利用太阳能和风力强化"烟囱效应"，为公寓的自然通风提供动力保证。烟囱采用钢结构支架，由槽型压型钢板围合而成，并将钢板外表面涂黑，以增加太阳热辐射吸收率。太阳能烟囱的外部尺寸和造型经计算机通风模拟设计得出，其遵循以下设计原则：

1) 满足使用要求

太阳能烟囱的特殊位置决定了其必须在满足采光等建筑使用功能的前提下解决技术问题。烟囱以一层西侧疏散出口的门斗为基础，外壁开大窗，为走廊提供间接采光（图13–12）；二～六层走廊近端的窗户尺寸为2600mm × 2400mm，均分成6扇下悬窗，室内污浊热空气可由此进入太阳能烟囱（图13–13）；屋面处留有检修口，并在风帽下安装铁丝网，防止飞鸟进入。

图13–12 太阳能烟囱外观图

图13–13 与太阳能烟囱相连的室内侧通风窗

2) 烟囱效应

按照热力学原理，温度场沿高度方向分布不均匀，热压差随烟囱内气流出入口的高差增大而增大。为使太阳能烟囱更好的发挥通风作用，太阳能烟囱总高度设计为27.2m，风帽高出屋面5.5m。宽高比接近1：10，以使通风量达到最大，通风效果达到最好（图13–14）。

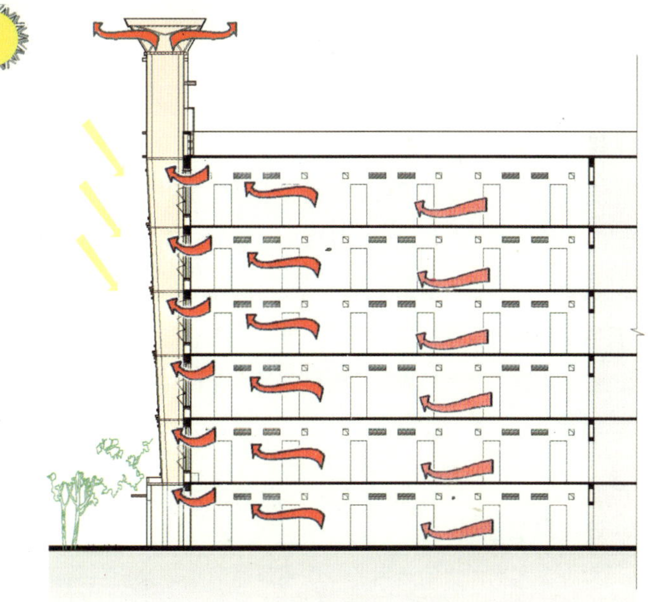
图13–14 太阳能烟囱通风示意图

3) 漏斗作用

太阳能烟囱设计为近似

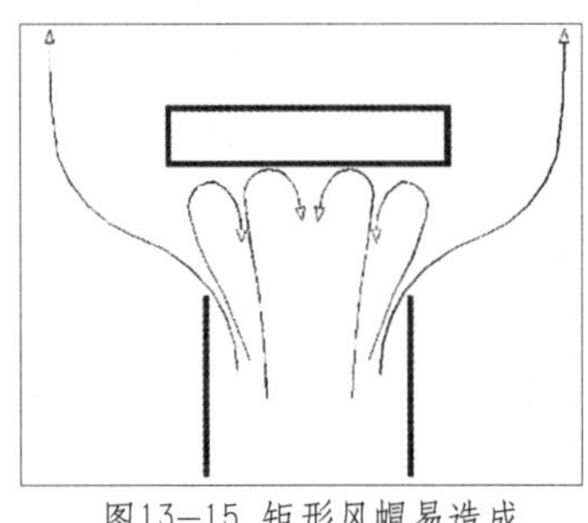

图13-15 矩形风帽易造成气体涡流和回灌

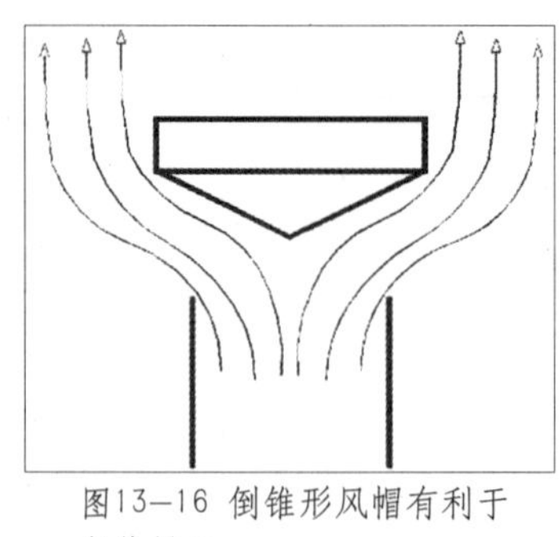

图13-16 倒锥形风帽有利于气体排出

漏斗状，横截面自下而上从1.2m×3m扩大到2m×4m，这种形状有利于热空气的上升。此外还可保证各层的气流均衡，底层距出风口远，位置低，热压大，所以通道横截面小、下悬窗开启角度小，可减小空气流速；顶层距离出风口近、位置高、热压小，所以通道横截面尺寸和下悬窗开启角度变大，以增大气流速度。

4) 避免涡流和气流回灌

风帽底部设计成倒锥形，有效减少空气阻力，防止气体形成涡流和气体倒灌（图13-15、图13-16），增强了太阳能烟囱的通风效果。

(4) 低温地板辐射采暖

在校园建筑的部分房间采用了低温地板辐射采暖技术，低温热媒质来自于供暖系统回水管道内的低温热水，相比采用传统的暖气片散热采暖方式具有以下特点：1）低温地板辐射供暖中的热量集中在人体受益的高度，较对流方式热效率高；热媒来自供暖系统回水管道的低温热水，不必单独设置加热设备及输送管道，降低能耗和工程造价；2） 低温地板辐射方式采暖使室内地表温度均匀，室温内由下而上逐渐递减，给人以脚暖头凉的良好感觉，形成真正符合人体要求的热微境；3）由于地面层及蓄热层蓄热量大，因此在夜间间歇供暖的条件下室内温度变化缓慢，热稳定性好；4）盘管安装于地下，不占用地上空间，取消了室内传统的暖气片及其支管，增加了室内使用面积；5）分水器中的每一个环路配置了各自的控制阀门，学生可按照各自寝室所需的室温调节流量，做到最大限度节省能源；6）地板表面温度低，不会导致室内气流的急剧流动和灰尘飞扬，减少空气中水分蒸发，减少墙面、物品和空气的污染，并可消除热设备和管道积尘面挥发的异味，从而改善室内空气品质。

(5) 地源热泵采暖降温

在多功能厅及学术报告厅采用了地源热泵空调系统，该系统的运行分为两种状态：在制冷状态下，地源热泵机组内的压缩机对冷媒做功，使其进行汽液转化。通过空气热交换器内冷媒的蒸发将室内空气循环所携带的热量吸收至冷媒中，在冷媒循环的同时再通过冷媒的冷凝，由水路循环将冷媒所携带的热量吸收，最终由水路循环转移至土壤里。在制热状态下，地源热泵机组内的压缩机对冷媒做功，并通过四通阀将冷媒流动方向换向。由地下的水路循环吸收土壤里的热量，通过冷媒交换器内冷媒的蒸发，将水路循环中的热量吸收至冷媒中，在冷媒循环的同时再通过冷媒冷凝，由空气循环将冷媒所携带的热量吸收。在地下的热量不断转移至室内的过程中，以强制对流形式向室内空间供暖（图13-17）。

(6) 外窗涓流通风

生态公寓南向房间运用了冬季涓流通风技术来提供新风。通风器安装在南向外窗上，与窗户成为一体（图13-18）。通风器有格栅的一端装在室外，共有3个开度，在室内通过绳索控制室外格栅的开口大

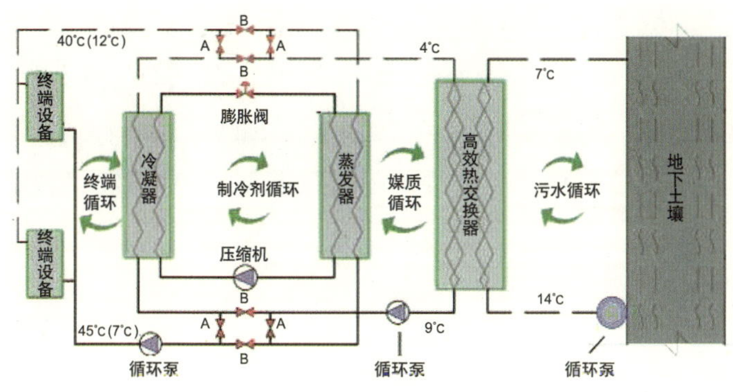

图13—17 地源热泵运行原理图

图13—18 生态学生公寓窗上安装通风器实景

图13—19 Power Grille 排风装置

图13—20 二级变速排风机

小，使用十分方便。通风器的最大通风量为8.4L/s，风压为10Pa。可设定最小持续通风量，使房间一直有微量新风供应。通风器中的过滤器可以过滤掉新风中的粉尘和悬浮物，保证新风质量。过滤器可方便的拆卸、清洗及更换，防止长时间使用后产生粉尘及悬浮物堆积而影响新风质量和供应量。

(7) Power Grill卫生间通风

目前，学生宿舍普遍人员过多、空间狭小，室内CO_2排放量过高，如果室内卫生间排风不畅，很容易造成空气污染。为保证生态公寓内空气质量，除了引进新风外，还应及时排除卫生间内污浊空气。因此，在生态公寓的卫生间设置了通风口，每个通风口都装有可调节排风口大小的Power Grill排风装置（图13—19）。排风风道预埋在墙体中，用横向风管与屋面处排风口连接起来，并接入设置在屋面的二级变速排风机（图13—20）。风机功率是1.5～2.2W，平时低速运转，提供背景通风，当有人使用卫生间时排风装置开关开启，风机改为高速运转，将卫生间异味抽走，有效减少卫生间污浊空气对室内空气品质的影响。卫生间内的风机还装有延时控制器，可根据实际需要设定延时时间，避免浪费电能。

13.3.3 天然采光技术

为解决校园建设用地紧张、地价高昂、空间拥挤、绿化缺乏等难题，在新校区规划建设时，采用了结合地上建筑附建地下室或半地下室的解决方案。这不仅具有地上地下建筑同步协调、功能互补的优点，而且具有施工方便、造价经济等优势。但当地下室或半地下室常被用作工作间、实验室、资料室及仓库时，需要满足天然采光及自然通风的要求。为此，在校园建设过程中为附建半地下空间的教学楼及办公楼设置了采光通风廊道，这不仅保证了半地下空间的日照、采光和通风要求，而且提高了半地下空间的使用效率，减少因半地下空间的照明及通风而带来的额外能源消耗，有效降低运行费用（图13—21）。

图13-21 应用于半地下空间的采光通风廊道

园区一些地上建筑如办公楼、图书馆，通过采光中庭设置提高室内的天然光量，改善光环境。图13-22～图13-25为办公区域采光中庭实景图，该区域平面为规则狭长矩形，总高21.9m，分6层，底部净面积250m^2。中庭顶部同时设通风百叶，以改善内部通风。

13.3.4 建筑外围护结构保温设计

为减少土地资源的浪费，最大程度的化废为宝，在校园一期建设工程中，墙体材料选择了黄河淤泥多空承重砖（图13-26），其性能符合《烧结多孔砖》（GB13544－2000）标准，代替实心黏土用于承重墙优势更明显。将黄河淤泥制成建材加以利用，不仅可以化害为利、变废为宝、节省资源、改善环境，而且有利于河道治理。

在生态公寓的外墙保温设计之初，提出了采暖能耗节能70%的目标。因此，需要对围护结构进行特殊的保温构造做法及选用保温性能更高的保温材料。经计算优化，选择采用50mm厚的挤塑板外保温体系来实现设计目标（图13-27）。

图13-22 新校区办公楼中庭天然采光

图13-23 办公楼中庭

图13-24 中庭局部

图13-25 中庭顶部细部

图13-26 黄河淤泥多孔承重砖

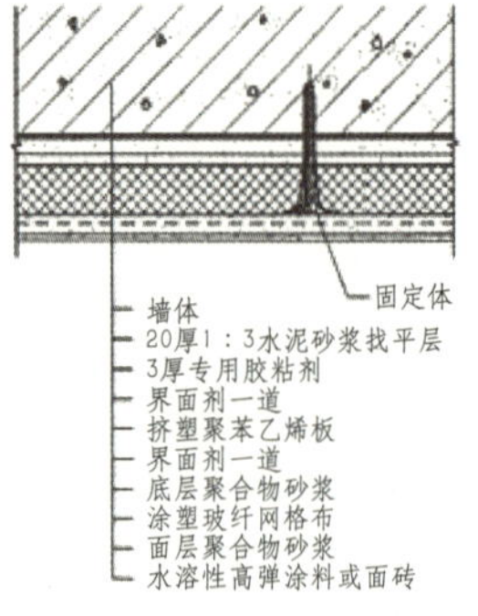

图13-27 外墙挤塑板外保温体系构造作法

门窗传热系数 表13-1

窗户类型	传热系数（W/（m^2·K））
普通中空塑钢门	<2.6
普通中空塑料窗	<2.6
高级中空塑料窗	<2.4
Low-E中空镀膜玻璃窗	<2.0
高级中空塑料窗+通风孔	<2.0

校园建筑屋面保温构造严格按照相关标准进行设计建造，并对有特殊需求的屋面保温构造进行适宜性改进设计，如生态学生公寓的屋面，为最大程度的利用太阳能资源，屋面上附设了太阳能集热器，太阳墙通风管道等设备，所以屋面构造需要同时满足长期荷载和保温节能的要求，因此选择聚苯乙烯和水泥膨胀珍珠岩作为屋面的保温材料。

生态学生公寓建设中全部采用平开式塑钢节能窗。为对比不同类型的窗对室内热环境和舒适度的影响，公寓在不同楼层分别应用了普通双层中空玻璃塑料窗、高级双层中空玻璃塑料窗（空气间层中充以黏度系数大而导热系数小的惰性气体）以及Low－E中空玻璃塑料窗等，其传热系数如表13-1所示。所有窗户都具有良好的绝热性能，在具备较低传热系数的同时可有效降低室内对室外的辐射热损失，使窗户不再成为围护结构的薄弱环节。

13.3.5 太阳能热水应用技术

太阳能热水系统工程既可满足日常生活用水的舒适度，又能节能降耗，是一种环保、安全、经济的供热水工程。学校的生态学生公寓建设和学生浴室改造工程均应用了太阳能热水系统，为在校师生提供廉价的低温生活热水。

(1) 学生公寓中的太阳能热水应用设计

在生态学生公寓的太阳能热水系统中，采用集中式强制循环太阳能热水系统（图13-28），由集热器、蓄水箱和循环管组成。系统依靠集热器与蓄水箱中的水温不同产生的密度差进行温差循环，水箱中的水经过集热器被不断加热，再通过连接在蓄水箱上的管路送至各房间。集热器总集热面积150m^2，春秋季可满足每天5760L热水供应；夏季则满足每天8460L热水的供应。

图13-28 生态学生公寓太阳能热水系统

蓄水箱设有电辅助加热装置，在阴雨天气和冬季阳光不充足的时候（11月至来年3月），启动辅助加热装置。由于冬季洗澡次数较少，且最冷月学校放假，辅助加热所消耗的电能十分有限。据估算，在全年使用的情况下，太阳能可以提供70%的热量。

(2) 学生浴室的太阳能热水改造应用

学生浴室改造过程加装了太阳能热水系统，采用集中供热、集中供水、集中辅助加热的方式为学生浴室提供热水供应，并通过强制循环加热的方式使太阳能的利用达到最大化。集热器集中布置于浴室楼面上（图13－29），集热面积1356m^2，可满足每天80000L热水供应量。经过对原有的燃煤锅炉供热系统进行合理改造，利用燃煤锅炉作为辅助热源，降低了一次性设备投入和运营开支，减少了燃煤锅炉的污染物排放，有效改善了园区微气候。

13.3.6 节水与水资源回收分级利用

校园水系统规划设计时，从可持续发展的角度出发，在满足校园用水定额、用水指标、用水安全的前提下，通过对校园水系统中给排水系统、节水器具与非传统水源利用的优化设计，达到了节约、回收、循环使用水资源，校园内的饮用水、生活用水、杂用水、景观及绿化用水等按照高质高用、低质低用、分质供水的目标，有效提高了水资源的利用率。

(1) 雨水收集存储系统

校园内的雨水主要来自于建筑屋面、运动场地及园区道路，根据雨水来源不同，设定不同的收集途径。在校园的雪山上，按高度不同设置多个雨水坑，其目的是为了减缓山体对雨水流速的加速作用，增加雨水渗透时间，减少地表径流，防止水土流失。在学校非主要交通道路、广场、停车场等地面铺设过程中，采用生态透水措施，如采用生态透水砖、卵石、碎石、植草砖等（图13－30～图13－33）。经透水路面保存下来的雨水，不仅可以补充校园地下水，还可以通过地下水蒸发作用增加校园内的空气湿度和舒适度，滋养树木花草，为校园降温、减少扬尘。对于来自校园建筑屋面、运动场地及主要交通道路路面收集到的雨水，进行了有组织排水设计，对收集到的雨水

图13－29 学生浴室太阳能热水系统

图13－30 生态透水砖铺地

图13－31 卵石铺地

图13－32 碎石铺地图

图13－33 植草砖铺地

图13－34 中水处理站

图13－35 中水回用——人工水体补水

图13－36 中水回用——绿化

图13－37 中水回用——道路喷洒

进行沉淀过滤后，与中水系统相结合，回用于冲厕、道路冲刷、消防、绿化及景观用水等。

(2) 中水回收、处理分级利用系统

山东建筑大学新校区的中水工程主要收集校园内的杂排水（图13—34），包括学生宿舍的盥洗、洗浴排水，学校餐厅的蔬菜、餐具的冲洗排水，将这些杂排水收集后进行集中处理，处理后达到《生活杂用水水质标准》（GB/T18920—2002），主要用于校园绿化、冲厕、冲洗道路、人工湖补水等（图13—35～图13—37）。

中水系统采用以生物接触氧化法为主的处理流程，运行稳定，处理效果好，管理简便。该中水工程投入使用后，每年可减少向周围环境排放污水720000m^3，减少了学校污水排放对周围环境的影响，保护了学校及周边区域的生态环境。

13.3.7 节材与材料回收综合利用

在校园建设过程中合理选择当地化建材、3R材料、高性能材料等绿色建材，可减少废弃物、运输能耗、装修污染等对人居环境的影响，可有效减少资源浪费，保护环境。

校园建筑设计选材时，对于用量较大的钢材与混凝土尽量按照就近取材的原则；建筑结构体系中选择高强度钢材，混凝土以使用高性能预拌混凝土为主，减少钢材和水泥的消耗及浪费；在保证建筑结构安全的情况下，尽量使用绿色建筑材料，如使用黄河淤泥承重多孔砖等。

土建和装修一体化设计施工，将建筑施工现场产生的固体废弃物分类处理，并将其中可再生利用材料和可再循环材料回收再利用，用于校园道路地砖的铺设、临时施工建筑的建设等（图13—38）。

针对使用空间大且结构承载力过大的建筑（如土木学院的实验室等）应用了新型建筑结构——钢结构体系（图13—39）。该结构体系具有自重轻、基础省料、工业化程度高、施工快捷和使用面积大的优点，可大量减少钢筋混凝土的使用量，并且钢材可在建筑达到使用年限进行拆除的过程中回收继续利用，减少了因拆迁带来的环境破坏，避免了对资源的浪费。

图13—38 回收建材铺砌林间小路

13.3.8 垃圾分类及生态处理技术

山东建筑大学依据校园分区明确的特点，对教学区、宿舍区、后勤服务区等实行不同的垃圾分类收集措施。教学区的垃圾中主要以废纸为主，因此实行分类收集、分楼层集中的回收模式；宿舍区的垃圾以废纸、玻璃、塑料和果皮为主，可回收部分超过50%，且果皮等垃圾可用来堆肥，因此实行宿舍内分类、楼底集中的回收模式；食堂产生的垃圾比较单一，大部分是厨余垃圾和剩菜剩饭，产生量大且时间集中，因此实行单独收集、及时清运的处理方式；校园绿化垃圾主要包括园区植被

图13—39 土木学院实验楼外部裸露钢结构

落叶以及园林修剪的枝叶等有机垃圾，通过设置堆肥场的方式，将绿化垃圾集中堆肥处理，形成的肥料清洁、无异味，又可重新用于绿化栽培，实现了绿化垃圾100%的循环。

校园的垃圾站选址隐蔽，并对周围环境进行了绿化景观设计，垃圾站内部设冲洗和排水设施。建立垃圾管理制度，保证存放的垃圾及时清运，不污染环境，不散发臭味，最大限度的减少了对园区环境的污染。

13.3.9 校园智能控制技术

为节约运行能耗，提升照明、制冷采暖、洗浴用水各方面的舒适度，校园建设中采用了多种智能控制技术手段，包括：

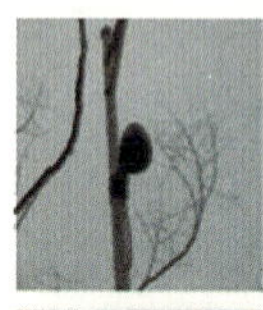

图13-40 校园中设置的高性能监视器

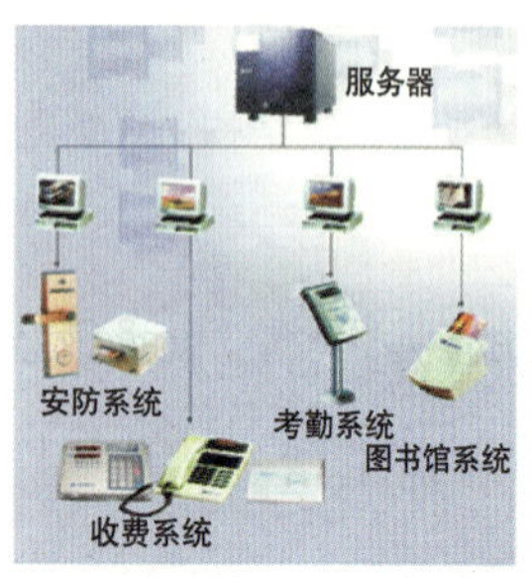

图13-41 校园“一卡通”系统示意图

图13-42 太阳墙系统测试

图13-43 室内热环境测试

在大型公共教室、学生自习室应用JZJD-1型绿色照明技术，根据室内的光照度或人员在室率控制灯具开启状态；在学生自习室、图书馆阅览区以及书库区采用人体红外检测光控技术，实现人来灯亮，人走灯延时熄灭；采用基于zigbee无线网络技术的控制方式实现了校园路灯的远程个性化控制。

对所采用的空调与供热、供水设备进行了智能节能技术应用，包括红外线感应自动控制空调温度、暖气智能温控节能技术、校园智能节水控制技术等、学生洗浴用水智能控制系统、智能卡表供水控制系统等。

在校园运行阶段对所采用的智能化系统进行正确定位，在校园各处均设置了高性能的监控系统（图13-40），实现了24小时的保安电子值班，有效保护了园区的安全；园区配套设施中的设备系统进行节能化、智能化设计，实现就餐、热水、洗澡等一卡通（图13-41），确保能源的节约与使用的便捷。

13.4 技术效果测试与评估

学校在园区建设全面完成之后对园区建筑应用的部分人居环境技术进行了测试分析，主要包括：

1）生态学生公寓主被动太阳能技术改善室内热环境的运行效果；

2）图书馆及办公楼等建筑生态中庭、热缓冲边庭热环境运行测试。

13.4.1 太阳能采暖通风技术测评

对太阳墙、太阳能烟囱、太阳能热水等技术的运行效果进行了测试和问卷调查。结果显示，太阳墙系统在采暖季可提供约139.8GJ的热量，节省煤炭10.5t。通过利用太阳墙与太阳能烟囱等多种通风措施，生态公寓的室内和走廊处可形成0.3～1m/s的风速，适宜自然通风降温，且室内二氧化碳含量明显低于普通宿舍含量，室内空气品质得到明显提升。另外，太阳能热水系统在夏季可满足每天8460L（120L/间）热水的供应，在春秋季节可满足每

2010年1月9日～1月16日太阳墙系统检测结果　　表13-2

日期	室外气温	天气状况	太阳墙送风口处最高空气温度	平均室温	送风温度大于26℃的小时数
1月9日	−6.2 ～−1.4℃	晴	40.4℃	18.4℃	5
1月10日	−8.4 ～−4.8℃	小雪	12.4℃	18.1℃	0
1月11日	−9.9 ～−1.1℃	晴	41.3℃	19.2℃	5
1月12日	−7.1～0.2℃	晴	42.7℃	20.6℃	6
1月13日	−5.9～1.3℃	多云转晴	28.6℃	18.1℃	2.5
1月14日	−6.8～−1.5℃	雨	15.5℃	17.5℃	0
1月15日	−8.7～−2.9℃	晴	38.2℃	18.0℃	4.5
1月16日	−12.4～−3.1℃	晴	34.5℃	17.8℃	4

天5760L（80L/间）热水的供应。

为评估太阳墙采暖通风系统的实际使用效果，在冬至日后两个星期进行了现场测试分析（图13−42、图13−43），包括太阳墙内部的空气温度、送风温度、送风时间、风速、太阳墙表面温度、平均室内温度和室内二氧化碳浓度等。典型测试数据如表13−2所示。同时，对太阳墙一天时间内（1月12日）的送风温度与室外气温变化进行测试，得到图13−44中所示结果。

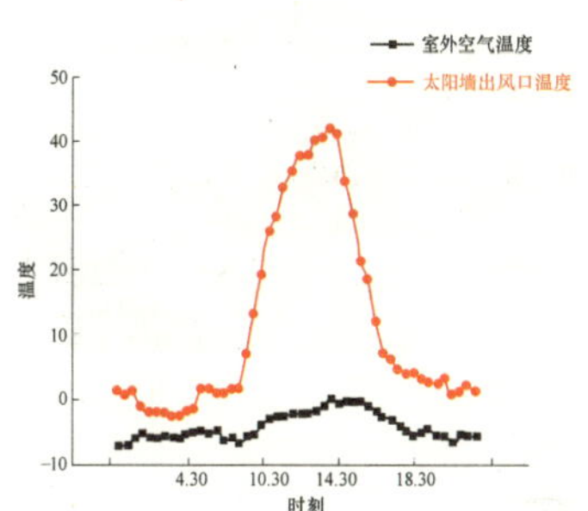

图13−44 太阳墙温度变化曲线图（2010年1月12日）

根据测试结果及曲线图可以看出，太阳墙的集热效果与太阳辐射量有直接的关系，晴天状况太阳辐射量增大，太阳墙供热效果明显高于阴雨天。通过图13−44可以看出：冬季日出前、日落后，太阳墙内空气温度比室外环境温度平均高7℃左右，有效改善了外围护结构的外环境，大大降低了墙体传热损失；日出后，随着太阳辐射强度的增大，太阳墙内空气温度迅速升高，很快达到送风温度，最高达到40℃并保持较长的送风时间，体现出了太阳能空气集热器响应快的特点，为房间提供可观的热量；15：00以后，送风温度开始迅速下降，可见太阳墙送风参数与辐射强度关系密切，受环境温度影响较小。

根据曲线图，我们就可以算出1月12日当天太阳墙系统供给公寓的热量：

$$Q=c_p \times W \times \triangle T$$

式中 c_p——空气的定压比热，为1.29kJ/(m^3·K)；

W——送风量，4500m^3/h；

$\triangle T$——送风温度与室内温度的差值。

由上述公式结合曲线积分，可得1月12日太阳墙系统向公寓提供热量658867kJ。以市场上较好的山西产块煤（中选）热值28560kJ/kg、1000元/t（2008年市场价格）计算，当天太阳能墙系统可节省采暖费用49.34元。由于1月12日属于辐射量较少的时段，因此根据一年辐射量变化的曲线，排除气象因素，采

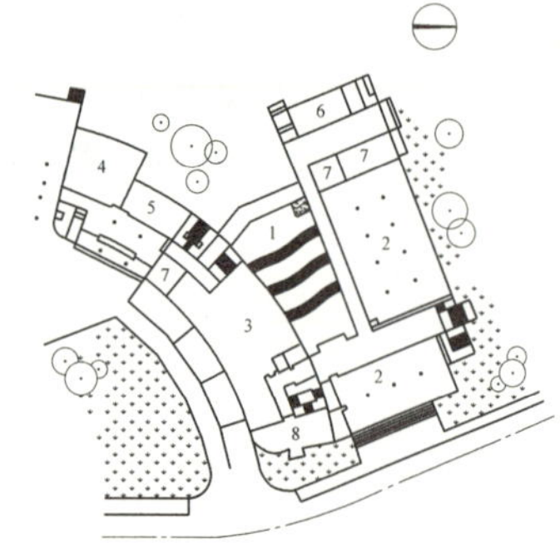

图13-45 图书馆平面
1-中庭；2-开架书库阅览室；3-教师阅览室；4-小报告厅；5-接待室；6-采编室；7-办公室；8-书库

图13-46 新校区图书馆外观

图13-47 中庭局部（一）

暖季太阳墙系统约可提供139.81GJ的热量，节省煤炭10.5t。

太阳墙采暖通风系统的应用成功解决了以往南北房间热负荷差异较大、冬季和过渡季节北向房间热舒适性差的难题，同时也为北向房间提供新风，有效降低室内二氧化碳浓度，达到了低能耗下获得高舒适度室内热环境的目的。

13.4.2 中庭空间热环境测试

在校园建筑设计中，较多的采用了中庭设计，其中包括办公楼两个、建艺馆三个、图书馆一个。项目组选择了图书馆中庭进行了热环境的测试分析。

图书馆中庭位于该建筑中部，平面形状接近梯形，底部净面积640m^2，五层中庭，层高4m，总高16～20m（底层为阶梯状），见图13-45～图13-51。中庭内没有人工调节设备，主要通过自然通风、采光来改善中庭热环境。

经测试分析，该中庭在冬季的环境舒适度较好，即使在寒冷的晴天，中庭气温仍然较温和。在对中庭做晴天测试（表13-3）时，气温上升平稳，在13：00左右气温达到最高值，下午慢慢回落。虽然没有人工调节设备，室外是零下时，一天中的室内气温尤其是11：00～15：00期间仍是较舒适的。

夏季工况下，通风系统对缓解中庭高温起到了一定的作用。后续改造将在顶部设置遮阳措施、在顶部通风百叶侧增加机械通风装置以强化通风效果。

图13-48 中庭局部（二）

图13-49 底部进风口

图书馆中庭冬季晴天测试数据 表13–3

时间	室外气温 t_e(℃)	室外风速 V(m/s)	中庭内底层气温 t_i(℃)	中庭内相对湿度 ϕ(%)	中庭内底层热辐射 E_i(kW/m^2)	二层四周气温 t_i(℃)	三层四周气温 t_i(℃)	四层四周气温 t_i(℃)	五层四周气温 t_i(℃)	天窗内表面温度 t(℃)
9：00	–4.2	0.2	5.0	59.5	0.00	5.1	5.4	5.5	5.8	2.6
11：00	–3.8	0.4	5.6	53.5	0.03	6.3	6.7	7.9	8.8	3.4
13：00	–2.7	1.0	6.3	53.4	0.04	7.0	8.4	10.1	11.6	4.8
15：00	–1.2	0.3	7.0	51.0	0.04	7.8	8.9	10.0	10.4	4.6
17：00	–1.6	0.2	5.2	54.3	0.00	5.7	6.7	6.8	7.4	0.2

13.5 经济性分析

图13–50 顶部排风口

山东建筑大学绿色校园的建设涵盖了从最初的规划、设计、建设直至最后运营管理四个阶段。在新校区建设过程中通过节能、节地、节水、节材、保护环境和减少污染等来实现“以人为本”、“节能型”、“智能型”的规划理念，因此校园建设涉及技术项目类型多，表13–4为校园生态建设主要技术增量投资分项表。各技术项目差异性较大，不能比较全面、条理的统计各技术的经济性。在此，仅以生态学生公寓利用技术为例，简要介绍经济性的分析过程。

公寓楼人居环境品质的提升结合了生态设计手法、绿色建材、高效暖通空调设备等主被动技术手段。通过经济分析，计算节能经济效益，可以直接反映出节能措施带来的收益，同时衡量技术的实用性和推广的可行性。

节能经济效益的评价主要通过由建筑物耗热量、采暖耗煤量以及节能投资综合计算出的节能收益和投资回收期两个指标来评价。其中建筑物耗热量和采暖耗煤量在前面的章节中已做了比较详细的计算，节能投资的定义如下：

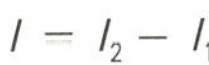

$$I = I_2 - I_1$$

式中 I——节能投资（元/m^{2}建筑面积）；

I_2——节能建筑工程造价（元/m^{2}建筑面积）；

I_1——非节能建筑工程造价（元/m^{2}建筑面积）。

图13–51 茶座区

生态学生公寓总投资约为330万元人民币，其中节能项目总投资约25万元，其中：太阳墙系统10万元，太阳能烟囱2万元，太阳能热水8万元，另外还有窗和外保温，合计约5万元。建筑面积2300m^2，平均每平方米总共增加造价108元，占工程总造价的7.5%。

节能收益：$A=\triangle q_c \times B$

式中 A——节能收益（元/m^{2}建筑面积）；

$\triangle q_c$——节煤量（kg/m^{2}建筑面积）；

B——热能价格（煤炭转化成热能的供热价格，济南地区约为1元/kg）。

经计算：

经过多种技术措施加强保温隔热性能的生态学生公寓，围护结构保温共增加成本5.6%，减少耗热量486.47GJ，达到了节能72%的目标，合标准煤32.43t，减少二氧化碳排放量84t。

太阳墙系统增加成本约70元/m^2，增加成本5.4%，提供热量139.81GJ，合标准煤10.5t，减少二氧化碳排放量14.85t。

校园生态建设节能技术利用增量投资分项表 **表13-4**

序号	类别	子系统名称	增量投资(万元)
1	可再生能源系统	太阳能光伏发电系统	50
		太阳墙采暖新风技术	50
		太阳能烟囱通风技术	10
		太阳能热水系统	200
		太阳能路灯照明系统	150
		地源热泵采暖、降温技术	100
2	围护结构	室外遮阳系统	20
		通风塔百叶和室内百叶利用	20
		外窗、幕墙保温技术	20
		墙体、屋面保温系统	200
3	室内环境	低温地板辐射采暖技术	10
		通风技术	20
4	节约能源	中水回收、处理分级利用系统	100
		雨水收集存储系统	10
		自然采光设计	10
5	运营管理	垃圾分类处理生态技术	10
		节能监控平台	20
		节能控制智能系统	30
合计			1030

太阳能热水增加成本60元/m^2，增加成本5.6%，可提供每日9t 45℃生活热水，合每日1323000kJ热量，45.15kJ标准煤。除去假期，每年约减少耗煤量26t，减少二氧化碳排放量68t。

综合计算可得节能收益约为27.8元/m^2。项目投资回收期（也称投资返本期）计算公式如下：

$$N=[\ln B-\ln(B-Ai)]/(1+i)$$

式中 N——投资回收期（年）；

A——增加初投资（元/年）；

B——节能收益（元/(m^2·年））；

i——节能投资年利息（%）。

按投资年利息7%计算，生态学生公寓所使用的相关节能措施的综合投资回收期为4.65年，相对于建筑50年的设计寿命还是比较快的。

同时公寓楼上述技术的实施在节约建筑能耗的同时，也大幅度地提升了学生采暖通风及用水舒适度，人居环境改善效应显著。

13.6 应用推广价值

校园遵循人居可持续发展原则，体现绿色平衡理念，充分展示了生态合理的选址规划、灵活适宜的建筑功能、健康舒适的室内外环境、综合有效的节能措施、高效循环的资源利用以及垃圾绿色处理等特色，体现了人文与建筑、环境与科技的和谐统一，为我国适宜性居住环境的发展提供了一条探索之路。

校园建设根据当地气候特点和使用要求选用了多种人居技术，包括太阳墙采暖新风技术、太阳能烟囱通风技术、天然采光技术、太阳能热水系统、地板低温辐射采暖系统、室内新风换气系统、中水系统、智能控制管理系统、环保建材利用等，经运行测评，具有很好的应用效果及推广价值。可以说，校园结合地域特征和经济现状，充分发挥地方资源特色，选用适宜的技术手段，在提升人居环境品质、节约资源能源方面做出了有益尝试，真正实现了经济效益、环境效益和社会效益的统一，可为我国绿色校园人居环境改善和保障提供有益借鉴。

14　中关村环保科技示范园

项目名称 ／中关村环保科技示范园

建筑类型 ／园区

建设地点 ／中关村科技园区海淀园

建筑面积 ／20万m^2

开发单位 ／北京实创环保发展有限公司

技术支撑 ／依柯尔绿色建筑研究中心（北京）有限公司

图14–1　中关村环保科技示范园标志

14.1　工程概况

中关村环保科技示范园位于北京海淀北部新区，隶属中关村科技园区海淀园发展组团，是中关村科技园区的重点建设项目之一（图14–1）。沿北清路与规划建设中的永丰产业基地、航天城、生命科学园、中关村商城等相联系，并与即将规划的中关村新医药科技园相对，共同构成中关村科技园发展区的骨架，如图14–2所示。

中关村环保科技示范园是中国第一个全面实行生态环保规划建设的科技示范区，园区的规划、设计、开发建设、企业、管理将全面贯彻绿色原则，并将众多的生态环保企业及环保相关企业的孵化基地和总部基地聚集在一起。在这里不仅展示中关村科技园区多年来的建设成就，还将昭示海淀新区的建设方向。

14.1.1 气候

北京在全国气候区划中属暖温带半湿润季风大陆性气候区，四季分明。

春季干旱，昼夜温差可达12～14℃；多大风，8级以上大风日数占全年总日数的40%；夏季炎热多雨，月平均温度都在24℃以上，降水量占全年降水量的70%，并多以暴雨形式出现；秋季天高气爽，冷暖适宜，光照充足；冬季长达5个月，寒冷干燥，极端最低气温平均为-27.4℃，但阳光充足，平均日照6小时以上，为开发利用太阳能创造了有利条件。

据北京近100年气象资料统计，年均最暖年为12.8℃，最冷年为10.5℃。1月份是一年内气温最低的月份，月平均气温为-4.6℃。以后气温逐渐上升，3月份上升到0℃以上，7月达到高峰为26℃。海淀区典型年气温情况见表14-1。

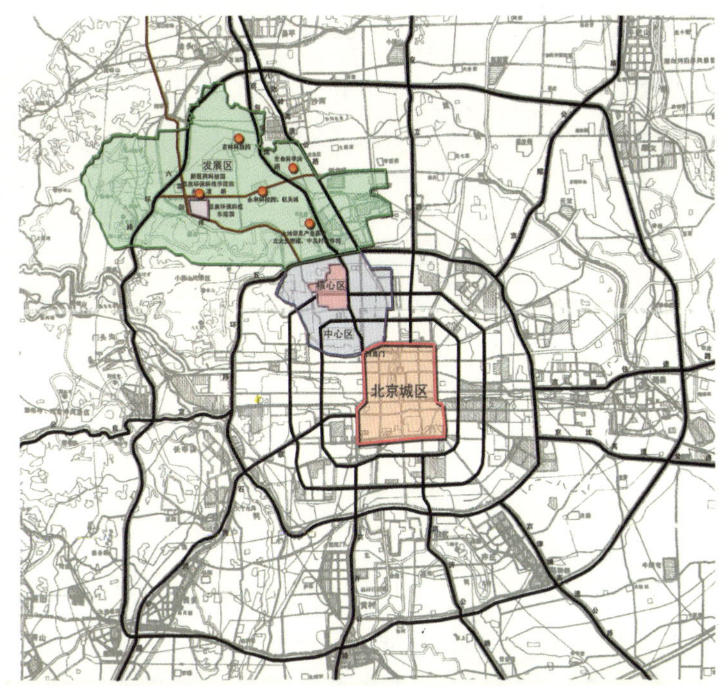

图14-2 中关村环保科技示范园区位图

北京山地面积约占全市面积的62%，因此，降水量除了受大气环流影响外，还受地形的影响。全市多年平均降水量470～660mm。全年降水集中在4～9月，占年雨量的90%以上。海淀区典型年各月降水量见表14-2。

北京地区的蒸发量远大于降水量，大部分地区年平均蒸发量在1800～2000mm，属典型的缺水性城市。

地区太阳总辐射量1～5月呈上升趋势，从6～12月逐月降低。其中5月辐射量达到最高值，12月为全年辐射量最低月，见表14-3。

北京年平均日照时数在2000～2800h之间，海淀区为2620h。全年日照时数以春季最多，秋季次之，冬季最少。一天内垂直面上太阳直接辐射的利用时数以春秋季最多，每日平均近6h；夏季最少，7、8两月因雨季平均每天只能利用2～3h。地区全年连续6h的日照时数达2287h，能被太阳能接收器有效利用的日照时数较多。

海淀区各月平均气温和均温（单位：℃） 表14-1

月 站	1	2	3	4	5	6	7	8	9	10	11	12	年均温
海淀	-4.2	-1.4	5.1	13.0	19.4	23.9	25.6	24.0	19.4	12.7	4.2	-2.2	11.6

海淀区各月降水量（单位：mm） 表14-2

月 站	1	2	3	4	5	6	7	8	9	10	11	12	全年
海淀	0.1	8.2	7.8	12.7	35.2	104.8	159.9	190.5	38.1	42.6	3.9	5.2	608.8

海淀区各月总辐射量（单位：KJ/cm^2） 表14-3

月 站	1	2	3	4	5	6	7	8	9	10	11	12	全年
海淀	28.4	33.9	51.0	57.3	69.4	67.3	58.1	53.9	49.3	39.7	27.6	23.8	551.7

海淀地区风速（单位：m/s） 表14-4

月 站	1	2	3	4	5	6	7	8	9	10	11	12	年均
海淀	3.1	3.0	2.9	3.5	3.1	2.4	1.9	1.6	2.0	2.1	2.5	2.6	2.6

北京的风向有明显的季节性变化。冬季盛行偏北风，夏季盛行偏南风。年平均风速在1.8～3m/s之间，全年以春季风速最大，冬季次之，夏季风速最小。北京有三个风口，形成三条风带，海淀区地处永定河冲积平原所在风带，带内年平均风速大于3m/s，最大风速20～23m/s，全年风速分布见表14-4。

14.1.2 经济概况

2008年，海淀区生产总值预计实现2070.2亿元，比上年增长13.2%，人均GDP突破10000美元。产业结构进一步得到优化，形成了第三产业为主，第二和第一产业为辅的"三二一"产业格局。区级财政收入在北京城八区中名列第二，占全市区县级收入总量的18.2%。

高新技术产业的快速稳定增长和重组转制加快了城乡传统工业的结构调整步伐，也对区域人居环境的发展和改善提出了更高要求。

14.1.3 项目概况

中关村环保科技示范园于2002年10月规划建设，在国家环保总局，市、区环保局以及北京市各级政府与中关村管委会的直接领导和支持下，正在高起点、高标准地建设成为北京第一个集科研、中试、服务、科普于一体的综合型环保科技示范园。总平面图见图14-3。

园区北至北清路、南至京密引水渠、东至春阳路、西至温阳路。环保园东西长约2.14km、南北宽约2.09km，总面积约3.6km^2，规划建筑面积为175万m^2，绿化率超过50%，建筑控高18m。

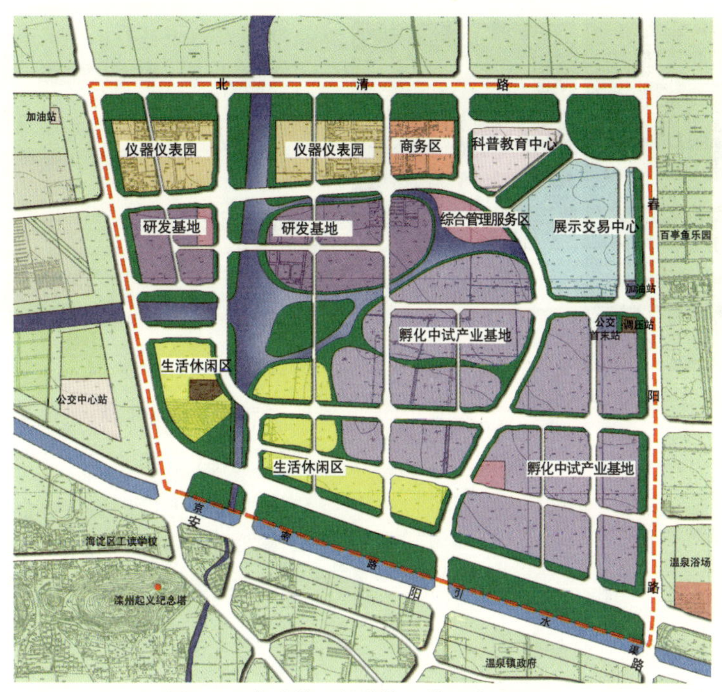

图14—3 中关村环保科技示范园总平面图

中关村科技园区管理委员会结合中关村“十一五”产业规划和环保园的条件，在环保园原定的高端能源环保产业的基础上，扩充了环境友好型产业，着重发展具有高效益、低消耗、低污染特征及具备比较优势的信息和通信产业。预计到2010年底，园区内入驻企业达到300家，实现产值500亿元，成为具有特色的高端环保和信息通信产业核心企业聚集的园区。

环保园定位于：1）集科研、中试、生产、商贸、技术交易、科普于一体的综合性园区；2）具有完整绿色环保体系的可持续发展园区；3）以绿洲湿地景观系统为主要特征的生态科技园区；4）环保产业研发、孵化、展示交易的专业园区。园区建成后，将形成“一个园中园（仪器仪表园）、两个基地（研发基地和中试孵化产业基地）、两个中心（科普教育中心和展示交易中心）、三个服务区（综合管理服务区、生活休闲区和商务区）”共8大功能区。

从环保园建设伊始，园区不但采用先进的环保理念和技术，而且对园区的绿色建设、环境恢复与改善进行系统管理。在规划设计和建设上充分体现“绿色、生态、环保”六字方针，高度重视对园区现有自然环境资源的重组和整合，对本地资源充分利用，营造别具特色的科技园区环境，以恢复、再现及保护园区原有的生态环境及生态特征，达到人与自然、建筑与自然的和谐与交融，实现天人合一的境界。

为实现预期目标，发挥环保示范作用，环保园在规划设计和建设上，坚持“定位高端、环境先行、生态和谐、天人合一”的开发理念。秉承这一理念，园区在环保园的开发中采用了雨洪利用、中水回用等资源循环利用技术和风能发电、太阳能发电等能源利用示范工程，各项开发建设相继取得阶段性成果。

14.2 项目特点及技术目标

14.2.1 园区开发建设的特点

中关村环保园开发建设内容覆盖一级开发、二级建筑、园区产业和园区运营管理，具有一定的前瞻性和很强的操作性。从一级开发方面的土壤保护、水环境净化、固体废弃物处理、交通组织、景观建

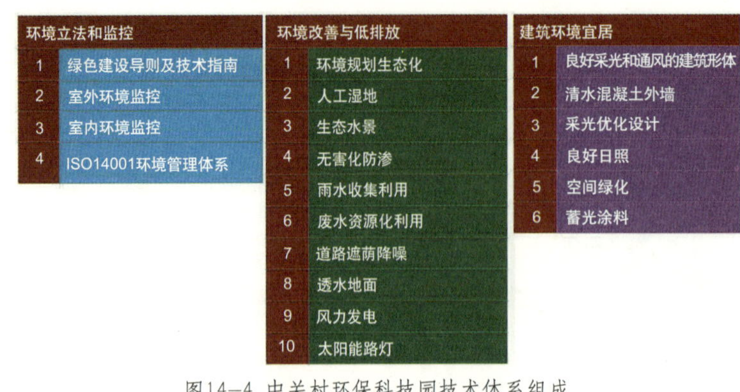

图14-4 中关村环保科技园技术体系组成

设和能源利用，到二级建筑方面的选材、施工、管理，到园区的主导产业即高端环保产业和环境友好型产业，以及园区的废气排放、电磁波、噪声、热、通风和光环境治理等绿色管理。从不同角度、不同领域规定了遵循的模式和详细的指标，在满足和优于国家和地方的环境标准的基础上提出了更适合园区个性要求的操作办法。

14.2.2 技术目标

针对以上开发建设的实际要求，需要建立一整套完善技术体系，来满足个性化差异较大的园区建设。主要技术路线：1）制定标准，规范园区发展的技术方向；2）由环保园公司负责整个园区室外环境建设和保障；3）根据各个建设项目的各自特点，选择不同的建筑环境改善技术措施。对应上述技术路线，形成的技术体系也应包含三个方面，分别是环境立法和监控、环境低排放、建筑环境宜居，具体技术内容见图14-4。

14.3 人居环境控制与改善技术

14.3.1 环境低排放

(1) 环境规划生态化

中关村环保科技示范园位于北京市西北部，处于西山显龙山脚下，西南高、东北低，海拔高差不大（46～52m），原用地主要是农田、苗圃等用地。站在规划区西南侧的小山丘上，可以清楚地看到规划区处于一片平坦广阔的田地之间，纵横交错的防护林带清晰可见，整个用地的大地纹理十分清晰，田园景观非常优美。

1）生态规划总体思路

环保园所处的西山大环境是北京水资源最丰富的区域之一，其湿地特征十分显著，在本次环境绿化规划中利用水系、道路等元素进行功能分区，重点恢复、保护原有的自然生态系统，保障环保园的环境系统，依靠植物群落及水面等进行自然分割，形成以湿地生态景观系统为中心，景观绿化斜轴、防护绿地以及绿轴空间等相结合的全方位、多层次的生态景观绿化系统，以实现科技园区的田园化、生态化。

园区的绿化系统主要包括主题雕塑广场绿化、生态景观绿化区、景观绿化斜轴、防护绿地、绿轴空间等，如图14-5所示。

图14—5 园区绿化空间分析

图14—6 树木挂铭牌

图14—7 生态采摘

2）原有植被综合利用

环保园原有植被的显著特征是植被生长茂盛，主要分布在水资源较为丰富的区域以及现状道路的两侧，树种主要有柳树、杨树以及槐树等。本次环境规划尽可能将大部分茂密、丰盛、长势良好的树木予以保留，并使其适合园区生态功能的要求，保护及维持本规划区的生态体系，同时积极做好这些树木的保护工作（图14—6）。另一方面，将区内部分农田作物和果园予以保留，作为环保园职工的生态实践基地，形成了观赏型、环保型、科普知识型和生产型园林景观相结合的综合性园林环境景观（图14—7）。

3）景观节点

景观绿化斜轴：园区东北角设置的标志性雕塑“绿染春园”是园区最主要的节点空间，并与规划区西南侧景致优美的山峦形成一个类似“廊道”的景观绿化斜轴。利用斜轴两侧的建筑形成框景空间，前景为宛如叶子的中心服务楼，中景是规划的水系和微地形，远景为变化丰富的山峦。另外，根据视觉通廊的要求，将中心公建与景观斜轴交汇处架空并打开，形成一种透、露的关系。人们在这部分空间既可以回望主题雕塑，可以临水远眺西山，也可以扶栏近观湿地系统的自然景观。整个景观绿化斜轴既有鲜明的层次变化，又有自然元素一气呵成的气势。

生态景观绿化：园区中的生态景观绿化以湿地为主要体现。湿地是自然界中最富生物多样性的生态景观和人类最重要的生存环境之一，湿地系统主要由水系、水生植物群落两个部分组成。结合地势、现有水体资源以及排洪渠的主要出入口等现状条件，园区内的水系组织为西南进入，东北侧流出。水系的组织设计充分考虑到行洪、现状水资源、景观等多方面的因素。自然状态下的水位是时常变化的，园区规划在水面和绿洲之间设置相对固定的最高水位及最低水位线，两者之间形成水生、沼生的植物群落，这部分植物群落既是水系与功能体的自然区分介质，又是两者间最直接的交换、交流系统。调控水位的高低变化，使得水面在漫过水生植物带时，可以将每一片绿洲（功能体）完全浮起；在低水位时，又很清晰地显现出水生植物带的范围。

防护绿地：环保园周边的防护林带的设计是园区生态环境保障的关键措施之一。园区北部的防护林带位于北清路南侧，宽达40多米，多种植速生杨树，可以阻挡冬季西北风。由于环保园是一个开放园区，东侧的防护绿化主要是起到界限的作用，绿化宽度在3～5m，因此种植的全部是高度不大的常青灌木和小乔木，同时也不会影响到夏季东南风进入园区。

道路绿化（绿轴空间）：以环保园8路为例，该道路绿化共选择苗木42种，其中大小乔木470余株，

图14-8 中关村环保科技园植物品种

图14-9 中关村环保科技示范园整体绿化实景图（一）

图14-10 中关村环保科技示范园整体绿化实景图（二）

包括栾树、槐树、垂柳、钻天杨金银木等；灌木12800余平方米，包括榆叶梅、丰花月季、大叶黄杨、金叶女贞、海棠、绣线菊、欧洲荚迷等；草本植物包括景天、白三叶、千屈菜、垂盆草等（图14-8）。

生态化成果：环保园经过4年多的绿化时间，共选择配置360多种可以吸收有害气体或吸附粉尘能力较大的植物，绿地总面积达85万m^2，其中绿地50万m^2，绿地覆盖率50%，人均绿地面积达41.5 m^2，取得了巨大的生态效益和社会效益。园区整体绿化实景如图14-9、图14-10所示。

(2) 人工湿地

人工湿地是由人工建造和控制运行的与沼泽地类似的地面，将污水有控制的投配到经人工建造的湿地上，污水在沿一定方向流动的过程中，主要利用土壤、人工介质、植物、微生物的物理、化学、生物三重协同作用，对污水进行处理的一种技术。

环保园选择采用垂直潜流系统对园区湖水循环净化处理，湖水由表面纵向流至床底，在纵向流的过程中污水依次经过不同的专利介质层，达到净化的目的。这种湿地由土壤和填料（如卵石等）混合组成填料床，在床体的表面种植具有处理性能好、成活率高的芦苇等，形成一个独特的动植物生态环境，对污染水进行处理。垂直流潜流式湿地具有完整的布水系统和集水系统（图14-11），其优点是占地面积较其他形式湿地小，处理效率高，整个系统可以完全建在地下，地上可以建成绿地和配合景观规划使用。湿地实景如图14-12、图14-13所示。

(3) 生态水景

中关村环保科技园规划用地范围内有周家巷沟和温泉沟从其中穿过，见图14-14。

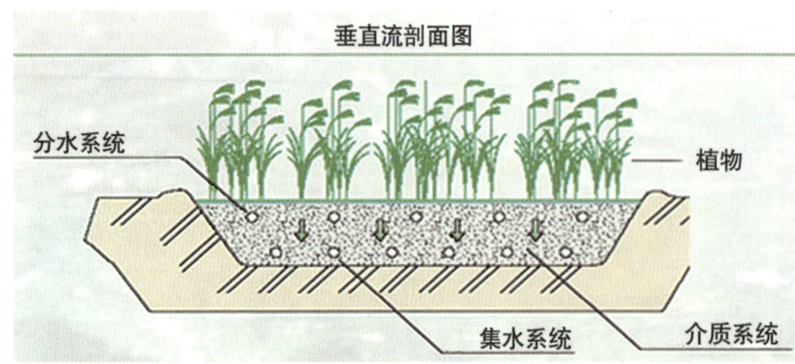

图14-11 潜流式人工合成湿地剖面图

图14-12 湿地秋季实景

图14-13 湿地春季实景

图14-14 海淀北部地区南沙河流域图

图14-15 水域环境现状图

周家巷沟现状底宽约15m，河深约4～5m，温泉沟底宽约9m，河深约2～3m，洪水标准仅为5年一遇。由于环保园的开发建设，流域内集水面积有很大变化，造成流域范围内径流量增加，现状河道（图14-15）已不能满足该地区防洪排水要求。同时现状河道淤积较为严重，河底高程较高，雨水无法排入河道，影响园区内的防洪排水安全；上游污水流入河道，影响河道水质。

环保园水域环境的改善建设是减轻北京西郊地区洪水对市区防洪安全的威胁，改善园区生态环境，建设环保科技示范园的必要条件。河道工程总体布置如图14-16所示，平面基本沿现状河道中心线不变，以现状河道为基准，向两岸疏挖扩宽。温泉沟上口宽约50m，周家巷沟河道上口宽约90m，与现状创新园周家巷沟顺接。保留原有沟渠、景观湖区、功能性湿地；新开挖景观明渠替代水循环管线，在原功能性湿地的旁边新建湿地2以确保湿地发挥有效功能。

经过近几年的开发建设，园内污水均已接入污水管网，为了进一步确保河道的水质，在温泉沟进口处新建溢流堰，堰顶高程按行洪安全确定，汛期时洪水经过溢流堰，正常运行时将河道内

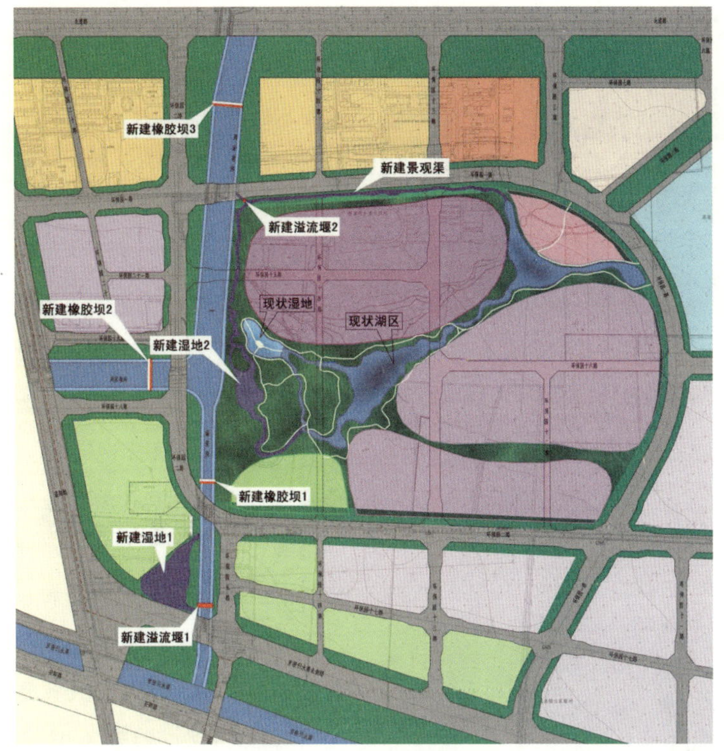

图14—16 水域环境改造图

图14—17 水域环境改善后实景（一）

图14—18 水域环境改善后实景（二）

的水导入湿地1，河水经过湿地净化后进入河道。

新建景观渠根据现有地形布置，经过微地形时，利用洼地将水分别导入湿地2，形成洼地是水面，高地为岛的景观效果。景观渠水经过湿地2处理后，通过设置的景观跌水进入现状景观湖区。在新建溢流堰2处设置一个泵站和调节池，以使新开挖景观渠与湿地2的高程顺接，通过景观跌水进入湖区。改善后的水域环境现状见图14—17、图14—18。

在设计河道上口线与规划河道上口线范围内，根据园区现状景观布置绿化带，两岸绿化范围为30m。河道生态绿化充分利用植被的生态功能，以乡土树种为主要绿化树种，乔、灌、草立体配置，形成接近自然、植物多样性丰富、功能完备的植物群落，使河道绿化与景观美化、污染治理有机结合，达到改善河道生态环境的目的（图14—19）。

(4) 雨水收集利用

1）地面雨水收集

在单元区域内建设沟渠型人工湿地系统，对屋顶、绿地和路面的雨水进行收集、处理。带泥沙的雨水、洪水及污水等首先进入沟渠型湿地床，通过植物、介质、级配砂石的处理，将泥沙等杂物滞留在沟渠型湿地床表面，

图14-19 河道绿化断面示意图

图14-21 项目场地雨水收集平面图

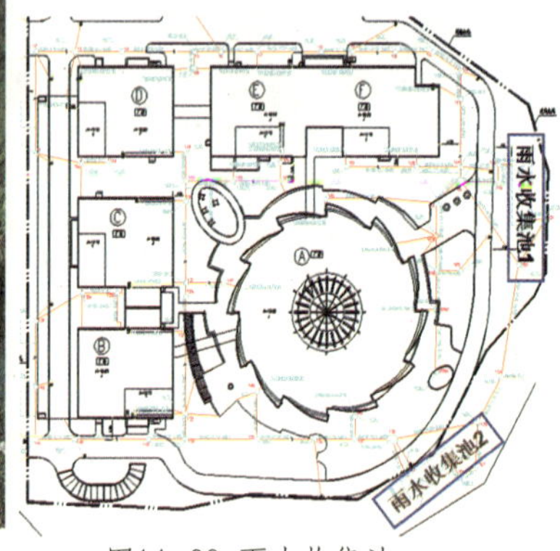

图14-20 沟渠型人工湿地实景

图14-22 雨水收集池

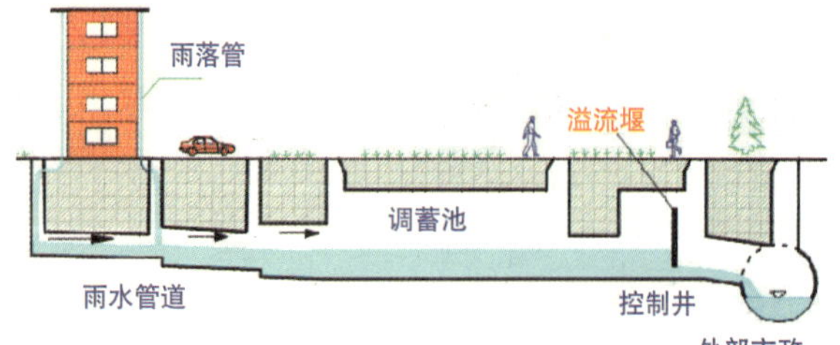

图14-23 雨水收集系统示意图

经处理后的水进入收集管中，并汇入园内湖区，改变了传统的沟渠排水的概念，营造了优美的周边环境（图14-20），增大了保持水土的能力。

2）屋面收集利用

2008年完成了J07雨水收集项目，J07项目位于中关村环保科技示范园中心位置，项目占地面积2.03hm^2，建筑面积2.44万m^2。项目在规划设计和建设上坚持“环境先行、生态和谐”的理念，根据本地区年均降雨量和本项目的情况采用了雨水收集利用技术，并通过地下管线将屋面雨水汇集后收集起来（图14-21）。雨水收集池（图14-22）池体体积340m^3，有效收集体积约200m^3。

雨水处理主要的工艺流程中包括沉淀池、调节池、渗滤床、出水池。因此，将处理系统分为四个单元，分别为配水区、调蓄区、处理区、出水区（图14-23）。

(5) 废水资源化利用

环保园在实施水域环境生态化改善的过程中，水域面积扩大，且此景观水渠在整个园区中循环流动，由于蒸发、渗漏等原因，湖区水损失严重，需要继续补充所损失水量。

现有入住环保园的雀巢公司食品实验室每天需要废水处理的

废水水量约为100m^3，根据“因地制宜，环保为先”的原则，考虑将处理过的实验室废水循环利用，即将其引入湖区中，这不但解决了湖区水由于蒸发、渗漏等原因而大量损失的问题，而且回用处理过的废水，更体现环保科技示范园的环保理念，发展循环产业模式。工程采用电化学氧化法，深度处理雀巢公司实验室废水处理站出水，使最终出水达到地表水环境质量Ⅲ类标准，实现环保和节支的双重目的。

图14-24 道路绿化实景

(6) 道路遮阴降噪

为控制园区路面交通噪声，环保园在道路摊铺材料方面选择了废胎胶粉改性沥青混合料。这种新型研发材料中，有20%的沥青成分是汽车废轮胎加工的橡胶粉，可以增强沥青的韧性，防寒、防晒和抗车辙鼓包的性能均不逊于常规沥青，还增加了路面的降噪性能。

图14-25 透水地面实景

环保园在关注道路降噪的同时，还积极实施了种植降噪绿化林带（图14-24）。通过选择合适树种、植株的密度、植被的宽度，达到吸纳声波，降低噪声的作用。同时，绿化林带也起到吸收二氧化碳及有害气体、吸附微尘和道路遮阴的作用，改善了园区微气候，缓解热岛效应，截留公路排水、防眩光并美化视觉环境。

图14-26 中关村科技园风车实景

(7) 透水地面

园区在J03项目的室外道路、庭院地面的处理上，将透水地面的生态环保理念融入其中，如图14-25所示。工程共实施透水地面面积3000m^2，以减少地表径流，涵养地下水。透水地面采用的是砂基透水砖，突破了传统透水砖依靠颗粒粗大、缝隙渗水的局限；同时，配套的粘结找平层材料替代了用传统的水泥砂浆来粘结的办法，也具有很好的透水性。

生态砂基透水砖铺设结构分为三层：生态砂基透水砖、粘结找平层、级配砂层。可根据路面承重要求不同，调整厚度。采用该种铺设方法的路面，能承载更大的荷载（荷载能力相当于透水砖与粘结找平层两层叠加）。

(8) 太阳能及风力发电

环保园作为环保实践的先行者，积极探索太阳能和风能利用。园区人行道路照明采用太阳能路灯、部分风力资源较优的景观节点安装600W小型风力发电机9台（图14–26），利用绿色清洁能源，环境效益突出。

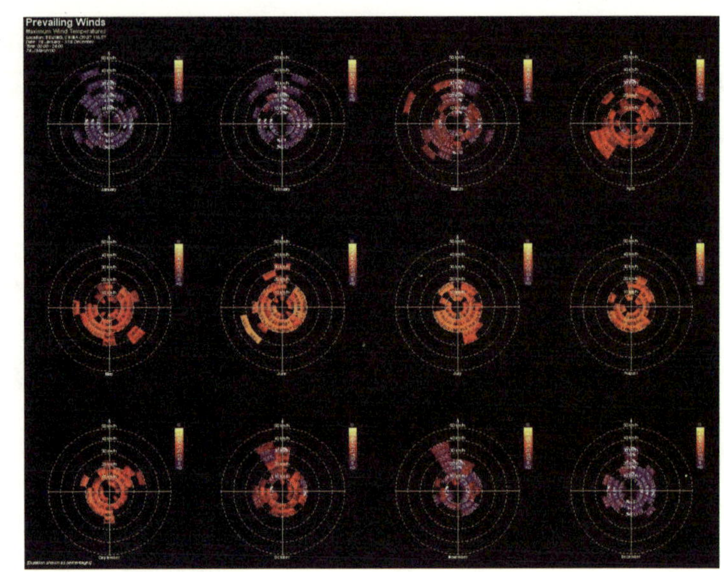

图14–27 全年逐月室外风环境分析图

14.3.2 建筑环境宜居

(1) 良好采光和通风的建筑形体

从前述知道，中关村环保园位于北京平原区，风向的变化随季节更替变化明显。除了夏季偏南风主导风向和冬季偏北风主导风向外，从图14–27也能看出，五月、六月和九月偏东风和偏西风发生概率也较大。

因此园区建筑在形体设计的推导过程中，注重多方位的自然通风，并增加建筑设计中的自然采光面。J07项目建筑形体设计经过板式、错动和整合三个过程，结合了室外自然条件，最终形成了庭院式既通透又围合的设计，如图14–28所示。

(2) 清水混凝土外墙

清水混凝土外墙直接采用现浇混凝土的自然表面效果作为饰面，不同于普通混凝土，表面平整光滑、色泽均匀、棱角分明、无碰损和污染，是名副其实的绿色混凝土，具有明显环保效益和经济效益。

混凝土是目前常用建筑材料中蓄热性能和热惰性性能较好的一种，根据北京地区全年日气温变化的特点，充分利用清水混凝土的这种特性，在不使用空调系统的前提下改善室内舒适度，实现冬暖夏凉。北京地区全年气温日较差的范围在8～12℃，可有效利用混凝土的蓄热性能实现建筑保温。

环保园J03项目通过采用清水混凝土的外墙保温隔热技术（图14–29），在春夏秋三季，通过夜间室外较低温度自然通风冷却，在未开启室内空调系统的前提下，使得室内舒适度线图的范围扩大了20%的范围。

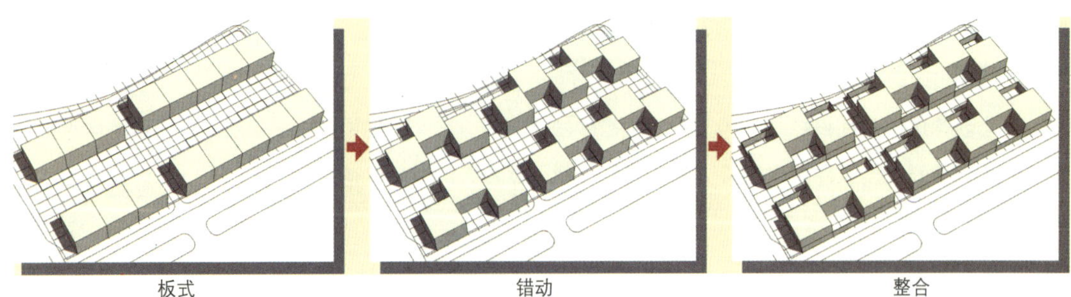

图14–28 J07项目建筑形体设计推导

(3) 采光优化设计

舒适的光环境对人至关重要，天然采光具有人工照明不可比拟的优点，如全光谱、无频闪等，可有效节约照明用电，改善光环境。

图14–29 清水混凝土立面实景

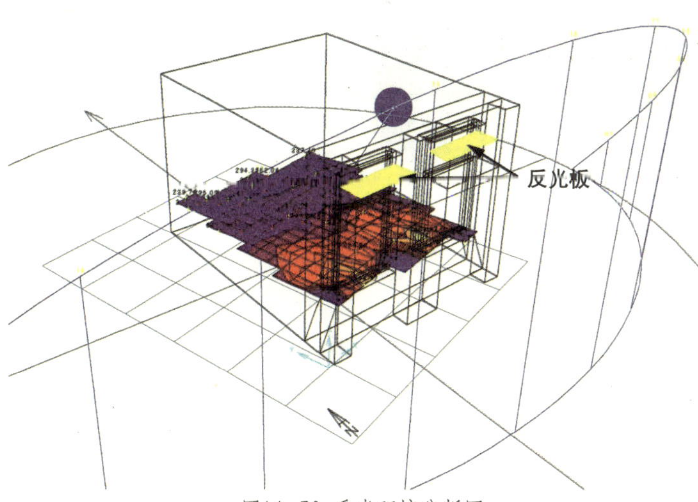

图14–30 采光环境分析图

环保园J03项目外窗采用深窗洞的遮阳设计，同时在外窗中上部，距上窗口450mm上设置了一块金属反光板，伸出窗外300mm（见图14–30）。可将室外光线导入室内，通过天花板漫反射到工作面，从而提高工作面照度，改善室内光环境，节约照明用电。

采用采光分析软件对反光板进行了全天采光分析，综合分析了0.75m高度工作面自然采光的照度分布情况，如图14–31～图14–33所示。

除了设置反光板采光外，还在地下室设计了采光井（图14–34）和下沉庭院（图14–35），用来改善地下室的自然采光。

(4) 良好的日照

根据北京日照方位，图14–36所示黄色区域为建筑最佳建筑朝向。科技园在建筑设计时，结合地形和场地布局，使建

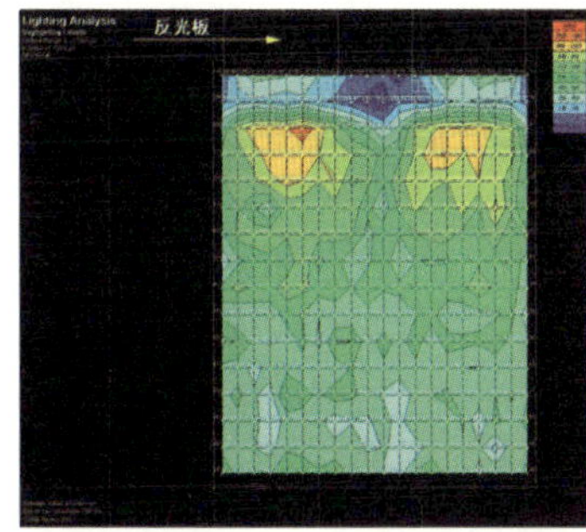

图14–31 未设反光板室内光环境图

图14–32 设置反光板室内光环境图

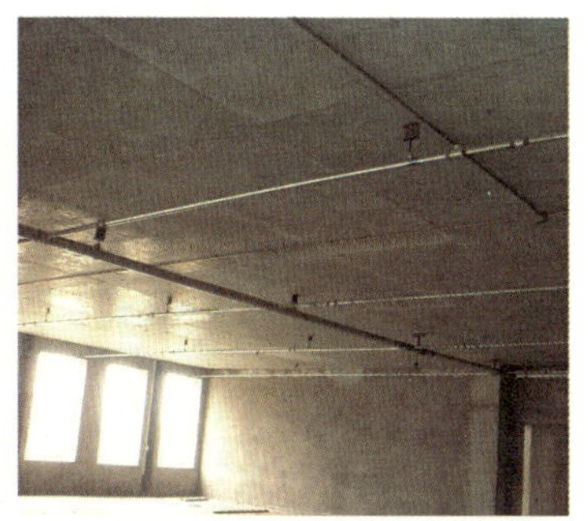

图14–33 室内采光实景

图14—34 地下室采光天窗实景

图14—35 下沉庭院效果图

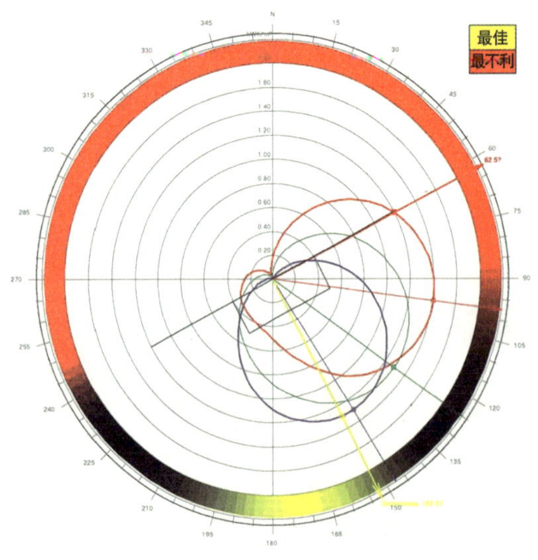

图14—36 北京地区不同朝向日照分析图

筑朝向位于黄色区域内，以获得良好的日照环境。J03项目朝向为南偏西2.41°夹角，位于最佳朝向范围内。同时正方形的体量将体型系数减到最小，使建筑本身未采用任何技术手段时便使日照环境得到了保障。

(5) 空间绿化

绿创环保园J03项目基地布局紧凑，北侧为规划绿化带，南侧为绿化隔离带，设计中利用平面组合将庭院与办公单元楼交错布置，与基地周边的绿化形成绿化景观线，烘托建筑的整体形象和气质。并通过单体建筑之间的庭园和屋顶绿化，形成立体的景观和绿化效果。

图14—37为屋顶花园实景图。该屋顶花园从上至下的结构为：200mm厚种植土、土工布一层、20mm高塑料凸片排水层（凸点向上）、两层3mmSBS改性沥青防水卷材(抗树根穿透)、60mmC20细石混凝土（随打随用1：1水泥砂子抹平）、0.8mm土工膜隔离层、60mm挤塑聚苯板保温层、两层3mmSBS改性沥青防水卷材、找坡层、钢筋混凝土楼板。兼具屋面保温、景观优化及微气候调节作用。

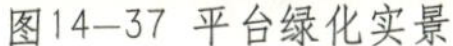
图14-37 平台绿化实景

图14-38 室外空气质量探测仪

14.4 人居环境技术运行监测

14.4.1 园区室外环境监控

环保园与海淀区环保局合作，2007年在环保园风车广场安置了空气颗粒物监测仪（图14-38），成为海淀区监测空气质量系统的重要组成部分。监测仪直接和实时测量室外环境中直径小于10μm粒子质量浓度，反映空气污染物状况。污染物测量结果，直接用于监控环保园开发建设对环境的影响，及时纠正园区中未执行《环保园绿法》有关环境保护施工的行为。

14.4.2 室内环境监控

建筑综合监测管理系统是采用先进的自动检测技术、网络通信和计算机软硬件技术，采集建筑内能耗、环境数据，并整理分析建筑物能耗指标、环境指标规律，评估建筑物节能、环境保障管理水平，达到节能降耗和环境改善的目的。

园区J07项目b座和c座两栋办公楼实施了人居室内环境监测系统，具体组成如图14-39所示。

每个办公室内放置一个采集节点，采集节点通过节点外壳上的电源插座，采集室内温湿度和CO_2值。三楼室内监控点位布置如图14-40所示。

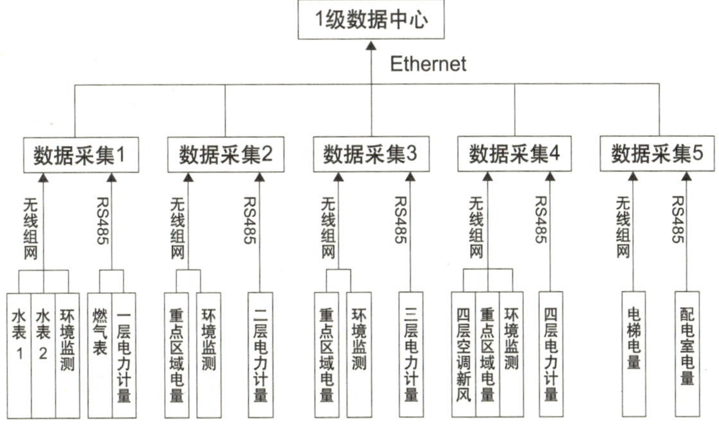

图14-39 室内环境质量监控体系图

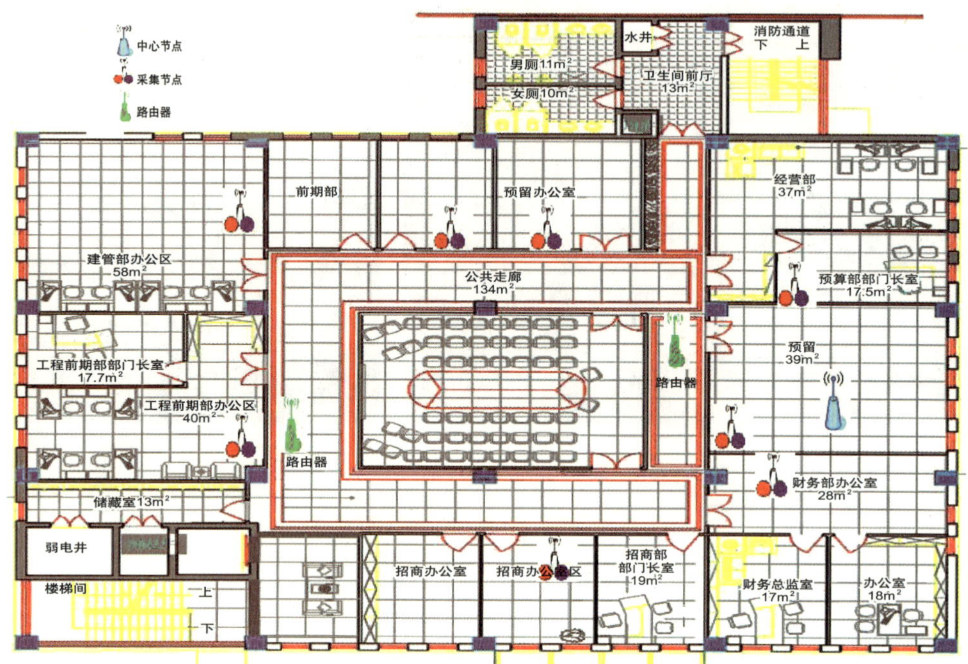

图14-40 室内监控点位布置图

14.5 经济及环境效益分析

园区室外人居环境技术及J03项目部分技术增量情况见表14-5。

人居技术增量成本统计表　　表14-5

序号	类别	子系统名称	增量投资（万元）
1	水环境改善	人工湿地	360
		水域环境改善	670
		雨水利用	115
		污水资源化	115
		水域防渗	195
		合计	1455

续表

序号	类别	子系统名称	增量投资（万元）
2	建筑环境改善	清水混凝土外墙	1000
		Low—E中空窗	80
		采光板	38
		空间绿化	23
		蓄光涂料	8
		合计	1149
3	其他	透水地面	210
		太阳能路灯	380
		风力发电	185
		室外绿化配置	690
		监控系统	35
		合计	1500
合计			4104

考虑到本项目为园区类人居环境综合改善示范项目，此处选取园区雨洪利用和绿化两项技术说明项目环境及推广效益。

14.5.1 雨洪利用效益分析

近年来，水资源紧缺正成为城市可持续发展的主要制约因素。雨洪利用提高了水资源利用率，在一定程度上缓解水资源的供需矛盾，减轻城市防洪和排水系统的压力，还有效改善了区域内的生态环境，具有较好的经济效益、生态效益和社会效益。

环保园规划将湖区作为天然的蓄水池，湖水经过循环后通过人工湿地进行净化和再利用，水体再通过雨水的汇集、收集和再生水的利用不断的得到注入补充，使得园区水体形成循环利用。园区湖体每年蓄水量共计约12万m^3，雨水、再生水作为湖水的补充水源，每年可节约用水14.5万m^3。

14.5.2 绿化的环境效益分析

环保园经过4年多的绿化时间，共选择配置了360多种可以吸收有害气体或吸附粉尘能力较大的植物，绿地总面积达85万m^2，其中绿地50万m^2。

按照一亩树林每年能吸收24.5t二氧化碳，释放17.8t氧气，每年可吸收的灰尘约45t计算，环保园共有林地约525亩，每年可以吸收二氧化碳12862.5t，释放氧气9345.0t，吸收灰尘23625.0t。

按照一亩草地每年能吸收二氧化碳3.7t，释放2.7t氧气，环保园共有林地约750亩，每年可以吸收二氧化碳2775t，释放氧气2025t。

14.6 环境立法与应用推广

中关村环保科技示范园将按照可持续发展观念建设成资源高效利用、自然生态良好的绿色建筑示范基地，符合北京市建设资源节约型、环境友好型社会的发展目标。为引导、促进和规范环保科技示范园自身和入园企业的绿色建筑建筑设计、施工和管理，制定并发布《中关村环保科技示范园绿法》（以下简称《绿法》），将环保科技示范园的建设过程，分为规划阶段、设计阶段、施工阶段和竣工验收及绿色管理阶段，针对各个阶段的绿色化问题提出相应的要求及措施建议。

2005年，中关村环保科技示范园在钓鱼台举行了《中关村环保科技示范园绿法》发布暨企业入园签约仪式，并在与入园企业签署合作协议的同时明确《环保园绿法》的地位。《绿法》启动和入园企业对这一建设体系承诺的共同遵守，无论在园区建设开发上，还是在园区企业生产上，都已经融入了环境改善和保障理念，为建立资源节约型社会树立了典型。《中关村环保科技示范园绿法》的制定，是实现环境保护与城市建设协调发展的有益尝试，体现了区域开发在建设资源节约型和环境友好型社会上的决心和勇气，同时也为国内同类型园区人居环境改善建设提供了学习、借鉴的典范。

参考文献

[1] 张颖，张宏儒，邓良和，范国刚．2009年度绿色建筑设计评价标识项目——上海建科院莘庄综合楼[J]．建设科技，2010.6：p68.

[2] 崇明生态岛建设纲要（2010-2020年）[Z]．2010.

[3] 汪维．上海生态建筑示范工程-生态办公示范楼[M]．北京：中国建筑工业出版社，2006年6月.

[4] 廖琳，杨建荣，葛曹燕等．南市发电厂改建工程（三星）项目介绍及技术应用[J]．建设科技，2010年第6期.

[5] 葛曹燕，杨建荣．上海世博南市电厂可持续改建实践[J]．绿色建筑，2010年第2期.

[6] 陈勤平、叶剑军、李爱国．智能化节能技术在世博南市电厂改造中的应用[J]．工控智能化，2010年第2期.

[7] 葛曹燕，杨建荣，唐士芳，杨文君．工业遗产 世博逢春——上海世博会南市电厂改建工程绿色设计实践[J]．建设科技，2009年第6期.

[8] 李芳，葛曹燕，杨建荣．既有建筑天然采光模拟分析与初步应用[J]．住宅科技，2008年第5期.

[9] 韩继红，汪维，张颖．智能生态住宅——沪上·生态家[J]．建设科技，2010.10：p75.

[10] 杨建荣，张颖，葛曹燕，李芳．上海世博会绿色建筑认证项目技术及应用[J]．生态城市与绿色建筑，2010.夏季刊：P72.

[11] 智能化生态建筑技术集成研究课题总结报告[R]．上海市建筑科学研究院，2008年10月.

[12] 智能化生态建筑技术集成研究（一）展区规划设计和个性化住宅套型设计研究[R]．上海现代建筑设计集团有限公司，2008年10月.

[13] 智能化生态建筑技术集成研究（二）建筑节能研究[R]．上海市建筑科学研究院，2008年10月.

[14] 智能化生态建筑技术集成研究（三）绿色建材适用技术研究[R]．上海市建筑科学研究院，2008年10月.

[15] 智能化生态建筑技术集成研究（四）建筑环境的关键技术研究[R]．上海市建筑科学研究院，2008年10月.

[16] 智能化生态建筑技术集成研究（五）智能化系统研究[R]．上海市建筑科学研究院，2008年10月.

[17] 智能化生态建筑技术集成研究（六）家用机器人在智能化生态住宅中的应用研究[R]．上海市建筑科学研究院，2008年10月.

[18] 三湘四季花城阳台壁挂式太阳能热水系统运行评估报告[R]．上海市建筑科学研究院，2008.

[19] 阳台壁挂式太阳能热水系统检测报告[R]．上海市建筑科学研究院，2008.

[20] 喻李葵，阳丽娜，周军莉，张国强．自然通风潜力分析研究进展[J]．制冷空调与电力机械，2004，No.4，18～22.

[21] 建设部．可再生能源建筑应用示范项目测评导则[Z]．

[22] 建设部．光伏系统性能监测、测量、数据交换和分析导则［Z］．

[23] 深圳市建筑科学研究院有限公司．"共享·一座建筑和她的故事"之《共享设计》［M］．北京：中国建筑工业出版社，2009年11月．

[24] GB/T 23863-2009．博物馆照明设计规范［S］．

[25] 赵振民．实用照明工程设计［M］．天津：天津大学出版社，2003年．

[26] 村上周三著，朱清宇等译．CFD与建筑环境设计［M］．北京：中国建筑工业出版社，2007年．

[27] 詹庆旋．建筑光环境［M］．北京：清华大学出版社，1988．

[28] 高履泰．建筑光环境设计［M］．北京：水利电力出版社，1991．

[29] 徐伟．地源热泵工程技术指南［M］．北京：中国建筑工业出版社，2001．

[30] 蒋宝成，王永镖．地源热泵的技术经济性评价［J］．哈尔滨工业大学学报，2003．

[31] 李新国，赵军．地源热泵供暖空调的经济性［J］．太阳能学报，2001．

[32] 左然，施明恒，王希麟．可再生能源概论［M］．北京：机械工业出版社，2007年．

[33] GB/T 50378-2006，绿色建筑评价标准［S］．

[34] GB 50400-2006，建筑与小区雨水利用工程技术规范［S］．

[35] 余庄．建筑智能设计［M］．北京：中国建筑工业出版社，2006年．

[36] DBJ 01-621-2005，公共建筑节能设计标准［S］．

[37] GB 50015-2003，建筑给水排水设计规范［S］．

[38] GB50019-2003，采暖通风与空气调节设计规范［S］．

[39] 陶文铨．数值传热学［M］．西安：西安交通大学出版社，1988年．

[40] 段双平，张国强，彭建国等．自然通风技术研究进展［J］．暖通空调，2004,34（3）．

[41] 赵彬，林波荣，李先庭等．建筑群风环境的数值模拟仿真优化设计［J］．城市规划汇刊，2002,2．

[42] GB 50034-2004，建筑照明设计规范［S］．

[43] 张浩．博物馆展示陈列中的采光照明生态设计探讨［J］．中国博物馆，2001．

[44] 傅绍辉，赵立群．中关村环保科技示范园——概念性规划及生态绿化景观规划设计［J］．建筑学报，2003年．

[45] 彭宏．环保科技示范园助力中关村大发展［N］．科技日报，2006年．

[46] 邵华夏等．世博会浦西新能源中心工程设计［J］．空调暖通技术，2009年第3期．

[47] 朱颖心．建筑环境学［M］．北京：中国建筑工业出版社，P268-302，2005．

[48] 饶戎．绿色建筑［M］．北京：中国计划出版社，P278-283，2008．

[49] 薛杰．可持续发展设计指南［M］．北京：清华大学出版社，P255-258，2005

[50] GB/T 50033-2001，建筑采光设计标准［S］．

[51] 赵彬，李先庭，彦启森．室内空气流动数值模拟的风口模型综述［J］．暖通空调，2000,30（5）：33-37．

[52] 孙剑，汤广发，李念平等．复杂外形建筑室内气流数值模拟研究［J］．暖通空调，2000,38（2）：66-68．

[53] zhao Bin, Li Canting, LIDonning, Yang Jianrong. Revised air—exchange efficiency considering occupant dstibution in ventilated rooms [J] . Journal of the Air and Waste Management Association, 2003, 53 (6) : 759—763.

[54] 李汉章. 建筑节能技术指南 [M] . 北京: 中国建筑工业出版社, 2006.

[55] 李德英. 建筑节能技术 [M] . 北京: 机械工业出版社, 2003.

[56] 02J121—1, 外墙外保温建筑构造 (一) [S] .

[57] JGJ144—2004, 外墙外保温工程技术规程 [S] .

[58] 外墙外保温技术百问 (第二版) [M] . 北京:中国建筑工业出版社, 2007.

[59] 中国气象局气象信息中心气象资料室. 中国建筑热环境分析专用气象数据集 [Z] . 北京: 中国建筑工业出版社, 2005.

[60] 丁勇,李百战,刘红. 重庆地区外墙保温的节能潜力分析 [J] .建筑技术, 2007.10增刊.

[61] 丁勇,李百战, 罗庆,刘红.重庆市自然资源在改善室内热湿环境中的作用分析 [J] . 重庆大学学报 (自然科学版), 2007.30 (9) : P127—133.

[62] 丁勇,李百战,刘红.重庆某双层皮外围护结构通风效果实测及分析 [J] .暖通空调,2007.37(8):P42—45.

[63] 张立文,李百战,丁勇. 重庆市天然冷热源在建筑中应用研究 [J] . 建筑热能通风空调, 2009.28(6): P42—45.

[64] 李楠,李百战,沈艳,喻伟,丁勇. 住宅建筑自然通风对室内热环境的影响 [J] . 重庆大学学报,2009.32(7):P736—742.

[65] 沈艳.重庆自然通风建筑室内热环境实测与模拟分析.重庆大学硕士学位论文 [D] , 2008.10.

[66] 张立文.重庆市公共建筑空调运行现状调研及节能运行控制 [D] . 重庆大学硕士学位论文,2008.10.

[67] 裴超. 重庆市小城镇住宅外窗节能研究 [D] . 重庆大学硕士学位论文,2007.4.

[68] 王林.提高断热铝合金窗节能效果的措施 [J] .门窗,2009.04:P54—57.

[69] 周烨恒,常荣杰.低技术化的节能建筑设计 [J] .福建建筑,2009年第1期,P10—11,19.